煤炭高等教育“十四五”规划教材
国家一流本科专业建设项目资助

煤泥水处理及资源化利用

主　编　闵凡飞　周　伟
副主编　陈　军　刘春福　沈　亮

中国矿业大学出版社
· 徐州 ·

内容提要

本教材重点介绍了煤泥水处理的内容和任务，包括煤泥水体系的性质及其测定与分析，煤泥水药剂与实践，煤泥水分级、浓缩、澄清和产品脱水的工艺与设备，煤泥水处理的流程及其内部结构，煤泥水系统的管理和运行以及煤泥资源化利用等内容。本教材理论与实践并重，深入浅出地反映煤泥水处理系统的内涵及相互联系，尽可能全面而易懂地介绍相关理论和实践经验。通过这些内容的介绍，读者能够对复杂的煤泥水处理系统有一个较为完整的理解和认识。

本教材可作为高等院校矿物加工工程、环境工程、资源循环科学与工程等专业的教学用书，也可供选煤工作者及相关管理者学习和参考。

图书在版编目(CIP)数据

煤泥水处理及资源化利用 / 闵凡飞，周伟主编. 徐州 ：中国矿业大学出版社，2024. 11. — ISBN 978 - 7 - 5646 - 6526 - 5

Ⅰ. TD94

中国国家版本馆 CIP 数据核字第 2024YL8347 号

书　　名　煤泥水处理及资源化利用
主　　编　闵凡飞　周　伟
责任编辑　褚建萍
出版发行　中国矿业大学出版社有限责任公司
（江苏省徐州市解放南路　邮编 221008）
营销热线　(0516)83885370　83884103
出版服务　(0516)83995789　83884920
网　　址　http://www.cumtp.com　**E-mail**:cumtpvip@cumtp.com
印　　刷　江苏淮阴新华印务有限公司
开　　本　787 mm×1092 mm　1/16　**印张** 14　**字数** 358 千字
版次印次　2024 年 11 月第 1 版　2024 年 11 月第 1 次印刷
定　　价　45.00 元
（图书出现印装质量问题，本社负责调换）

前　言

《煤泥水处理及资源化利用》是煤炭高等教育“十四五”规划教材，相应的课程“煤泥水处理”是矿物加工工程专业的核心课程。本着加强基础、拓宽专业、密切联系生产实际、产教融合、科教融合的原则，突出少而精的教学理念，安徽理工大学闵凡飞、周伟、陈军、刘春福、沈亮老师在吸收各高校多年教学实践经验，并结合生产实际和行业最新科技进步的基础上编写了本书。

能源和矿产资源是我国国民经济的基础，随着国民经济的快速发展，煤炭和矿业的发展十分迅猛。在此过程中，煤泥水处理技术在理论、设备、工艺和控制等方面都取得了显著突破。本书以理论工艺与实践为主线，有机整合了煤泥水体系的性质及其测定与分析，煤泥水药剂与实践，煤泥水分级、浓缩、澄清、产品脱水的工艺与设备，煤泥水处理的流程及其内部结构，煤泥水系统的管理和运行，煤泥资源化利用等相关内容。教材从多个方面进行系统而通俗的阐述，理论与实践并重，深入浅出地反映煤泥水处理系统的内涵和相互间的联系。通过这些内容的介绍，读者对复杂的煤泥水处理系统有了较为完整的理解和认识。

全书共分六章，其中第一章介绍了煤泥处理的任务及特点；第二章介绍了煤泥水体系的主要性质、煤泥水中悬浮煤泥颗粒的主要性质、煤泥水中悬浮煤泥颗粒的界面特性；第三章介绍了自然沉降过程的基本概念及计算、煤泥水分级设备、煤泥水浓缩设备、气浮法净化煤泥水、煤泥水水力分级与浓缩设备工艺效果评定；第四章介绍了凝聚和絮团、煤泥水处理药剂种类及作用机理、煤泥水处理药剂的选择与使用、煤泥水处理药剂设计、煤泥水处理智能化；第五章介绍了煤泥水处理系统、煤泥水处理流程的内部结构、煤泥水处理系统管理的几个基本原则、煤泥水处理系统计算分析和技术评定、煤泥水处理系统主要评定指标；第六章介绍了煤泥的物理化学性质、煤泥的减量化、煤泥制备水煤浆、煤泥在建筑材料中的应用、煤泥用于复垦造田、煤泥的综合利用。

本书由闵凡飞、周伟担任主编，陈军、刘春福、沈亮担任副主编。具体编写分工如下：第一～二章由闵凡飞编写，第三、五章由周伟编写，第四章由陈军编写，第六章由刘春福、沈亮编写。此外，王陆军、束庆东、李晖、朱怡、朱家强、胡尚玉、黄晓伟、李志鹏等研究生参与了书稿资料的收集整理工作。

由于编者水平有限，书中不足之处在所难免，恳请读者批评指正。

编　者

2024 年 8 月

目 录

第一章 绪 论

一、煤泥水处理的目的、意义和任务

煤泥水处理技术是指针对煤炭在湿法分选加工过程中产生的煤泥与介质混合体系进行处理的一系列技术。煤泥水处理技术和煤炭的分选加工工艺技术密切相关，其发展变化紧密伴随着煤炭分选加工工艺技术的进步。随着对选煤产品要求的日益严格、选煤厂规模的不断扩大以及水资源的日益珍贵和环境保护标准的日益严格，煤泥水处理已成为整个选煤工艺中涉及面最广、投资最大、最复杂、最难管理的工艺环节。

目前煤炭分选的工艺和方法主要以水或水的混合物作为分选介质，如重介选、跳汰选、浮选等，通常入选 1 t 原煤要使用 3～5 m^3 水。入选原煤中的煤粉(通常指－0.5 mm)以及在分选过程中因煤和矸石泥化产生的煤泥和其他杂质等，在分选过程中悬浮于分选介质中成为煤泥水。除含有固体悬浮物外，煤泥水中还包含因分选工艺需要而添加的药剂、油类以及各种离子等成分。同时，煤泥水中还存在分子分散体系、胶体分散体系和粗分散体系。一个每小时入选千吨原煤的选煤厂，每小时会产生几千立方米的煤泥水，以 2023 年我国入选约 30 亿 t 原煤为例，年产生的煤泥水约为 100 亿 m^3。这些煤泥水若直接外排不仅会严重污染环境，还会造成巨大的水资源浪费。因此，这些煤泥水必须经过一定工艺处理后才能在选煤厂循环使用，以满足选煤厂各工艺环节对循环水的要求，或在必须外排时达到国家环境保护法规的要求。采用工业上成熟的固液分离技术，从煤泥水中分离、回收不同品质的细粒产品和适合选煤厂循环使用的水，实现洗水闭路循环；在煤泥水必须排放时，确保其符合环境保护的排放要求，不污染环境。这些就是煤泥水处理的主要目的和任务。

从煤泥水中分离低灰、高灰颗粒所采用的主要方法是泡沫浮选法，这也是目前国内外采用最多的一种煤泥分选方法。近年来，煤泥重介质旋流器分选、粗煤泥干扰床分选等方法在选煤厂得到了发展。这种从煤泥中分选出低灰分产品的作业被称为煤泥的分选作业。但对于一些动力煤选煤厂，有时并不需要将煤泥水中的煤泥颗粒进一步分选成低灰精煤和高灰尾煤，而是希望将它们从煤泥水中尽可能彻底地分离出来，以获得洁净的循环用水，这通常称为煤泥的回收作业。煤泥回收通常采用重力、离心力、电场力、磁场力等作用下的分级、浓缩、絮凝、澄清等工艺来完成。但不论是分选还是回收，均需通过专门的脱水作业对分选或回收的产品进行固液分离，否则水分过高超出产品指标，影响用户使用。如浮选精煤若作为炼焦精煤，水分过高将延长炼焦时间、降低焦炉产量、增加燃料消耗、减少焦炭产量。据统计，水分增加 1%，炼焦时间增加 20 min，焦炭产量降低 3%～4%。此外，北方高寒地区，水分过大会造成运输、贮存过程中的冻结，妨碍列车行驶安全和装卸作业，产品水分越高，冻结问题越严重。通常在北方寒冷地区，当水分超过 10%时，就会出现严重的冻结现象。从减少运输过程中的无效运输角度看，降低产品水分也有着十分积极的意义。每年我国有十几亿吨分选产品外运，水分每增加 1%，便会造成数百万吨的多余运输，按平均水分为 10%、平均运输距离为 500 km 计，每年仅水分一项就使铁路的无效运输达到相当惊人的数量。

选煤厂煤泥分选或回收后的产品脱水通常采用各种机械方法来实现，如脱水筛、离心脱水机、过滤机、压滤机、水力压榨等。在高寒地区，必要时还要采用火力干燥。这些工艺或设备在进行煤泥的分选、回收、脱水和煤泥水净化等操作时，均需要其他辅助工艺或设备来提供合适的粒度组成、密度组成和浓度的入料，常用的设备包括分级、浓缩、沉淀等设备。只有保证提供最佳的入料条件，才能确保这些作业的效果，从而保证整个煤泥水处理系统和选煤厂的技术经济指标。因此，对于一个现代化的选煤厂来说，真正的煤炭分选工艺环节并不复杂，而且只会越来越简化。比如，采用几台大型跳汰机或重介质分选机即可达到分选目的，但分选效果的保障则依赖于复杂的煤泥水处理系统，为其提供合格的循环水介质；此外，还需进行选后产品分级、脱水；对不能分选的煤泥部分进一步精选、回收、脱水；对洗水和外排水充分净化，以保证选煤厂整个工艺系统的正常运转，所以煤泥水相当于选煤厂的"血液"。可以说煤泥水处理系统几乎涵盖了整个选煤厂的工艺环节，而选煤厂的分选效率、各产品的数质量指标、各环节的经济技术指标、煤泥水的流失和对环境的污染程度都与所采用的煤泥水处理系统的类型、特点、设备、完善程度及管理水平有很大关系。当前，国内外对提高煤泥水处理效能、简化流程系统、实现煤泥厂内回收和洗水闭路循环、杜绝废水外排等问题进行了深入研究，并取得了显著进展。

二、煤泥水处理的主要特点

煤泥水处理对于选煤厂来说是一个重要的系统工程，从水处理的角度看又是一个复杂的给排水工程。由于各选煤厂所选的原煤性质不同，对产品要求不同，所采用的工艺、流程和设备及管理方法不同，因而煤泥水体系的性质也不尽相同，表现在流量、浓度、粒度、密度、硬度等方面，这就使煤泥水处理具有相当的复杂性。但煤泥水处理的完善程度、管理水平及处理效果又会反过来对其他环节产生很大影响，甚至决定全厂的经济指标、技术效果和社会效益。

目前，大多数选煤工艺使用水作为分选介质，即利用水或水与其他介质组成的悬浮液对煤进行一系列湿法分选。在分选的原煤中，通常包含相当部分的煤粉颗粒(粒度在 0.5 mm 以下)。经过分选后，原煤会形成一系列具有不同粒度组成、密度组成、灰分、水分和浓度的煤水混合物，经过脱水后可作为最终产品。煤泥是一种复杂的多相分散体系，由不同粒度、形状、密度、岩相和矿物以及不同表面性质的颗粒以不同比例与水混合构成。此外，这些颗粒与具有不同硬度、酸碱度和矿化度的水混合，进一步加剧了煤泥水体的复杂性，使煤泥水处理变得更加艰巨。特别是随着机械化采煤比例的提高，原煤中的矸石含量增加，因泥化等原因产生的大量高泥化煤泥水的处理难度更大。

煤泥水处理系统各作业间是相互影响、相互制约的。某个作业的效果不仅影响本作业，而且立即会对其他作业产生影响，一环套一环，管理好了可以产生好的良性循环，管理不好就会出现坏的恶性循环。

总之，原煤在经过湿法分选后产生的大量煤泥水需进一步处理，这些煤泥水具有如下特点：

(1) 流量大。平均每入选 1 t 原煤需 3～5 t 水，大型选煤厂每小时需处理几千甚至上万立方米的煤泥水。

(2) 性质复杂。所含煤泥粒度、浓度、质量各不相同，有的粗煤泥性质接近于精煤；而有的尾煤泥粒度却极细，灰分高，黏度大，这就使煤泥水处理的工艺环节、设备和管理具有相当的复杂性。

(3) 煤泥水中矿物种类复杂，颗粒表面荷电和表面水化，使得煤泥颗粒界面性质受煤泥水溶液化学性质的影响复杂多变，进而导致煤泥颗粒的界面调控和处理变得更加复杂和困难。

(4) 煤泥水集中了原煤中最细、最难处理的微细颗粒(粒度小于 0.045 mm)。这些颗粒由于粒度细，导致煤泥水黏度大，重力沉降作用弱，所以极难用常规的沉淀、回收和脱水设备进行处理。它们对煤泥水处理系统以及整个选煤工艺系统的影响最大，同时也导致投资和生产成本的显著增加。选煤厂几个主要环节的煤泥水及煤泥性质见表 1-1，它们随许多因素变化而变化。

表 1-1　煤泥水的性质及其与选煤、脱水的关系

选煤工艺和脱水方法	煤泥水主要来源	煤泥水浓度/%	煤泥水中煤泥性质
不分级跳汰或分级跳汰，筛子脱水	精煤脱水筛筛下水	5～15	煤泥受到一定程度的分选，粒度组成较粗
不分级跳汰或分级跳汰，斗子捞坑脱水	捞坑溢流水	4～10	煤泥受到一定程度的分选，粒度组成较上者为细
块煤重介选，筛子脱介，磁选机回收磁性矿物	磁选机尾矿	1～10	煤泥粒度组成较粗，煤泥中含有极细的磁铁矿和非磁性矿物，如黄铁矿等
末煤重介选，筛子脱介，磁选机回收磁性矿物	磁选机尾矿	3～8	煤泥粒度组成较粗，粗粒煤泥受到一定程度的精选，煤泥中含有极细的磁铁矿和非磁性矿物
重选前原料煤脱泥	脱泥筛筛下水	10～20	煤泥粒度组成较粗，是没受到任何分选的原生煤泥
浮选	浮选尾矿	3～4	主要是粒度细的高灰分杂质，有时也含有少量浮选作业未能捕收的粗粒煤
全重介分选	磁选机尾矿	2～10	粗粒煤泥受到一定程度的精选，煤泥中含有极细的磁铁矿和非磁性矿物
粗煤泥分选	尾矿	2～8	煤泥粒度较细，粗颗粒主要为高灰的矿物

三、煤泥水处理的内容

煤泥水处理的主要内容包括采用各种适应不同特点的煤泥水的分级、浓缩、澄清、絮凝、分选和脱水等工艺、方法和设备，对不同特性(如浓度、粒度、黏度、水质特点等)的煤泥水进行处理，以完成资源回收、选煤循环用水的净化和防止环境污染等一系列任务。

由于原煤性质、对选煤产品的要求和所采用的洗水水质的不同，煤泥水体系的性质也会有所差异，因此所采用的煤泥水处理方法也会不同，即煤泥水处理的内容不同，主要包括以下几个主要方面。

1. 煤泥的分选、回收、脱水作业

如前所述，煤泥的分选、回收、脱水是煤泥水处理中最主要的任务和内容。煤泥的分选主要是指炼焦煤选煤厂为尽可能回收炼焦煤资源而将煤泥水中低灰分的颗粒分选出来，以掺入炼焦精煤中的作业。因此煤泥的灰分和水分对炼焦精煤的灰分和水分影响很大。合理确定煤泥的灰分，并尽可能降低其水分，是确保最大精煤产率和较低最终精煤水分的关键。随着动力煤产品质量要求的提高，对煤泥中的粗煤泥进行分选在动力煤选煤厂受到越来越多的重视。煤泥的回收主要是指动力煤选煤厂或炼焦煤选煤厂从煤泥水中尽可能多地将其中的固体煤泥颗粒分离出来，以获得尽可能多的煤炭资源和洁净的循环水及外排水的某些作业环节。煤泥的脱水实际上就是对分选或回收的煤泥产品去除部分水分的作业，以获得质量合格，便于贮存、运输和使用的最终产品。从某种意义上说，煤泥的回收和脱水可以视为同一概念。

煤泥分选、回收的粒度一般根据原煤的分选工艺和分选深度（下限）来确定。当原煤重力分选情况正常时，一般分选下限为 0.5 mm 左右（一些分选方法可以达到 0.3 mm 左右），这样 0.5 mm 便可作为煤泥分选的粒度上限。目前的选煤工艺通常都是将 0.5 mm 作为重选的下限和煤泥分选的上限。如果原煤的分选下限无法满足要求，可采用某些粗煤泥分选设备，如摇床、旋流器、螺旋分选机、干扰床分选机、煤泥重介质旋流器等，对 0.5～3 mm 的粗煤泥进行分选，但这样会使流程复杂化。虽然浮选法仍然是目前煤泥分选中使用最多的方法，但浮选机、浮选药剂和浮选工艺已经发生了巨大的变化。浮选机械的大型化、自动化，各种浮选柱的出现和推广，药剂的多样化，浮选工艺的简单化均使得浮选成为更加多功能、高效的煤泥分选方法。因为浮选对粒度比较敏感，因此需要杜绝粗颗粒进入该作业，否则浮选无法顺利进行。现多在浮选作业前采用分级回收设备来回收浮选入料中含有的不能回收的粗颗粒煤泥。

2. 煤泥水的分级作业

煤泥是由各种粒度组成的混合粒群，粗粒和细粒在许多性质上差别很大，常常需要将它们分开，以便使用不同的工艺和设备进行分选、回收和脱水。如重选的分选下限和浮选的分选上限是 0.5 mm，因此需要进行水力分级作业，将煤泥水中的煤泥颗粒以 0.5 mm 为界限分开，小于 0.5 mm 煤泥和水一起入浮选作业，大于 0.5 mm 颗粒按重选结果沉降下来，脱水后作为最终产品。再如煤泥或浮选尾煤脱水时通常采用压滤机、过滤机或沉降式过滤机联合流程，压滤机对细粒级有良好的效果，而过滤机则只对粗粒级有较好效果。因此需要一个将入料分成粗粒级和细粒级的分级作业，以便为压滤机和过滤机提供合适的入料组成。这样的作业在煤泥水处理中称为水力分级作业。水力分级是煤泥水处理系统中许多工艺和设备的辅助作业，通过它来满足不同工艺和设备对入料粒度的要求。

3. 煤泥水的浓缩作业

各种煤泥分选、回收和脱水设备不仅对入料的煤泥有一定的粒度要求，而且对浓度也有一定的要求，只有浓度适当才能取得满意的工艺效果。如用筛子回收煤泥时，入料浓度最好在 35%以上才不至于筛面跑水；在用压滤机、过滤机脱水时，煤泥水的入料浓度需达到 30%以上，以确保较高的处理量；而浮选的入料浓度达 100～200 g/L 时，才能取得满意的技术指标。但煤泥水的浓度受煤泥水中煤泥量的多少、作业用水量大小、循环水的水质好坏等因素影响，如表 1-1 所示。从表中可以看出各作业煤泥水浓度相差很大，有的低至 1%，有的高达 20%。显然，当入料中煤泥含量大、作业用水量小、采用的循环水浓度高时，煤泥水浓度就一定较高；反之，煤泥水浓度就低。为达到不同设备分选和脱水所需的最佳浓度，通常要设若干浓缩作业作为辅助作业。

目前，选煤厂煤泥水浓缩设备多采用自然沉降设备，即在一定面积的设备内，通过自然或强化沉降，将煤泥水中的大量固体颗粒沉降到底部，形成浓缩产品，而溢流的浓度则相对减小许多。为强化煤泥沉降，选煤厂还常常采用添加絮凝剂或加倾斜板等手段来提高浓缩效果，也有的采用离心力来加速颗粒的沉降。

4. 循环水的澄清作业

循环水作为分选和辅助用水，其质量主要体现在固体含量、固体粒度和灰分等方面。当循环水中含有过多的煤泥颗粒，尤其是高灰、微细的颗粒时，会严重影响分选、回收、脱水等作业的效果。使用这样的循环水，跳汰机中细颗粒沉降受到影响，分选下限将增大，细粒级分选效果严重恶化，浮选作业的选择性也会变差，过滤脱水时将会影响过滤的透气性，若它们黏附在分选产品上，将会大大增加产品的灰分和水分。可见，要保证好的分选和脱水效果，必须保持循环水质的洁净。洁净的循环水是通过煤泥水的澄清作业实现的。实际上，澄清在选煤厂与水力分级、浓缩作业类似，只是让煤泥水在充分大的面积下通过合理的药剂制度、停留充分的时间，以保证煤泥水中的固体颗粒能充分沉淀下来，去除含有固体颗粒的煤泥水溢流，从而获得符合选煤和辅助工艺用水标准的洁净循环水。如果加入选煤系统或煤泥水系统的补加水量超过产品能够带走的水量，即当煤泥水系统出现不平衡，必须向外排放煤泥水时，澄清的洁净水则是合适的外排水，当然它的固体含量越低、成分越少越好。由此可见，为保证洁净的循环用水和外排水，煤泥水处理系统必须设置煤泥水澄清作业。

煤泥水澄清作业与水力分级和浓缩作业的不同之处在于澄清作业旨在使煤泥中的微细颗粒也沉降到底流中，以尽可能完全实现固液分离，从而消除因洗水中微细颗粒的积聚造成的循环水浓度增高等一系列问题。循环水的澄清程度与煤泥水性质、澄清设备完善程度等因素有关。当这些客观条件已确定后，澄清效果则仅与操作、管理水平有关。

大多数炼焦煤选煤厂的循环水是通过浮选尾煤净化而来的。浮选尾煤的特点是浓度低、粒度细、灰分高、含有残余的化学药剂，因而极难沉降澄清，必须采取一定的强化措施。目前多采用添加无机电解质凝聚剂和高分子有机絮凝剂使微细颗粒絮结成团，加速沉降，通过这些方法多数可保证较好的澄清效果，残余的化学药剂一般也不会对选煤工艺或环境造成大的影响。

综合以上介绍可见，煤泥水处理主要包括以下几类作业：

(1) 目的在于获得最终产物的煤泥分选、回收、脱水等加工作业；

(2) 为这些加工过程准备的煤泥水分级、浓缩等辅助作业；

(3) 目的在于获得洁净循环水和外排水的煤泥水澄清作业。

本书主要介绍煤泥水体系的主要特性、影响规律和检测方法；煤泥水处理的工艺、设备、方法的原理、结构、特点、选择、评价和使用；煤泥水处理流程的结构特点、适用范围、计算方法、选择依据；煤泥水处理药剂；煤泥水处理系统的维护、管理和经验等。此外，随着国家生态文明战略的实施，对生态环境保护提出了更高要求，煤泥的处置及资源化利用已成为行业面临的重要问题，因此，书中还包括了煤泥资源化利用的相关内容。通过这一系列内容的介绍，读者对复杂的煤泥水处理系统及煤泥的资源化利用有一个较为完整的理解和认识。

当然，像其他任何一门科学技术一样，本书所涉及的内容及所采用的工艺、设备和方法、管理手段都会随着科学技术的不断发展以及人们对煤炭产品需求的持续更新和变化而不断前进和发展。希望读者能在此基础上不断进取和探索，以达到更高的水平。

第二章 煤泥水体系的主要性质及测定

煤泥水体系是一个极其复杂的系统，它的性质不仅与煤泥水中颗粒的多少、粒度分布、密度大小和矿物组成等有关，也与体系的黏度、浓度、pH 值和水的硬度等煤泥水溶液物理化学性质有关。对煤泥水体系的研究大致可分为物理化学性质研究和工艺性质研究，两者之间并没有明确的界线，只不过前者是基础研究，后者更注重实际生产过程。

煤泥水是一个复杂且多变的体系，有关煤泥水体系的物理化学等基础理论还不能满足解决实际问题的需要。煤泥水体系的运动规律不仅受单个颗粒的支配，而且与整个粒群及介质的运动有关。煤泥水中同时存在分子分散体系、胶体分散体系和粗分散体系，不同粒度的颗粒在不同介质中的运动状态有很大的不同，难以用统一的公式去描述。如粗颗粒主要受重力场影响，而对极细颗粒来讲，重力场的影响几乎可以忽略。再如一般认为煤泥的沉降是一个干扰沉降过程，但导致干扰的因素很多，这些因素对不同粒级的煤泥影响的程度差别很大，很难用简单的公式来描述沉降过程。所以，实际应用中往往采取模拟或实际测定的办法来确定具体的煤泥水体系的某些性质。

本章对煤泥水体系的一些基本性质进行了论述，分析了一些主要影响因素，同时还对某些基本性质的测定方法进行了简单介绍，这些描述对其他细粒与水混合物也是同样适用的。

第一节 煤泥水体系的主要性质及测定

一、煤泥水的浓度及测定

（一）煤泥水的浓度及其表示法的换算

煤泥水的浓度是湿法选煤过程中表示煤泥和水混合物中煤泥和水（固体和液体）数量比值的一个重要参数。选煤各工艺环节的入料或产品均为不同比例的固体和液体的混合物。煤泥水处理的许多作业，如脱水、浓缩和澄清等，从本质上说就是改变入料或产品的浓度（在某些情况下浓度就是产品的水分）。在湿法选煤过程中，大多数环节都要掌握浓度的变化，作为控制和调整参数的依据。而对某些环节而言，浓度更是必须严格控制和掌握的最终指标，在选煤厂设计时，浓度也是工艺选择、设备选型、流程计算和管道校核的依据。

煤泥水的浓度作为煤泥和水混合物中煤泥和水数量比值的重要参数，和其他悬浮液浓度一样有两种表示方法：一种是单位体积悬浮液中固体体积与液体体积之比，称为体积浓度或体积稠度；另一种是单位体积悬浮液中固体质量与悬浮液质量或水的质量比值，称为质量浓度或质量稠度。从理论上说，煤泥水的浓度用体积表示比用质量表示更准确些，但测定不方便，为计算和测定的方便，通常采用质量表示法。

常用的浓度表示有固体质量百分数（百分浓度）、液固比、固液比、固体含量等。

1．固体质量百分数（又称百分浓度）

固体质量百分数表示煤泥水中固体煤泥质量占煤泥水总质量的百分数，常用 C 表示。

其计算方法有以下两种。

(1) 用煤泥水、固体煤泥质量计算

$$C=\frac{T}{Q}=\frac{T}{T+W} \tag{2-1}$$

式中　T——煤泥水中固体煤泥质量，g；

W——煤泥水中水的质量，g；

Q——煤泥水总质量，g，$Q=T+W$。

也可用产品水分 W_Q 来表示固体产品所带的水分占总质量的百分数。C 和 W_Q 的关系为

$$C=(100-W_Q)\% \tag{2-2}$$

此法对浓度的测定比较精确且十分简单，适用于现场流程检查、实验室各种试验对浓度的测定。但矿浆需要脱水、干燥，时间较长，不能适应现场快速、及时的调节要求。

(2) 用煤泥的密度和煤泥水的密度计算

$$C=\frac{\delta(\delta_n-1)}{\delta_n(\delta-1)}\times 100\% \tag{2-3}$$

式中　δ——煤泥的密度，实验室预先测出，g/cm³；

δ_n——煤泥水的密度，g/cm³。

2. 液固比 R_p(又称稀释度)

液固比是指煤泥水中水的质量与固体煤泥的质量比，它是一个比值，没有单位。

$$R_p=\frac{W}{T}=\frac{Q-T}{T} \tag{2-4}$$

式中，T、W 和 Q 的意义同式(2-1)。

若已知煤泥的密度和煤泥水的密度，则有

$$R_p=\frac{\Delta(\delta-\delta_n)}{\delta(\delta_n-\Delta)} \tag{2-5}$$

式中　Δ——煤泥水中液体的密度，g/cm³。

当 $\Delta=1$ g/cm³ 时，有

$$R_p=\frac{\delta-\delta_n}{\delta(\delta_n-1)} \tag{2-6}$$

3. 固液比 R_B(又称稠度)

固液比是煤泥水中固体煤泥质量与水的质量比，它和液固比 R_p 互为倒数。

$$R_B=\frac{T}{W}=\frac{T}{Q-T} \tag{2-7}$$

同样，当知道煤泥密度与煤泥水密度时

$$R_B=\frac{\delta(\delta_n-\Delta)}{\Delta(\delta-\delta_n)} \tag{2-8}$$

当 $\Delta=1$ g/cm³ 时

$$R_B=\frac{\delta(\delta_n-1)}{\delta-\delta_n} \tag{2-9}$$

4. 固体含量 g

固体含量是指 1 L 煤泥水中含有固体煤泥的克数。

$$g=\frac{T}{V_1+V_2}\times 1\ 000=\frac{T}{V_1+\dfrac{T}{\delta}}\times 1\ 000\ (\text{g/L}) \tag{2-10}$$

式中　V_1——煤泥水中水的体积，cm^3；

V_2——煤泥水中固体煤泥的体积，cm^3。

若已知煤泥的密度和煤泥水的密度，则有

$$g=\frac{(\delta_n-1\ 000)\delta}{\delta-1}\ (\text{g/L}) \tag{2-11}$$

5. 浓度换算

以上介绍的几种浓度表示方法使用场合不一。通常在进行流程数、质量计算时多采用液固比 R_p 和百分浓度 C，而大多数选煤厂在生产管理中习惯采用固体含量 g。由于采用的浓度单位不一样，须彼此对比和相互间进行换算，换算公式如下：

（1）已知 R_p，求 C 及 g

$$C=\frac{1}{R_p+1}\times 100\% \tag{2-12}$$

$$g=\frac{1\ 000}{R_p+\dfrac{1}{\delta}}\ (\text{g/L}) \tag{2-13}$$

（2）已知 C，求 R_p 及 g

$$R_p=\frac{100-C}{C} \tag{2-14}$$

$$g=\frac{1\ 000C}{100-C\left(1-\dfrac{1}{\delta}\right)}\ (\text{g/L}) \tag{2-15}$$

（3）已知 g，求 R_p 及 C

$$R_p=\frac{1\ 000}{g}-\frac{1}{\delta} \tag{2-16}$$

$$C=\frac{100g}{1\ 000+g\left(1-\dfrac{1}{\delta}\right)} \tag{2-17}$$

（二）煤泥水浓度的测定

1. 烘干法

烘干法是一种直接测量法，即取一定容积的煤泥水试样进行烘干（温度在 110 ℃以下）至恒重，称量固体质量，并按下式计算

$$g=\frac{T}{V} \tag{2-18}$$

式中　T——煤泥烘干后质量，g；

V——煤泥水体积，L。

该法测定很精确，但耗时、耗能较多。有时为了加快速度，常在煤泥水中加入一定絮凝剂或凝聚剂，沉降后抽出上部澄清液，将沉积物烘干，以减少时间和能耗。

2. 浓度壶法

连续试验和生产中，通常须快速测定某些工艺环节的煤泥水浓度，此时多用浓度壶法。

浓度壶法是一种间接测量法，即先测出煤泥的密度及煤泥水的质量，再间接算出煤泥水浓度，因而不如直接法（如烘干法）准确。

浓度壶法的具体做法是将试样灌入一定容积的浓度壶内（选煤厂常用的容积为 1 L，形状见图 2-1），然后称出煤泥水的质量 Δ，用下式计算

$$g=\frac{(\Delta-1\,000)\delta}{\delta-1}\ (\text{g/L}) \tag{2-19}$$

式中　Δ——1 L 煤泥水的质量，g；

δ——煤泥的密度，g/cm^3。

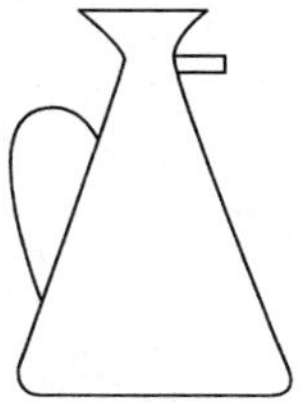

图 2-1　浓度壶示意图

通常某个环节在正常生产时，煤泥的密度变化不大，所以只需事先测得，不必每次都测。如果工艺或原料有了变化，则需要重新测定（即进行标定）。

由于浓度检查是经常性的工作，为了适应浓度快速检测的需要，省去现场每次测定的计算工作，有利于及时调整，可以根据以上公式算出不同煤泥水质量下的煤泥水浓度，然后制成相对应的表格或者画出曲线，每次测定时只要称出煤泥水的质量，从对应表格或图中就可查出对应的浓度。

表 2-1 列出了煤泥密度、煤泥水密度、固体含量之间的关系。

表 2-1　煤泥密度一定时煤泥水密度与固体含量的关系

固体含量/(g/L)	煤泥密度/(g/cm³)								
	1.35	1.4	1.45	1.5	1.55	1.6	2.2	2.3	2.4
50	1.012	1.014	1.016	1.018	1.019	1.021	1.042	1.046	1.050
100	1.025	1.029	1.033	1.036	1.040	1.044	1.087	1.094	1.102
200	1.049	1.055	1.063	1.070	1.077	1.084	1.168	1.182	1.196
300	1.075	1.086	1.097	1.108	1.108	1.129	1.258	1.297	1.301
400	1.100	1.114	1.128	1.142	1.142	1.171	1.342	1.370	1.398
500	1.125	1.148	1.161	1.179	1.179	1.214	1.429	1.465	1.501
600	1.150	1.172	1.194	1.215	1.215	1.258	1.516	1.559	1.602

（三）煤泥水浓度自动检测简介

煤泥水浓度是选煤工艺过程中一个重要的参数和控制指标。随着选煤厂自动化程度的提高，越来越多的环节要求对煤泥水浓度进行自动检测，并以此作为控制参数，如浓缩机的溢流和底流、浮选入料等。

目前选煤厂煤泥水浓度自动检测主要有两种方法：一种是直接检测法，另一种是间接检测法，即通过煤泥水密度的测量而换算成煤泥水的浓度。当煤泥的密度不变时，煤泥水的浓度与密度之间具有单值函数关系，所以测得密度后可再经转换变成浓度。

1. 直接检测法

直接检测法常用的测量设备是超声波浓度计。超声测量技术在各个领域中已得到越来越广泛的应用，已用于选煤厂物位（仓位）及液位的测量。超声波应用于矿浆浓度的测量是一种非常有前途的方法。超声波浓度计可用在管路上连续在线测量，效果理想，检测元件不与被测液体直接接触，安全可靠。与放射性同位素浓度计相比，不存在放射源的安全防护问

题，且放射性同位素浓度计测定的二次仪表也很复杂，相比之下，超声波浓度计更具有优越性。

超声波测量浓度原理如图 2-2、图 2-3 所示。

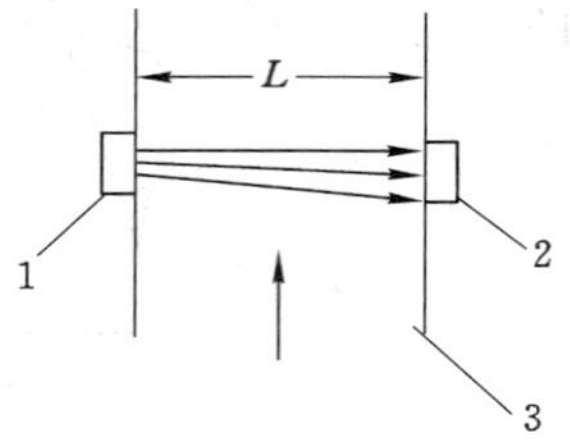

1—超声波发射源；2—超声波接收装置；3—矿浆测量管。

图 2-2 超声波测量示意图

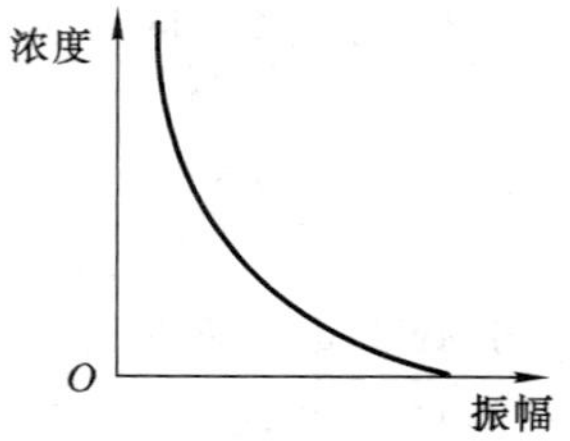

图 2-3 振幅与浓度的关系

从发射源 1 发出具有一定频率和振幅的超声波，经过一定的传播距离 L 被接收装置 2 接收，如果被测矿浆的粒度组成不变，则接收到的振幅与被测矿浆的浓度之间有单值对应的关系，它们之间不是线性关系，而是随着浓度的增加接收到的振幅呈指数规律衰减(图 2-3)。虽然两者不呈线性关系，但对某一工艺环节来说浓度的变化不大，测量时仅取曲线的一段，经过灵敏度的扩展后可以得到近似线性的关系。煤泥水中煤泥颗粒粒度较小，粒度组成相对稳定，矿浆浓度在不很高的范围内可定性认为符合上述衰减规律，因而可用超声波测量其浓度。

在使用超声波测量装置测量浓度时，针对某一环节的煤泥水，需要通过实测标定来确定输出指示的刻度，通常超声波频率越高，衰减越大；粒度越大，衰减也越大。因此为提高测量的灵敏度和线性度，通常被测矿浆浓度越高，相应超声波的频率低一些，反之高一些；粒度大时，频率低些，反之高一些。如果浓度在 0～200 g/L 以内，矿浆中粒度小于 1 mm 时，使用 400～2 000 kHz 的超声波，其测量误差小于 5%，基本上能满足要求。

超声波测量技术最适合于矿浆粒度较小、组成较匀的矿浆。如果被测矿浆粒度组成或密度组成经常变化，需通过标定验证误差。此外，矿浆中若混有气泡或没被矿浆充满时，也将造成误差，因为超声波在气体中的衰减比在液体或固体中大得多，所以测量时要避免气泡进入测量管，并使矿浆充满测量管，为减少误差可采取缩小管径和自下而上的矿浆流向等措施。

2. 间接检测法

间接检测法是通过煤泥水密度的测定，将煤泥水的密度换算成煤泥水浓度的方法。这是由于煤泥密度不变时，煤泥水密度和浓度之间存在单值对应关系。目前，在许多选煤厂的实际应用中，通常通过测量矿浆密度来代替直接测量浓度。

间接检测法测量矿浆浓度在选煤厂使用较多的有两类：一类是压差式密度计测量矿浆密度，这类方法从 20 世纪 50 年代开始使用，现还有部分选煤厂仍在使用；另一类是放射性同位素（γ 射线）密度计，此类装置从 20 世纪 60 年代开始在选煤厂使用，现使用较多。

(1) 压差式密度计

其原理是测量煤泥水不同高度上两点压力差，当高差一定时该压力差即反映了煤泥水密度。如图 2-4 所示，两点间压力差 $p=\Delta h\rho_s$，即与两点间垂直高差以及介质密度成正比。

高差 Δh 在测量过程中是定值，所以 p 和 ρ_s 之间的转换关系呈线性。

压差式密度计测量时，关键是要测准压差。压差的测量方法很多，可以采用各种压差传感器，如 U 形管压差测量装置、双管压差式密度计、电阻应变式压力压差传感器、压力与压差变送器、压电式压力压差变换器等。选用时要根据被测介质的性质、测量条件、参数变化速度和所需求的灵敏度来定。

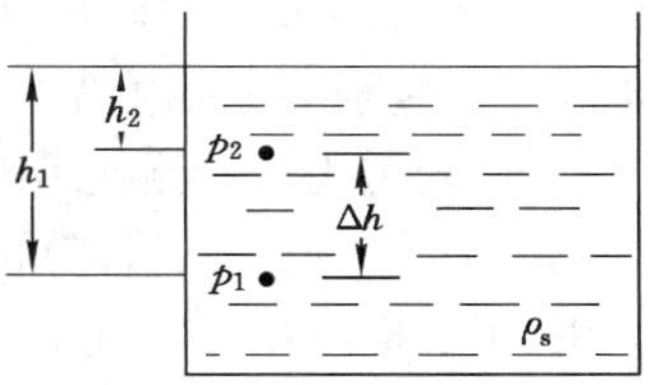

图 2-4　压差式密度计原理

(2) 放射性同位素密度计

放射性同位素测煤泥水浓度时，精度一般在 1% 以内。测量装置可安装在管路上连续测量，且不与矿浆直接接触，属于非接触式测量，因此不会被磨损或腐蚀，可靠性高，维护量小，便于在密闭管道条件下使用。此外，输出的电信号易于和电动单元组合仪表或计算机配合，实现自动控制，但存在安全防护问题。总的现状是虽然压差式密度(浓度)计仍在使用，但放射性同位素密度(浓度)计正得到更广泛的应用。

放射性同位素密度计是使用 γ 射线穿透被测矿浆，根据其衰减强度来测量的，如图 2-5 所示。

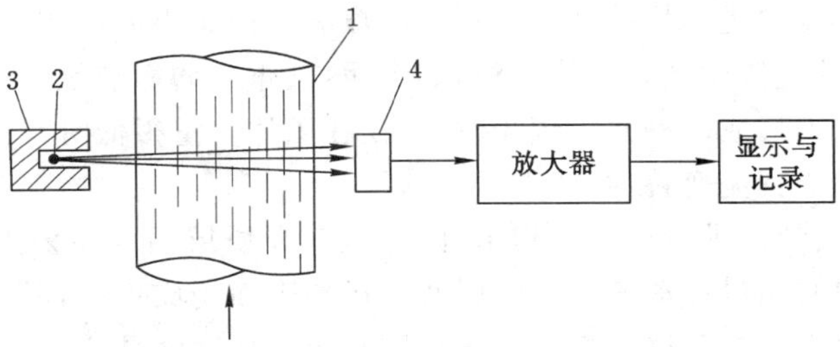

1—矿浆管道；2—γ 放射源；3—铅罐；4—γ 射线探测器。

图 2-5　γ 射线密度计原理

一定强度的 γ 射线从铅罐窄孔射出，穿透被测矿浆，然后又被 γ 射线探测器接收。如果 γ 射线固定，矿浆物质组成(如粒度、密度等)稳定，管径不变，那么总质量吸收系数也是常数，则矿浆的密度只和穿过被测物的 γ 射线强度有关。它们之间不是线性关系而是和超声波浓度计相似，呈指数关系。实际应用中，通常某一工艺环节的矿浆或煤泥水密度变化不大，即仅在测量范围中的某一段。只需对这一小段进行量程扩展，必要时采取补偿措施，就能实现其浓度与密度之间关系的线性化。

γ 射线能量选择时的原则是根据被测物的性质和变化程度使得总吸收系数为最小(即穿透力为最强)且基本稳定。在使用 γ 射线密度计时，输出指示也需要经过标定。由于放射源的半衰期很长，一般无须频繁标定，1～3 年标定一次即可。使用时，矿浆也必须充满管道，否则误差较大。可在管道上采取相应的措施，以确保矿浆在被测管道中流动平稳，不形成涡流，没有气泡，使用中须做好防护。

常见的自动化检测方法还有双管压差式浓度计、红外透射和光散射等方法。与人工检测方法相比，自动化检测方法无须人工取样，且能对煤泥水浓度进行实时跟踪监测。自动化检测方法均已经有相对较成熟的产品，在目前煤泥水浓度检测中具有重要地位，其功能和性能也在不断完善，短期内仍然无法被替代。

此外，随着光学检测技术理论的不断成熟，光电传感器的相关研究得到了长足发展，应用领域也越来越广泛；同时计算机技术和测控软件的飞速发展，使得数字图像法在工业中得到重要应用，用于检测和定位对象。图像法作为新兴的煤泥水浓度检测方法开始被大量研究。

(3) 矿浆密度与浓度的转换

以上介绍的间接检测法测浓度均是根据测得的矿浆密度再转换成矿浆浓度的，其首要条件是须知道矿浆中固体如煤泥水中煤泥的真密度，所以，固体的密度必须实测，如果某个工艺环节固体密度不稳定，则这种间接检测法也就不稳定，需要经常根据固体密度的变化重新标定。矿浆密度和浓度之间的关系如式(2-19)。

二、煤泥水的黏度及测定

(一) 流体的黏度

流体在运动时，在流体内部两流体层的接触面上会产生内摩擦力，阻止流体层间的相对运动，流体具有的这一性质称为黏性或黏度，这种内摩擦力也称为黏性阻力，它是由于流体分子间内聚力所导致的。

煤泥水是由煤泥颗粒和水组成的混合液体，煤泥的含量、粒度组成、性质等方面差别较大，所以严格地说煤泥水是非均质液体。不同的煤泥水由于煤泥性质的差异，其黏度也有较大的差别。在均质的流体中加入固体颗粒，如煤泥，其重要的影响是使非均质混合液的黏度增加，且在很多情况下形成一种非牛顿流体，仅仅在固体含量很低时其性质才与牛顿流体相似，可用牛顿定律说明其流变特性。

牛顿首先对均质液体进行研究后指出：两个流动介质层间的摩擦力不仅与介质的性质有关，还与介质层间的相对运动速度及两层间的接触表面积成正比，但与介质层间的法向力大小无关，这被称为牛顿内摩擦定律。代表介质性质的量度就是液体黏度，或称为流体介质的动力黏度。有时流体的黏度也可用动力黏度与流体的密度比值来表示，称为流体的运动黏度。水的动力黏度随温度升高而降低，在 20 ℃时为 0.001 Pa・s，温度每升高 10 ℃大约降低 2%。大多数均质液体的流变性服从牛顿定律，这些服从牛顿定律的液体被称为牛顿流体。

当液体中加入固体颗粒形成非均质的液固二相流体系时，其流体阻力比纯液体大。这是由于混合液与固体颗粒之间的接触面积增加，导致混合液体流动时内摩擦力增强，此外，二相流运动时摩擦作用不仅发生在液-液之间，也发生在固-固、固-液之间。同时，二相流混合液内部存在大量二相界面。在这个二相界面上，由于分子力或其他力的作用，固体颗粒会吸附大量水分子在它周围形成水化层(膜)。这个吸附层中的液体分子受固体颗粒的吸附，所受的力比普通水要大得多。当二相流混合液中固体颗粒较多时，这种效应尤其明显，特别是当固体颗粒极性较强时更为突出。煤泥水体系就属于这样一种体系，多数情况下煤泥表面极性较强，煤泥水黏性增加，煤泥沉降减慢，造成煤泥分离困难。

当固体颗粒很少，且其粒径＜0.001 mm 时，混合液呈纯浆体，其性质有人认为相当于一种新的均质液体，导致其黏性比水大，且固体浓度越大，黏性也越大。

当固体颗粒粒度较大时(粒径＜0.2 mm)，由于颗粒本身是不能变形的，同时又存在着水化膜，这就使混合液性质介于液体和固体之间。这种混合液的黏性与均质流体不同，它不符合牛顿定律。

关于非均质混合液摩擦或黏性定律最常用的是宾汉定律。宾汉定律认为混合液在流动时的内摩擦力或黏性阻力不同于均质液体之处在于混合液运动时必须使作用的切应力大于一个起始极限切应力(静切应力)。

理解有关混合液(如煤泥水)的黏度概念是一个十分复杂的问题,混合液黏度的范畴也是一个争论的焦点。若是直观地将很浓的浆体与纯液体的运载流体进行比较,就像比较重油与清水一样,黏性差别很容易理解。然而,当纯液体的运载流体中含有较大颗粒(如煤泥)形成混合液时,情况就不是那么简单了。从工程学的角度来看,不要把混合液的黏度看成是混合液比运载流体"黏稠"了多少,而应将其看成是和速度梯度与切应力有关的层流系数,这样就更容易理解了。很难想象稍大一些的颗粒会使混合液流体变得"黏稠",但这些颗粒可以影响层流的速度分布,因而也就影响了流体的黏度,从这个角度理解就容易被接受了。当混合液中的颗粒为球形时,它通常具有牛顿流体的特性,虽然此类液体很少,但很重要,因为它们的黏度代表了非牛顿混合液黏度的最小值。

(二) 煤泥水的黏度及影响因素

如上所述,含有煤泥颗粒的煤泥水是一个二相流混合体系,是一种特殊的非牛顿流体。目前表示煤泥水性质时最多采用的指标是表示煤泥水中固体浓度的"固体含量 g",但这是不充分的,因为在同样固体含量的条件下煤泥水体系的黏度随煤泥的性质和粒度组成的变化将会产生很大的变化。因此在评定煤泥水黏度时不仅应考虑"固体含量",更应考虑颗粒间的相互影响和作用,因而"黏度"这个指标用于煤泥水时只是相对的。如果说胶体介质的黏度是由分散相的含量决定的,那么对煤泥水悬浮体系来说,煤泥水的黏度还取决于煤泥粒度不均匀性所引起的相互作用力的变化。颗粒介质间的相互作用以及介质性质的形成过程十分复杂,至今尚未彻底研究清楚。

考虑到非牛顿流体的复杂性及煤泥水黏度影响的相对性,为明确表达像煤泥水一类的粗分散体系的悬浮液黏度特性,有的学者建议采用一个专用术语"有效黏度"。各种不同煤泥水的有效黏度实际上是一个相对纯净水的"相对黏度",可通过测量净水和煤泥水分别从黏度计流出的时间,再根据下式计算得出:

$$\text{煤泥水有效黏度}=\frac{\text{净水黏度}\times\text{净水从黏度计流出的时间}\times\text{煤泥水密度}}{\text{煤泥水从黏度计流出的时间}\times\text{净水密度}} \tag{2-20}$$

有效黏度实际上是非牛顿流体中<0.045 mm 固体颗粒的函数,即<0.045 mm 颗粒数量和密度决定其有效黏度。当煤泥水中<0.045 mm 颗粒数量较多时,煤泥水的有效黏度将急剧增加,而当煤泥粒度>0.045 mm 时,煤泥有效黏度增加不大。

煤泥水黏度增大的一个主要原因是细颗粒,尤其是易泥化的矸石和矿物质等泥化过程中解离出的各种黏土类颗粒在煤泥中积聚所致。

在实验室研究和煤泥水处理的生产实践中,通常应考虑煤泥水黏度随温度的变化,因为这种变化有时对细粒级煤泥的沉淀影响较大。此外,溶有盐类的工业用水的黏度随盐含量升高稍有升高,但对煤泥水影响不是太大。

煤泥水黏度升高最主要的影响是造成颗粒在煤泥水中沉淀速度降低,细颗粒尤其如此;其次是造成煤泥和细粒产品的过滤、脱水等作业效果变差以及各种产品的污染程度加大。

目前的选煤方法中重力选煤仍占主导,重力分选的原理就是根据不同密度、不同粒度和不同形状的颗粒在水介质(煤泥水)中的沉降速度不同而分成不同产品。对于作为分选介质的煤泥水来说,黏度的增加会使各粒级的沉降速度变慢,干扰沉降加剧,分选效率也随之降低,对细粒来说这种影响更为明显,有效分选下限变大,精煤产品灰分升高,尾煤产品灰分降低等。

对于需要浓缩、澄清的煤泥水,固液分离主要就是依靠各种粒度颗粒在水中的沉降。煤泥水黏度增大将导致各种粒度煤泥的沉降速度变慢,细粒级沉降甚至停止,影响了固液分离过程,降低了设备处理能力和分离效果。

对于需要进行各种机械脱水(如离心沉降过滤、真空过滤、压滤等)的产品,煤泥水黏度的增加将会使脱水效率降低,脱水后颗粒表面附着水分增加。如果煤泥水中含有较多泥化的细泥质颗粒,它们会附着在颗粒表面或颗粒缝隙中,造成脱水产品的污染程度加大。

总之,对煤泥水黏度影响较大的几个因素分别是:煤泥的固体含量、煤泥的粒度组成和煤泥的灰分。为验证这几个因素对煤泥水黏度及分选效果的影响,有人采用不同粒度组成、不同灰分的煤泥配成不同浓度的煤泥水,分别研究其黏度、沉降速度、分选效果等。所用的煤泥特性如表 2-2 所示。

表 2-2 煤泥的特性

粒度/μm	43～50	30～43	20～30	16～20	12～16	<12
灰分/%	9.7	9.5	10.8	12.4	20.0	27.7

由上述粒度组成的煤泥在介质温度为 20 ℃时制备的不同浓度煤泥水的有效黏度特性如图 2-6 所示。

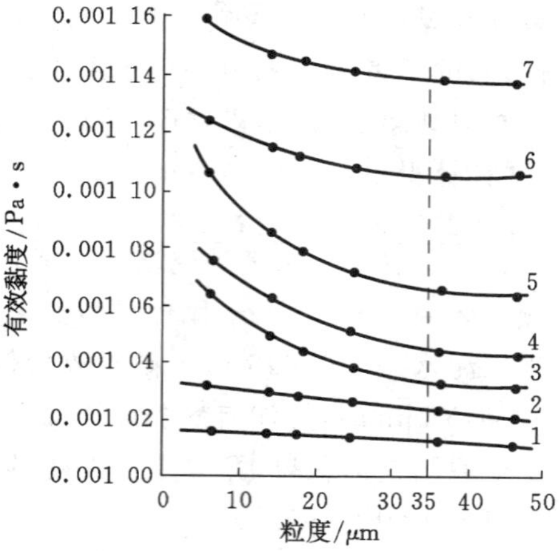

1—10 g/L;2—25 g/L;3—50 g/L;4—75 g/L;5—100 g/L;6—150 g/L;7—200 g/L。

图 2-6 煤泥水黏度、固体含量(g/L)及粒度之间关系

图 2-6 表明,当煤泥粒度在 0.035 mm 以下时黏度剧增;当煤泥的粒度增大时,煤泥水黏度实际并不增高,当煤泥水固体含量<50 g/L 时,未发现黏度剧增的情况。为验证这一点,在玻璃筒内进行了不同固体含量和不同煤泥粒度的煤泥水沉降试验,结果见图 2-7。

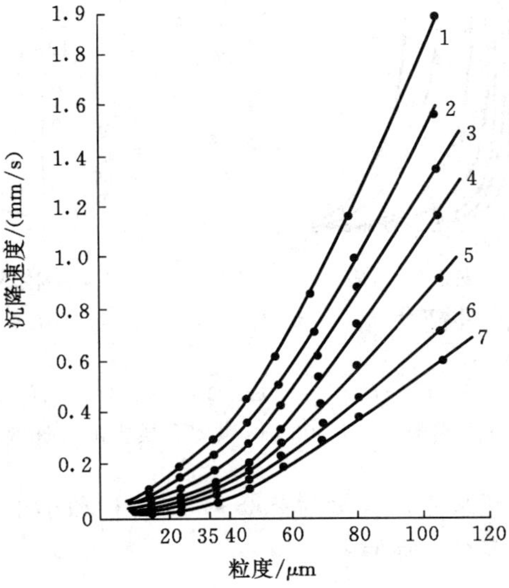

1—10 g/L;2—25 g/L;3—50 g/L;4——75 g/L;5——100 g/L;6——150 g/L;7——200 g/L。

图 2-7 煤泥水中不同固体含量(g/L)情况下各种不同粒度颗粒的沉降速度

结果表明,在不同固体含量的煤泥水中,当煤泥粒度在 0.035 mm 以下时,其沉降速度相差无几;粒度大于 0.035 mm 的煤泥比较容易沉降,黏度变化也不大。

在被泥质煤泥(0～0.045 mm 粒级,灰分大于 25%)所污染的水中进行的煤炭跳汰试验表明,此时有效分选粒度下限增高,0.5～1 mm 粒级的灰分及介质的黏度均有所增高(图 2-8)。当煤泥水煤泥含量在 50 g/L 以上时,增高更为显著。如果煤泥水被泥化程度不大的煤泥(0～0.045 mm 粒级,灰分低于 25%)所污染,则上述级别的灰分、介质黏度和煤的有效分选粒度下限将从固体含量为 80 g/L 起开始剧增,这一点也可从图 2-9 所示的不同固体含量下的精煤灰分和分选深度的变化曲线得到证明。

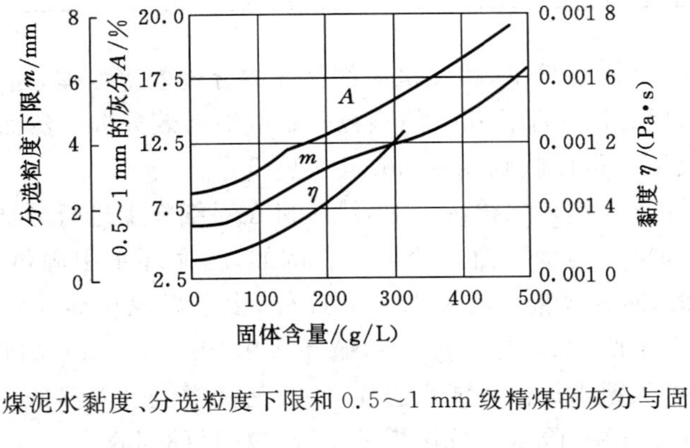

图 2-8 煤泥水黏度、分选粒度下限和 0.5～1 mm 级精煤的灰分与固体含量关系

从上述试验可见,对于作为选煤循环用水的煤泥水来说,当固体含量为 0～80 g/L(泥化的煤泥含量在 50 g/L 以下)时,介质黏度和跳汰分选指标实际上变化不大。因此,循环水中允许的固体含量根据煤泥的特性不同不应高于 50～80 g/L。固体含量进一步增高时,将导致跳汰过程效率下降,关于这一点已在一些选煤厂得到验证。

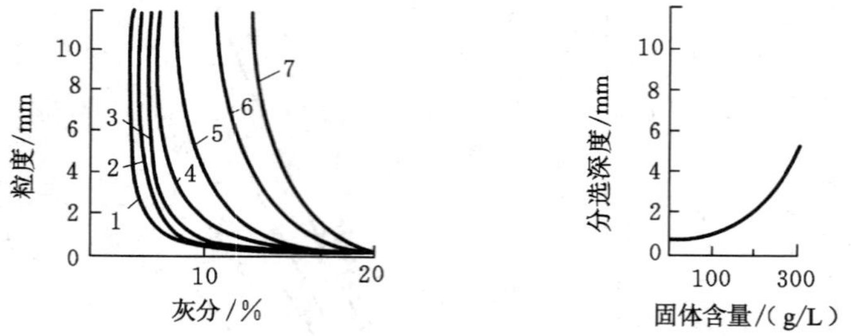

(a) 精煤灰分　　(b) 分选深度

1—0 g/L;2—50 g/L;3—100 g/L;4—200 g/L;5—300 g/L;6—400 g/L;7—500 g/L。

图 2-9　在粒度<1 000 μm 煤泥介质中的分选效果

例如:某一选煤厂对循环水固体含量为 200～250 g/L 和小于 5 g/L 时的跳汰机选后产品进行了分析试验,结果如表 2-3 所示。

表 2-3　选后产品的灰分与循环水中固体含量的关系

固体含量/(g/L)	选后产品灰分 A_d/%		粒度/mm							合计
			>13	6～13	3～6	1～3	0.5～1	0.3～0.5	<0.3	
200～250	精煤	粗粒	4.7	5.15	5.92	6.75	6.74	10.41	13.38	5.43
		细粒	—	5.17	6.22	7.78	9.43	11.30	15.14	6.80
	洗矸	粗粒	75.0	75.07	68.06	65.01	57.03	33.04	38.02	71.75
		细粒	—	72.36	70.88	68.28	62.28	31.51	34.70	68.09
小于 50	精煤	粗粒	4.29	5.81	6.29	7.55	8.60	9.05	15.07	5.20
		细粒	—	4.28	4.75	4.98	5.87	6.71	9.45	5.45
	洗矸	粗粒	7	76.13	76.50	69.60	69.90	65.10	51.14	76.40
		细粒	8.2	75.66	73.04	70.30	65.38	63.00	47.78	72.50

在高浓度污染的循环水条件下,跳汰机对细粒煤的分选效果变差,通常只能有效分选粒度大于 1 mm 的颗粒,而粒度小于 1 mm 的颗粒则难以被有效分选。然而,在比较纯净的循环水中,有效分选粒度下限可以降到 0.5 mm 甚至更低。

这种现象的原因在于当循环水被污染时,跳汰机在对细粒煤进行分选时,由于介质中的干扰沉降阻力随黏度和密度的增高而显著增大。例如,当循环水中固体含量达到 400 g/L 时,其黏度可增大 30%,而其容量将增大 18%。此外,由于煤泥在循环水中的循环,跳汰机也容易出现过负荷。在浓度过高、黏度过大的循环水中,0.5～1 mm 的颗粒无法在分级和浓缩设备中沉淀下来进入粗煤泥回收或重选作业,而是随溢流进入浮选。其中,大部分细粒煤在浮选中损失,跑到尾煤中,降低浮选尾煤的灰分和精煤的回收率。

被污染的高浓度、高黏度循环水对脱水过程也有不同的影响。一般随循环水浓度的增高、黏度的增加,筛上产品的水分也相应增高。其关系见表 2-4。

表 2-4　煤泥脱水筛上产品的水分与循环水中固体含量的关系

循环水中固体含量/(g/L)	煤泥筛入料		脱水后煤泥	
	固体含量/(g/L)	灰分/%	水分/%	灰分/%
165	365	13.24	30.7	9.22
180	416	14.22	31.0	10.08
190	464	16.29	31.8	13.80
200	400	13.80	33.5	10.31
350	460	13.13	35.1	10.57

因此，选煤厂的流程、设备、管理制度都应确保循环煤泥水维持在最适宜的固体含量，即不高于 50～80 g/L，以保持其较低的黏度和稳定性。这可以防止循环过程中形成并聚集额外的细粒煤泥（小于 0.035 mm），从而避免煤泥水黏度增加，以及分选、回收、脱水效率下降。

（三）煤泥水黏度的测定

现行的测定悬浮液黏度的装置均可用于煤泥水黏度的测定，前提是其中的粒度不要过大，否则颗粒会堵塞黏度计或造成沉淀而影响测定。

根据其结构和原理，常用的黏度计分为三类：① 毛细管黏度计。根据煤泥水流过毛细管的压力和流量测定其黏度；② 同心圆筒黏度计。根据环形空间中液体的剪应力和流速梯度来计算其黏度；③ 薄板黏度计。让一垂直在弹簧上的薄板在所研究的液体中下沉或上浮，测定其剪应力和应变的关系。

煤泥水黏度测定要比均质液体困难，原因在于其中固体颗粒较易沉降，所以必须安装搅拌装置，但由此又带来了可靠性和精确度的问题。

1. 毛细管黏度计

毛细管黏度计最早用于测定悬浮液的黏度。它由一孔径为 2.64 mm 的毛细管和与其相连的有搅拌装置的容器组成（图 2-10）。根据 100 mL 液体流出所需的时间可确定出液体的表观黏度（剪应力与速度梯度的比值），而对应于不同时间的黏度数值可用已知黏度的牛顿流体予以标定。此法最大缺点是未能给出表征悬浮液全部流变性质的参数，并且不同仪器测定结果不能相互比较，但由于它能够迅速而简便地给出结果，因而至今仍在实际工作中应用。

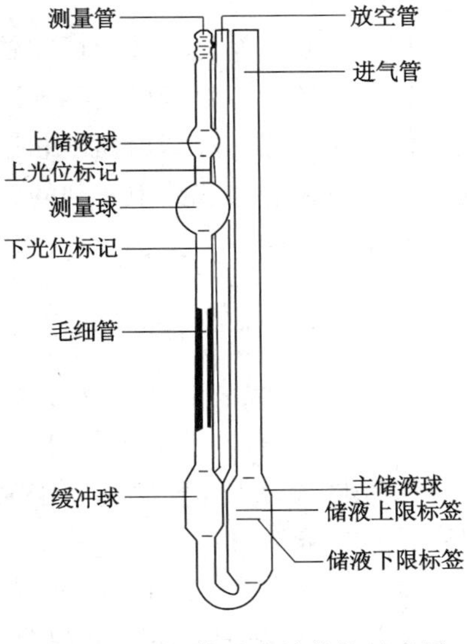

图 2-10　毛细管黏度计结构示意图

毛细管黏度计已有许多不同的改进，使之更加适合于悬浮液黏度的测定，有关各种毛细管黏度计结构和性能等可见有关方面论述。

2. 同心圆筒黏度计

这是研究悬浮液流变性质时应用最广泛的一类黏度计，其主体部分为一圆筒形容器（外筒），内部同心放置着另一圆筒(内筒),两环形空间里充满欲测定的液体(图 2-11)。为了求得对应的流速梯度与剪应力的关系,已经采用过几种不同设计的该类黏度计。

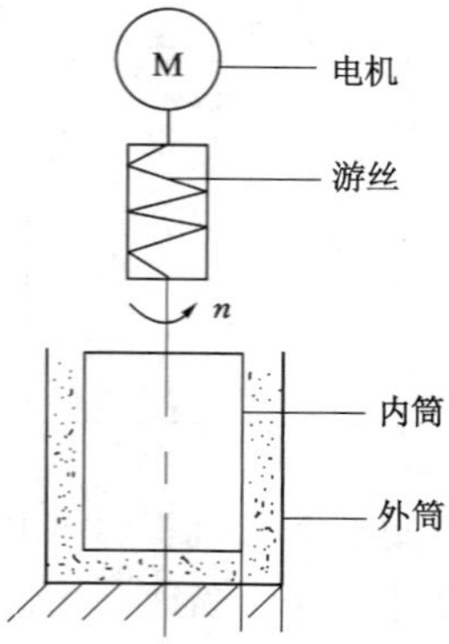

图 2-11　同心圆筒黏度计结构示意图

(1) 外转筒式黏度计:使外筒以某一角速度旋转,造成环形空间内液层的相对运动,并依靠剪应力扭动悬挂在金属丝上的内筒,根据其扭转角度即可算出不同转速下的旋转力矩,相应地也就找到了流速梯度与剪应力的对应关系。

(2) 内转筒式黏度计:借助重物,并通过滑轮以某一旋转力矩使内筒旋转,通过测定不同旋转力矩下内筒转速,找出剪应力与流速梯度的关系。

(3) 轴流式同心圆黏度计:其特点是利用装设在黏度计外部的泵循环矿浆,使矿浆沿轴向流经两个圆筒的环形空间,从而对挂在金属丝上的圆筒施加拖力(剪应力),矿浆悬浮液的流速是由泵的转速控制的,故根据泵的转速和拖力的对应关系,即可测出悬浮液的流变特性。此类黏度计流速梯度的下限取决于保证悬浮液中固体不至于沉淀所需的最低循环速度。

各种同心圆筒黏度计均可在较大的流速梯度范围内使用,但当流速梯度小时,内转筒式黏度计误差较大。对于以上各种同心圆筒黏度计,当试验处于层流状态时,均可直接根据试验数据利用已知公式算出黏度和极限剪应力数值。有关仪器常数,可根据已知黏度液体预先标定。但在选煤实践中碰到的大多属于由层流到紊流的过渡范围,此时仪器的标定和测量数据比较复杂。

3. 比较和应用

同心圆筒黏度计是比较理想的黏度计,可用于不同流态,并能完整地给出介质黏滞性的全部参数,而且解决了悬浮液的分层问题。其缺点是仪器的标定和测量数据的处理比较麻烦,因而不少研究人员宁愿采用较简单的毛细管黏度计。

在实验室的研究和现场工作中,为了迅速获得悬浮液(如煤泥水)中介质组成(如密度、粒度、形状、浓度、药剂等)对黏度等方面的影响,可以采用下列简便办法:

(1) 在不需要完整了解不同流速梯度下有关介质黏滞性全部参数,且流速梯度不十分大的情况下,可利用简单的毛细管黏度计(也可用同心圆筒黏度计)测定其表观黏度作为调节、控制的依据。

(2) 在需要完整了解悬浮液流变特性时,可利用同心圆筒黏度计测得的原始数据作图,通过比较不同悬浮液剪切力与转速之间的曲线的斜率和其剪切力轴上的截距，即可间接看出不同介质组成对悬浮液流变性的影响。其原因是剪切力与转速的曲线和剪切力与流速梯度曲线应该是相似的。

三、煤泥水的化学性质及影响

煤泥水的化学性质主要包括煤泥水中溶解物的组成、酸碱度、矿化度、总盐量、硬度等，它们对煤泥的分选和煤泥水絮凝沉降有不同的影响。这些影响总的来说十分复杂，影响过程和机理研究还不够充分。

(一) 煤泥水中的溶解物及其影响

煤泥水中的溶解物种类繁多，各厂均不相同，主要取决于原煤的性质及水质。此外，不同煤泥水的流程、分选方法和管理方法造成的煤在水中的停留时间、煤泥水温度不同等，均会影响溶解物的数量和种类。另外，也有一部分是生产过程中所添加的各种无机、有机药剂所致。表 2-5 列出国内几家选煤厂用水及矿井水的化学组成。

表 2-5　部分选煤厂用水及矿井水的化学组成

项　目	南山选煤厂自来水	南山选煤厂尾矿水	兴山矿六井井水	兴山矿二四井井水	南山矿立井井水	夹河选煤厂尾矿水	唐山工业用水	汪家寨	
								工业用水	浓缩机溢流水
硬度/德国度	1.16	4.59	21.30	29.53	9.06	13.04	23.48	2.407	—
碱度/(毫克当量/L)	0.29	1.60	7.26	7.33	3.23	—	—	—	—
pH	6.10	7.30	8.10	7.90	8.10	—	7.60	7.50	7.4
Ca^{2+}/(mg/L)	5.76	24.11	100.44	45.42	20.09	30.42	85.9	43.63	34.07
Mg^{2+}/(mg/L)	1.54	5.25	31.52	39.87	5.91	24.03	45.7	2.80	3.28
$K^{+}+Na^{+}$/(mg/L)	4.65	26.84	107.26	83.03	93.15	322.63	—	—	—
Cl^{-}/(mg/L)	1.06	27.60	29.22	40.59	34.33	203.84	66.2	2.85	54.06
SO_4^{2-}/(mg/L)	16.05	27.16	202.66	272.41	66.25	196.19	263.42	9.46	104.11
CO_3^{2-}/(mg/L)	—	—	—	—	—	7.35	—	—	—
SiO_3^{2-}/(mg/L)	—	—	—	—	—	11.39	—	—	—
HCO_3^{-}/(mg/L)	17.69	97.60	442.06	447.13	197.03	370	721.73	124.72	124.23

煤泥水中溶解的有机物则更复杂，一方面是来源于煤中的溶解物，另一方面是来源于各种浮选、煤泥水处理作业中添加的药剂。这些溶解物有的数量甚微，有的则以胶体形式分散在煤泥水中，对浮选、煤泥水处理的絮凝过程有一定的影响。但由于种类多、浓度低、分析困难，故对这方面研究积累的数据不多。目前已有一些文献介绍微量浮选药剂、油类及有机凝剂的测定方法，可参考环保、化工方面的测定分析方法，这为进一步研究提供了手段。

此处所讨论的有机类溶解物(或者分散物)的影响主要是指残存在煤泥水中的化学药剂和絮凝剂对浮选和絮凝过程的影响。而有关无机类溶解物的影响将在矿化度部分介绍。

浮选中使用的药剂有一部分没吸附到煤粒上，随尾煤排出，尾煤水经澄清后循环使用，使得这些药剂也重新返回系统。系统中残留的药剂随着煤泥水返回循环次数的增多而增加，结果是浮选药剂添加量虽然不变，但实际含量却不断提高，有时甚至会影响到浮选正常进行。实践表明，药剂在浮选尾矿中剩余浓度越小，浮选工艺越容易控制，效果也越好。剩余药剂量与药剂种类和初始浓度有关。有关研究表明，非极性烃类油在尾矿中的剩余含量常比杂极性药剂低得多。A. A. 丹契娜进行了浮选尾矿水人工闭路循环试验，以查明剩余有机药剂量对浮选的影响，她用每一次浮选尾矿水作为下一次浮选试验用水，采用的药剂为煤油和起泡剂，用量为 160 mg/L。经 10 次循环，尾矿水的剩余药剂浓度已达到 147 mg/L。当给药量不变时，精煤产率由 53%增至 77%，但精煤灰分却从 7.4%增至 10.76%。实际生产中由于块煤的吸附，影响不如实验室明显，但在生产中应注意剩余有机药剂的影响，须调整药剂添加量，以保证生产正常进行。选择药剂时应注意选择用量小、剩余量低的药剂。

选煤厂煤泥水也会因使用高分子絮凝剂而产生累积，从而对浮选产生不同影响。我国现行的浓缩浮选流程在浮选前浓缩不使用絮凝剂也就是为消除絮凝剂影响。实验室试验表明，使用聚丙烯酰胺浓度为 2.5 g/m^3 时对浮选无明显影响；浓度为 5 g/m^3 时选择性下降、产率降低；当浓度进一步增加，浮选精煤产率和灰分都恶化；浓度为 50 g/m^3 时浮选完全不能进行。实践中药剂量一般仅在 0.3～3 g/m^3，积累很慢，对浮选无大影响，但用量大时要注意不要使浮选入料絮凝剂量＞2.5 g/m^3，以免恶化浮选。

当前多数选煤厂实行洗水闭路循环，由于原煤的变化以及添加药剂的变化，原生产水中带入的某些可溶性物不断吸附在产品表面而离开体系，水中可溶物的组成及数量均不断发生变化。由于不同的可溶物对浮选、絮凝、沉降、油团絮凝等过程的影响不同，应充分掌握这些可溶物质种类及数量对以上过程的影响，再通过适当方法控制、调整这些变化在最佳范围内，从而有利于各种分选、絮凝、沉降作业，有利于闭路循环和减少对环境的污染，这是煤泥水处理的一项重要工作。

（二）煤泥水的酸、碱度及其影响

煤泥水的酸、碱度是控制浮选和煤泥水处理过程的重要因素之一，它影响煤泥的表面性质，从而直接影响分选、絮凝过程和各种药剂的效果。煤泥水的 pH 值通常在 6～9 之间。

一般的规律是 pH 值对矿物颗粒或煤泥表面的电性有极大影响：当 pH＞颗粒表面零电点时，矿物或煤泥表面荷负电；当 pH＜颗粒表面零电点时，矿物或煤泥表面荷正电。而矿物或煤泥表面的电性对浮选药剂、团絮药剂、絮凝药剂的表面吸附起重要作用，也对细泥在其表面的覆盖有重要影响。通常煤在等电点时浮选活性最大，pH＝4～8 时浮选活性较好，pH＜4 时不佳，所以各种煤在中性条件下浮选效果最好，药剂量也较稳定。

煤泥水的酸、碱度主要取决于生产过程添加水的酸、碱物质，其次是生产过程中添加的各种药剂。其中有的药剂本身是强碱或强酸物质，还有的是药剂解离出不同数量的 H^+ 或 OH^-。酸、碱度除了直接对煤泥水处理产生以上影响外，还会导致设备的腐蚀以及对外排出引起的环境污染。此外，还会对原煤中某些组分的溶解以及矿化度造成不同程度的影响。

对煤泥水 pH 值的测定有三种方法：

(1) 指示剂法，又分为 pH 试纸法和比色法；

(2) 电位测定法，即采用酸度计测量；

(3) 滴定法，pH 值高、需精确测定时采用。

无论采用何种方法测定，煤泥水均须预先澄清，除去杂质颗粒和颜色，以保证测量精度。

（三）煤泥水的矿化度(含盐量)、硬度及其影响

矿化度的定义有几种说法，一是“矿化度是水中所含无机矿物成分的总量，矿化度是水化学成分测定的重要指标，用于评价水中的总含盐量”；另一种是“盐类是水中溶解性固体的

一部分，一般均以离子形式存在于水中，水中各阴阳离子含量的总和称矿化度(含盐量)，常以 g/L 或 mg/L 表示”；还有的定义为“矿化度是地下水中各种元素的离子、分子和化合物的总含量，是蒸干的残渣”。从以上几种说法可见，矿化度通常表示溶解在水中的固体总量，又称为含盐量。在天然水中，矿化度一般代表无污染水体中的主要阴阳离子；对受污染的水体，矿化度还包括各种无机盐类和矿物元素。

硬度通常表示水中能生成水垢的钙镁离子的总含量，水的硬度分类见表 2-6，目前硬度单位普遍采用 mgN/L，也有采用 CaO、$CaCO_3$ 或德国度表示的。换算式为：

$$1\ \text{mgN/L} = 2.8\ 德国度 = 50\ \text{mg/L}\ CaCO_3 = 28\ \text{mg/L}\ CaO$$

1 mgN/L 相当于 1 L 水中含有 20.04 mg 的 Ca^{2+} 或 12.16 mg 的 Mg^{2+}。

表 2-6 水的硬度分类

总硬度指标	很软水	软水	中硬水	硬水	很硬水
德国度	0～4	4～8	8～16	16～30	>30
以 CaO 计：mg/L	0～40	40～80	80～160	160～300	>300
以 $CaCO_3$ 计：mg/L	0～72	72～144	144～288	288～576	>576
以当量计：mgN/L	0～1.43	1.43～2.86	2.86～5.7	5.7～10.7	>10.7

选煤厂的煤泥水中通常都含有一定数量的可溶性盐类，这些无机盐类常以离子形式出现，常见有 Na^+、K^+、Ca^{2+}、Mg^{2+}、Fe^{2+}、HCO_3^-、Cl^-、NO_3^-、SO_4^{2-}、SiO_2^-、Al^{3+} 等。其中 Ca^{2+} 和 Mg^{2+} 以及 Na^+ 和 K^+ 离子对浮选、絮凝、沉降影响最大。

各选煤厂的煤泥水盐类组成和数量均存在差异，表 2-7 是国内几家选煤厂煤泥水的盐类组成。导致各厂煤泥水盐类差异的原因一方面在于选煤用水本身含有各种离子，如有的用河水，有的用井水，各河水和各井水间成分差别甚大。另一方面在于煤和矸石的矿物组成不同，导致其在水中溶解程度也有所差异，并且煤和矸石的粒度、浓度等均对水中盐类产生不同影响。当然，添加的药剂有时也会起到很大作用。煤泥水的闭路循环会使原本很小程度的溶解及药剂添加所造成的效应逐渐累积，从而形成量变到质变的效果。

表 2-7 煤泥水的盐类组成

pH	蒸发残渣/(mg/L)	总硬度/(mgN/L)	离子组成/(mg/L)					
			K^+,Na^+	Ca^{2+}	Mg^{2+}	Cl^-	SO_4^{2-}	HCO_3^-
7.5	4 059	29.0	716.9	334.7	149.6	314.6	2 376.0	109.8
7.5	3 338	26.5	557.8	260.5	163.9	352.0	1 824.0	231.0
7.5	3 470	25.5	638.5	276.5	142.0	524.9	1 888.0	292.0
7.5	3 100	26.0	544.4	284.0	131.0	444.5	1 640.0	183.0
7.3	1 638	15.0	269.7	188.4	69.1	215.4	869.0	122.0
7.4	2 036	17.5	538.0	108.2	46.8	294.8	937.7	189.1
7.4	2 518	11.0	636.9	144.3	46.3	304.3	1 247.9	225.7
7.4	3 352	32.0	377.1	368.7	169.0	444.5	1 614.7	146.4
7.3	2 042	12.5	416.0	136.3	69.4	352.2	793.2	256.2
7.9	3 390	1.05	1076.0	12.5	5.2	899.5	377.0	404.3

由以上讨论可知，高硬度水意味着矿化度高，但高矿化度水不一定硬度就高。

就影响而言，主要是对煤泥水处理中分选（浮选）、絮凝、沉降、脱水等方面影响较大。

对重选生产而言，目前尚未见到高硬度水对重选生产有较大影响的报道。根据对选煤厂循环水的测试结果，其总硬度平均为 20.6 mgN/L，最高达 32 mgN/L，这已属硬水或极硬水，但生产情况依然正常。

对浮选生产而言，规定硬度不能太高，否则影响起泡剂皂化作用。根据已有研究报道，硬水中高分子的烷基硫酸盐类、烷基磺酸盐类和其他阴离子表面活性剂溶液的起泡能力急剧降低。当然硬水也有好的作用，有人曾研究了硬盐离子对浮选的影响，当溶液中钙离子浓度小于 100 mg/L 时，起泡能力加强，泡沫稳定性提高。但当浓度达到 400 mg/L 时，正面的影响几乎消除。从另一角度看，当钙离子含量适中时，煤表面吸附钙离子能降低煤表面的电动电位，从而降低煤表面水化作用，提高浮选活性。然而钙离子含量过高时则会产生相反结果。A. A. 丹契娜曾用不同矿化度的循环水进行煤泥浮选试验，结果见表 2-8。当矿化度从 3 170 mg/L 增加至 5 920 mg/L 时，浮选时间缩短 20%，泡沫体积增加 36%，精煤产率增加 19.66%，尾煤灰分提高 12.5%，但精煤灰分略有升高，在这种矿化度下，对浮选过程具有强化作用。起泡剂性能的提高，将会降低浮选的选择性，故在高矿化度（2 000～3 000 mg/L）下，可能将产生不良影响。

表 2-8　循环水矿化度对浮选的影响

循环水循环次数	循环水矿化度 /(mg/L)	精煤		尾矿灰分 /%	浮选时间 /min	泡沫体积		泡沫产品固体含量 /%
		产率/%	灰分/%			cm^3	%	
1	3 170	56.08	9.13	57.90	5	110	100	29.0
6	3 520	70.46	9.28	60.40	5	120	108	32.5
11	4 050	71.11	9.13	62.70	5	120	108	36.5
16	4 880	71.91	9.47	63.50	4.5	130	118	39.0
21	4 540	72.58	9.84	64.40	4	140	127	42.0
26	5 130	74.24	9.55	67.20	4	150	136	44.0
30	5 920	75.74	9.86	70.40	4	150	136	48.0

矿化度、硬度对煤泥水的絮凝、沉降过程影响较大。总的来说，矿化度高、硬度大有好处。硬度越大，尾煤水中的煤泥越容易沉降、絮凝、澄清、净化。硬度也是影响浮选尾煤沉降速度的两大因素之一（另一为泥质物含量）。大屯选煤厂澄清浓缩机在不加任何药剂条件下自然出清水溢流，就是因为该厂补充水硬度为 32～37 mgN/L；南山选煤厂开始使用各种絮凝剂，耗量是其他厂的十几倍，但效果仍不满意，主要原因在于补充水硬度低，阳离子含量少（表 2-5），而换成硬度较大的矿井水作为补充水，其中 Ca^{2+} 为 20.09 mg/L，Mg^{2+} 为 5.91 mg/L，絮凝剂用量由 30 g/m^3 降至 3.5 g/m^3，显著改善了煤泥沉降效果，并且获得了较清的浓缩机溢流。许多选煤厂由于洗水硬度不足，为加强絮凝和沉降效果，往往在煤泥水澄清作业加入一定数量的无机电解质凝聚剂（如明矾、硫酸铝等），就是为增加煤泥水中的正离子，人为地增加一点水的“硬度”，大量正离子能吸附到荷负电煤泥表面，降低其电荷量，减少相互间

斥力，降低其稳定性，从而更容易兼并、絮凝和沉降。

对煤泥水澄清而言，含盐比不含盐更易澄清。对一般煤泥水，含盐量在 2 g/L 特别有效；而对浮选尾煤水，在 6 g/L 时最有效，故有人主张选煤厂循环水含盐量应保持在 3～6 g/L。刘炯天院士提出的矿物-硬度法难沉降煤泥水的绿色澄清技术也是基于这一基本原理，也就说为了促进煤泥水的澄清使煤泥水始终保持合理的硬度。

根据煤泥水的硬度不同，煤泥水的絮凝、沉降过程已形成几种不同模式：

(1) 硬度大：不加凝聚剂、絮凝剂，自然出清水；

(2) 硬度较小：需加凝聚剂或者絮凝剂；

(3) 硬度小、杂质多：需加凝聚剂和絮凝剂。

现许多人主张在(2)和(3)中尽量加凝聚剂，不加絮凝剂。尽量多用凝聚剂(足量用药)，少加絮凝剂(亏量用药)的目的在于提高硬度，提高矿化度。但近年来由于机械化开采率的提高，原煤中矸石含量增大，煤泥水中微细高灰煤泥含量增大，产生大量高泥化难沉降煤泥水，药剂使用制度要求更高。

目前我国由于水资源短缺，尤其在西北，选煤用水多取自井下水，而井水多为高硬度和高矿化度。还有的选煤厂为改善煤泥水的澄清效果也采用矿井水补充循环水，这些做法是值得借鉴的。我国设计规范对硬度有所规定，矿化度未做规定，从目前选煤厂生产实践来看，高硬度和高矿化度不至于引起大的副作用。

硬度和矿化度对煤泥的脱水和过滤而言，若不加助滤剂时影响不大(对过滤速度)。如果采用助滤剂，则会根据助滤剂品种不同而产生不同影响。至于硬度和矿化度对各种情形下的脱水效果及影响则很少见到报道。

四、煤泥水的沉降特性及其测定

(一) 煤泥水的沉降特性

煤泥水处理的一项重要内容是煤泥水的分级、浓缩和澄清作业，其主要工艺和方法都是依据煤泥在水中的重力沉降来实现的，只是它们的重力沉降性质不同。所以，针对这些重力沉降式的分级、浓缩和澄清设备，需要根据工艺要求和在满足工艺条件下的煤泥水沉降特性进行设计和计算。对于粗粒级，浓度较小的煤粒，可采用有关公式计算其自由沉降速度或干扰沉降速度，从而确定其沉降性质。但对于煤泥水中的大部分颗粒，由于粒度细、浓度高，相互影响大，用计算方法得出的沉降速度与实际相差较大。如果单纯采用计算值作为工艺计算和设备选型的依据，将会与实际情况存在显著差异。为此，在煤泥水处理的分级、浓缩和澄清作业中，相关设备的计算和选型多是根据各自煤泥水样的沉降试验得出的沉降特性参数选定的，这样能够更好地满足现场实际要求。

另外，由于原煤性质、煤泥特性、水质、工艺等不同，各厂煤泥水性质可能相差很大，沉降特性可能相差许多倍。如前所述，有的不加任何药剂浓缩机溢流可出清水，有的添加药剂仍无济于事。沉降特性的巨大差异使其不能像有的作业那样可按统一标准选取，只能根据各厂实际沉降性质来选定指标。

造成煤泥水沉降特性差别的因素很多且很复杂，因此，煤泥水的沉降特性综合反映了各因素之间的相互影响和最终效应。虽然各厂的煤泥水性质千差万别，但其沉降特性可能接近。因此，煤泥水的沉降特性也综合反映了煤泥水处理的难易程度。可以说，沉降特性较好的煤泥水相对容易处理。

煤泥水的沉降特性研究主要包括两个方面：一是测定煤泥水不加药剂情况下的自然沉降性质，用于煤泥水分级、浓缩作业的计算，因为这些作业根据工艺要求是不能添加药剂的；二是测定煤泥水添加药剂（絮凝剂）后的絮凝沉降特性，以便进行煤泥水澄清、浓缩作业的计算，而这些作业往往需要添加絮凝剂来加速沉降。此外，根据絮凝沉降试验还可得出特定条件下煤泥水所需的最佳絮凝剂种类、用量及添加方式，以达到最优化目的。总之，煤泥水沉降特性的测定可为选煤厂设计、改造和生产提供依据。

为进一步理解煤泥水沉降特性的实质，有必要先了解一下煤泥水沉降过程的特点和规律——煤泥水沉降过程的分区现象。

（二）煤泥水沉降过程的分区现象

将一定浓度的煤泥水倒入玻璃量筒中，均匀搅拌后静置观察，可以看到由于不同密度、粒度和形状的颗粒沉降速度不同，在量筒截面上出现不同浓度、粒度和密度的煤泥水分层现象，如图 2-12 所示。

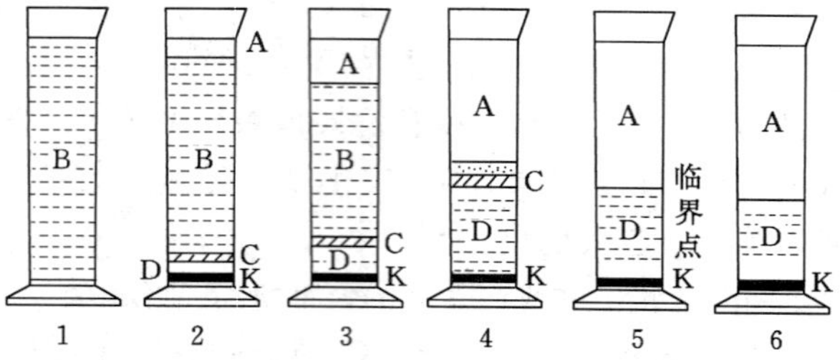

A—澄清区；B—沉降区；C—过渡区；D—压缩区；K—粗粒区。

图 2-12　煤泥水沉降过程分区现象

煤泥水刚经搅拌后在浓度、粒度、密度等方面是相对均匀分布的，见筒 1。筒 2 表示极短时间沉降后的煤泥水，煤泥水沿量筒分成了五个区，上层 A 是澄清区，B 是沉降区（或等浓度区），C 是过渡区（或变浓度区），D 是压缩区，K 是粗粒区。整个沉降区浓度是不变的，等于原矿浆减去因析离而沉降的粗粒以后的浓度，悬浮的颗粒在自身重力作用下沉降。沉降的结果是澄清区和沉降区之间有一个清晰的界面（又称澄清界面）。随沉降过程的进行，澄清区高度逐渐增加，压缩区高度也逐渐增加，而沉降区高度逐渐减小，直至消除，只剩下 A 区、D 区和 K 区。随 A 区增加和 B 区减小，澄清界面逐渐往下移动，它的下移速度就等于颗粒的平均沉降速度。有时煤泥水的粒度组成和浓度等不适宜时，澄清界面不清晰或出现较迟时，可用灯光照射观察澄清界面下降速度。实际上，煤泥水的沉降特性测定就是根据煤泥水沉降产生的分区现象来进行的。

（三）煤泥水沉降试验试样的采样和制备

在选煤厂生产过程中，若试验的对象为某工艺环节的煤泥水，应该在生产正常的情况下，在该环节流动的煤泥水料流的全宽和全厚截取试样，取样间隔 15～30 min，取样时间一个班至三个班（在采取大量代表性试样时），每次可取 1～2 L。

如果煤泥水沉降特性为设计选煤厂用，可从设计厂附近的流程相同或相似的选煤厂按以上方法采样，也可按煤炭行业标准《煤和矸石泥化试验方法》（MT/T 109—1996），模拟所选流程的生产条件制备煤泥水样，翻转时间可以根据不同分选工艺流程确定。供选煤厂设计用煤泥水试样制备流程如图 2-13 所示。

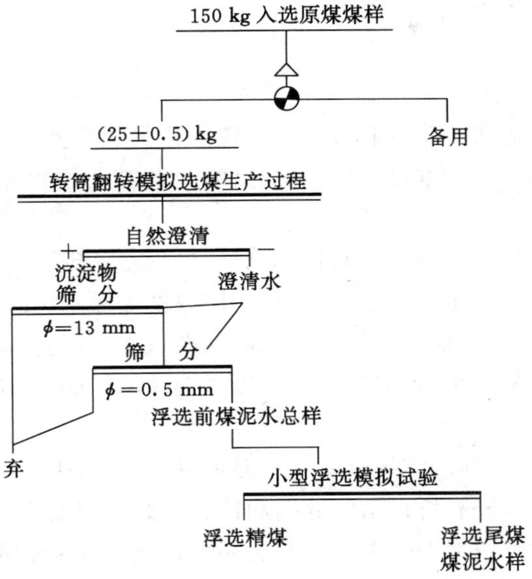

图 2-13　供选煤厂设计用煤泥水试样制备流程

在进行煤泥水沉降特性测定的同时，为了进一步理解煤泥水沉降特性和解释沉降效果，还需进行煤泥和煤泥水组成以及特性方面的测定，包括煤泥的粒度组成、真密度、0.074 mm 的显微组分定量分析（有机组分、无机组分、泥质黏土类、硫化物类、碳酸盐类、氧化硅类）、水质分析（总矿物含量、硬度、pH 值、阳离子含量、阴离子含量）、溶解性固体的测定，为同时进行这些分析，需用同一煤泥水样按图 2-14 流程缩分。

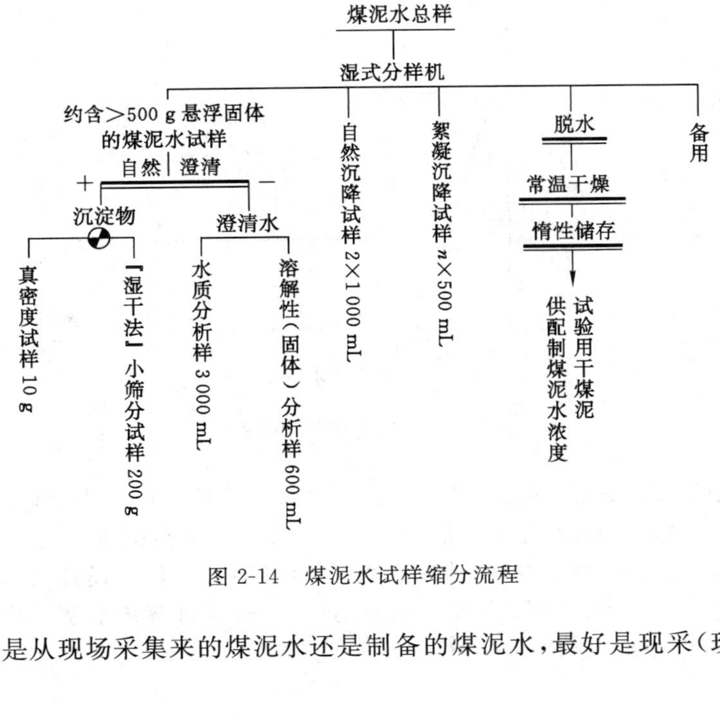

图 2-14　煤泥水试样缩分流程

此外，无论是从现场采集来的煤泥水还是制备的煤泥水，最好是现采（现制）现用，不要放置时间过长。一般情况下，不允许用现场采集来的煤泥水烘干后再做试验，以免煤泥水的粒度组成、黏度、水质发生变化。

（四）量筒沉降试验

1. 试验方法

这是我国传统的煤泥水沉降试验方法。选煤厂以此测定矿浆沉降性能，由于此方法简单、易行，虽然新的部颁专业标准已规定新的方法，但此方法还可作为一种辅助方法或条件不具备时采用。

该试验采用量筒（500 mL 或更大），标上刻度，然后将一定浓度的煤泥水倒入（也可根据需要倒入煤泥水后再加入一定量清水，以进行不同浓度煤泥水沉降试验）。试验开始前将煤泥水用搅拌器搅拌均匀，或者盖上量筒上下翻滚几次，以达均匀。静置后开始记录时间并注意记录澄清界面层的下降距离，根据沉降快慢选择记录的间隔，一般为 1～2 min，越往后可增大间隔，将记录数据填于表内。

此法应采取重复试验，两次结果误差不大时可取平均值，否则应重新进行。

通过几个不同浓度的试验所得出的数据和计算可为沉淀面积的选取提供详细资料。

澄清界面不清晰时可用聚光灯透射。此法还可以进行添加絮凝剂沉降试验，同样以澄清界面层下降速度作为计算依据。

2. 沉降试验求算法

根据量筒沉降试验记录的澄清界面层下降的距离（高度）和对应的沉降时间曲线可以进行该煤泥在不同浓度下澄清所需沉淀面积的计算，有两种方法可以采用。

（1）多次沉降试验求算法。通过一系列不同浓度煤泥水的沉降试验分别获得不同时间的澄清层高度，然后分别绘制沉降曲线。图 2-15 表示沉降速度观测结果，纵坐标为澄清层高度（cm 或 mm），横坐标为沉降时间（min 或 h），沉降曲线是三条相交的直线（或者三条直线通过不同斜率弧线连接）。

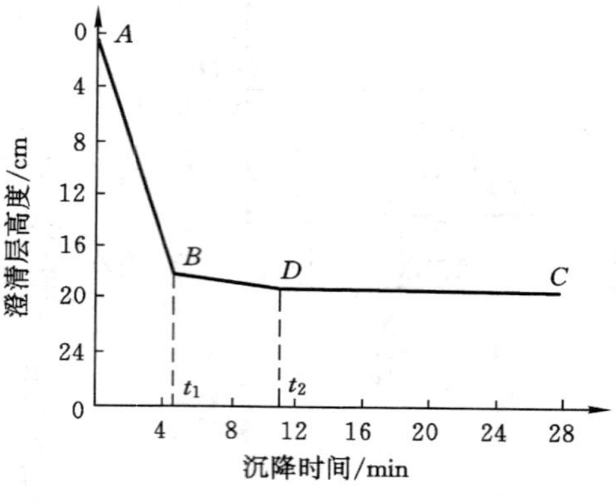

图 2-15　沉降速度观测结果

直线 AB 相当于澄清区，直线 BD 相当于压缩区，直线 DC 相当于矿浆已达最终压缩点，B 点为临界点，即澄清区与压缩区的分界点。绘制沉降曲线的作用是：找出临界点，确定达到临界点的时间 t_1 和澄清层高度，计算沉降区的沉降速度，作为设计浓缩机的依据；根据要求达到的底流浓度，找出达到该浓度的沉降时间 t_2，作为计算浓缩机高度的依据；找出可能达到的最高浓度和达到该浓度的时间。

（2）一次沉降试验求算法。此法是采用较低浓度的煤泥水做一次沉降试验，测出澄清层高度(H)和达到相应沉降高度的时间(t)，作出 H-t 沉降曲线，如图 2-16 所示。可以用此沉降曲线来计算任意浓度下的沉降速度和浓缩机沉淀 1 t 煤泥所需的沉淀面积。设试验煤泥水的固体含量为 C_o，而给入浓缩机的矿浆浓度为 C_p，由浓缩机排出的矿浆浓度为 C_u。为确定浓度为 C_p 的沉降速度 v_p，首先要算出 C_p 的煤泥界面高度 H_p。

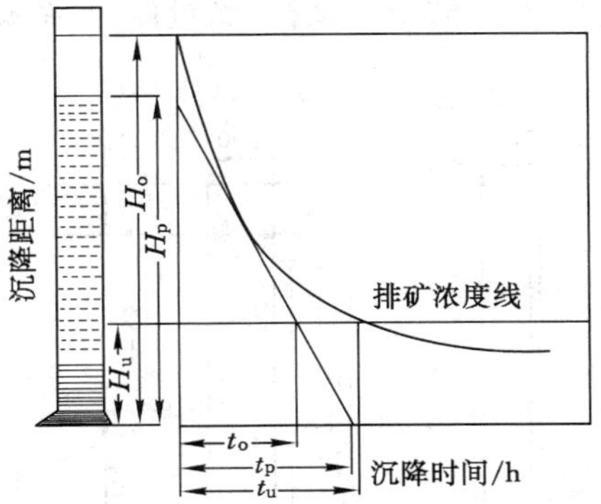

图 2-16　沉降曲线

因为
$$C_o H_o = C_p H_p$$

所以
$$H_p = \frac{C_o H_o}{C_p} \tag{2-21}$$

在图 2-16 的纵坐标找到 H_p 点，由 H_p 点作沉降曲线的切线，这条切线的斜率就等于浓度为 C_p 时的沉降速度 v_p，即

$$v_p = \frac{H_p}{t_p} \tag{2-22}$$

浓缩机面积可按下式计算：

$$S = \frac{\delta(C_u - C_p)}{C_u C_p v_p} \tag{2-23}$$

按式(2-23)，当 C_u 确定时，逐点计算所需面积，取其中最大者为设计面积。但此法较复杂。

（五）煤泥水自然沉降特性

自然沉降是指无絮凝倾向或弱絮凝倾向的固体颗粒在稀悬浮液中的离散沉降。在自然沉降过程中，颗粒间不发生黏合，其形状、粒径都保持不变。

1. 试验原理

煤泥水的自然沉降特性可以采用以上介绍的量筒试验测定，我国规定按《选煤厂煤泥水自然沉降试验方法》(GB/T 26919—2011)进行测定。其原理为煤泥水中煤泥是由许多具有不同沉降速度的悬浮颗粒所组成的，若在一已知高度(距液面)的取样口处，以不同的时间间隔取样，则所取产品的固体含量通过某种换算，便可得出一具有某种沉降速度的悬浮物含量，这个沉降速度就是取样口高度与取样时间的商，而具有该沉降速度的颗粒含量为该次残余悬浮物百分数与上次残余悬浮物百分数之差。只不过在试验中，具有某一沉降速度的颗粒含量是通过残余悬浮物百分数间接表示的。

2. 试验方法

试验采用自然沉降试验的搅拌器(图 2-17)。具体测量方法是待煤泥水样搅拌均匀后注入试验柱,使液面离柱顶 100 mm,用搅拌器上下搅拌 30 s,使试验煤泥水样充分分散、均匀。搅拌完毕开始计时,并按下列给定时间:0 s,21 s,30 s,42 s,70 s,105 s,210 s,420 s,525 s,700 s,1 050 s,1 400 s,2 100 s,4 200 s,8 400 s,分别打开下截门(每次放出约 10 mL 的截门中的滞留物),用量筒取 20～50 mL 试样,测量体积(精确到 0.1 mL),倒入干燥器中低温干燥、称重。

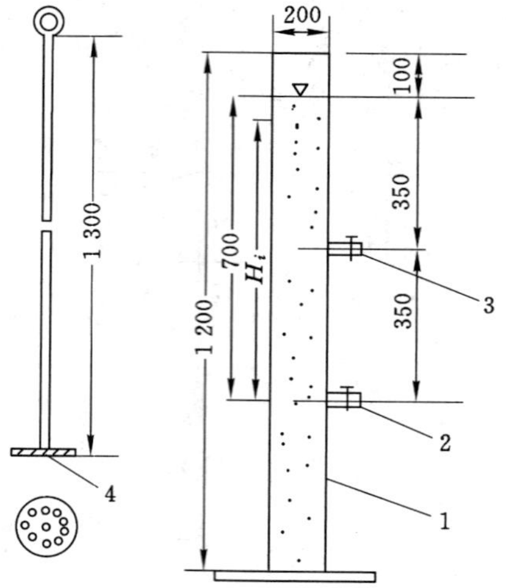

1—沉降试验柱;2—下截门;3—上截门;4—搅拌器。

图 2-17　煤泥水自然沉降试验装置

每次取样前,应测量与该取样时间对应的液面到取样口的距离 H_i。当取出的试验浓度小于 9 g/L 时,取样 50 mL 左右。

对应于某一取样时刻 t_i 的总固体含量 S_i 按下式计算:

$$S_i=\frac{(A-B)\times 1\ 000}{V} \tag{2-24}$$

式中　A——蒸发皿加蒸发残渣质量,g;

B——蒸发皿质量,g;

V——试样体积,mL。

某取样时刻 t_i 所取试样的悬浮物浓度由下式计算:

$$C_i=S_i-S_{\mathrm{d}} \tag{2-25}$$

式中,S_{d} 为试样中的溶解性固体含量。测量时可用 500 mL 经过滤(布氏漏斗)后的煤泥水在 105 ℃烘箱中干燥至恒重称量,然后求得。

为保证试验精度,煤泥水沉降试验需做平行试验,要求两次试验最初取样的总固体含量相对误差不超过 10%,平行试验总固体含量分布曲线的拟合误差不超过 7 g/L,即

$$\sqrt{\frac{\sum_{i=1}^{n-1}(S_{i1}-S_{i2})^2}{n-1}}\ll 7 \tag{2-26}$$

式中　S_{i1}、S_{i2}——第一次和第二次试验中某一时刻 t_i 所对应的总固体含量，g/L。

如果平行试验两次结果误差不大时，分别取两次试验的平均沉降高度 $\overline{H_i}$ 和平均总固体含量 $\overline{S_i}$ 作为计算其他指标和填入试验结果表的数据。平行试验的两次结果见表 2-9。

表 2-9　沉降试验观测记录

煤泥水来源：××选煤厂　　　　溶解性固体含量：1.14 g/L
水　　温：27 ℃　　　　取样日期：××8.9
煤泥水初始浓度：85.69 g/L　　　　试验日期：××8.10

顺序号	取样时间 t_i/s	液面至取样口距离 H_i/mm			总固体含量 S_i/(g/L)		
		一次试验	二次试验	平均	一次试验	二次试验	平均
1	2	3	4	5	6	7	8
0	0	700	700	700	86.23	84.95	85.59
1	21	697	696	696	82.17	80.29	81.23
2	30	692	692	692	81.45	78.85	80.15
3	42	690	689	689	79.82	80.22	80.02
4	70	686	685	685	75.80	77.40	76.60
5	105	680	681	681	74.87	72.83	73.85
6	210	676	677	677	72.74	70.60	71.67
7	420	673	674	674	68.39	66.57	67.48
8	525	671	670	670	65.90	65.26	65.58
9	700	661	660	660	64.20	63.38	63.79
10	1 050	642	643	643	57.12	53.10	55.11
11	1 400	639	638	638	53.65	50.71	52.18
12	2 100	624	623	623	49.72	46.90	48.31
13	4 200	616	615	615	38.46	39.98	39.22
14	8 400	603	605	604	22.98	23.36	23.17

3. 试验结果整理

煤泥水的自然沉降效果是以取样口残余悬浮物百分率和悬浮物去除率与悬浮物颗粒沉降速度的变化关系来表示的。

对应于某一取样时刻的颗粒沉降速度 v_i 由下式求得：

$$v_i=\frac{6H_i}{t_i} \tag{2-27}$$

式中　H_i——对应于每一取样时刻液面至取样口的距离，mm；

　　　t_i——取样时刻，s。

取样口处对应于每一取样时刻的残余悬浮物百分率 P_i 由下式求得：

$$P_i=\frac{C_i}{C_o}\times 100\% \tag{2-28}$$

式中　C_i——对应于某一取样时刻，取样口处的悬浮物浓度，g/L；

　　　C_o——取样口处最初的悬浮物浓度，g/L。

由表 2-9 记录表中数据（1、2、5、8 栏），用以上公式可分别求出对应于每一取样时刻的 C_i、P_i、v_i，并填于表 2-10，根据表 2-10 中第 6、7 栏数据，以取样口残余悬浮物百分率为纵坐标，悬浮颗粒沉降速度为横坐标，在坐标纸上绘制出自然沉降分布曲线[图 2-18(a)]。

表 2-10　自然沉降试验结果

煤泥水来源：××选煤厂　　溶解性固体含量：1.14 g/L

水　　温：27 ℃　　取样日期：××8.9

煤泥水初始浓度：85.59 g/L　　试验日期：××8.10

顺序号	取样时间 t_i/s	液面至取样口距离 H_i/mm	总固体含量 S_i/(g/L)	悬浮物浓度 C_i/(g/L)	残余悬浮物百分率 P_i/%	颗粒沉降速度 v_i/(cm/min)
1	2	3	4	5	6	7
0	0	700	85.59	84.45	—	—
1	21	696	81.23	80.09	93.57	198.86
2	30	692	80.15	79.01	92.31	138.40
3	42	689	80.02	78.88	92.16	98.43
4	70	685	76.60	75.46	88.16	58.71
5	105	681	73.85	72.71	84.95	38.91
6	210	677	71.67	70.53	82.40	19.34
7	420	674	67.48	66.34	77.51	9.63
8	525	670	65.58	64.44	75.29	7.66
9	700	660	63.79	62.65	73.20	5.66
10	1 050	643	55.11	53.97	63.06	3.67
11	1 400	638	52.18	51.04	59.63	2.73
12	2 100	623	48.31	47.17	55.11	1.78
13	4 200	615	39.22	38.08	44.49	0.88
14	8 400	604	23.17	22.03	25.74	0.43

为确定有效的沉降终点，对于小于 10 cm/min 沉降速度的区段，用 100 mm×100 mm 坐标纸单独绘制自然沉降速度分布曲线[图 2-18(b)]。

悬浮物的去除率是煤泥水沉降效果衡量的总体指标，由图 2-18 可知，从沉降速度分布曲线可查出任意一个给定沉降速度 v_o所对应的残余悬浮物百分率 P_o；反过来，对应于给定的残余悬浮物百分率 P_o，在整个水深中的悬浮物去除率可按下式求得：

$$Er = (100 - P_o) + \frac{1}{v_o}\int_0^{P_o} v\mathrm{d}P \tag{2-29}$$

式中　Er——在整个水深中的悬浮物去除率，%；

P_o——给定的残余悬浮物百分率，%；

v_o——对应于 P_o的颗粒沉降速度，cm/min；

v——悬浮颗粒沉降速度，为 P 的函数，$v=f(P)$。

用式(2-29)计算 Er 时，积分项可由图解积分求得，也可用龙贝格(Romberg)公式求解。龙贝格求积的计算程序框图详见 GB/T 26919—2011。

按式(2-29)和小于 10 cm/min 自然沉降速度分布曲线求出 10 cm/min 以内各沉降速度对应的悬浮物去除率 Er，将结果填入表 2-11，根据表 2-11 中的 2、4 栏数据，以悬浮物去除率 Er 为纵坐标、悬浮颗粒沉降速度 v 为横坐标，绘制自然沉降效率曲线(图 2-19)。

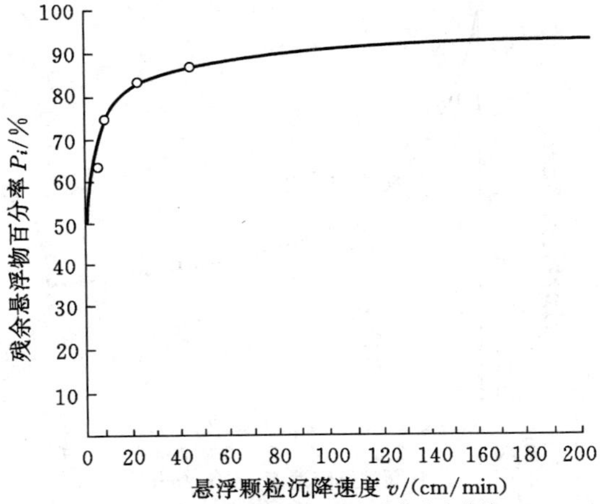

(a) 全速自然沉降速度分布曲线

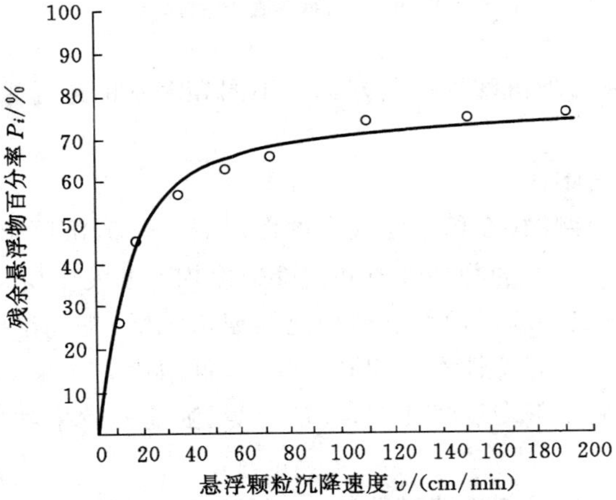

(b) 小于 10 cm/min 自然沉降速度分布曲线

图 2-18 自然沉降速度分布曲线

表 2-11 沉降效率计算结果

残余悬浮物百分率 P_o/%	悬浮颗粒沉降速度 v_o/(cm/min)	积分因子 $\int_0^{P_o} v\mathrm{d}P$	悬浮物去除率 Er/%
1	2	3	4
73.00	10	92.33	36.23
73.21	9	88.65	36.64
72.73	8	84.55	37.84
72.12	7	79.96	39.30
71.31	6	74.71	41.14
70.19	5	68.54	43.52
68.54	4	61.21	46.76
65.87	3	52.01	51.47
60.35	2	39.77	59.54
47.98	1	21.68	73.70

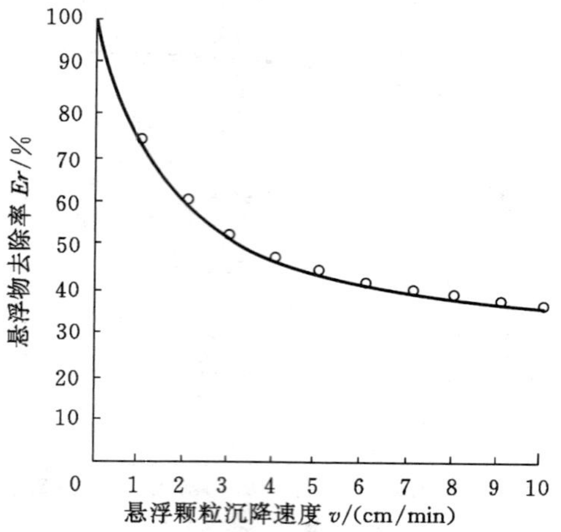

图 2-19 自然沉降效率曲线

该图可用于评价其自然沉降性能的好坏。不同煤泥水的悬浮颗粒沉降速度相同时，Er越大越好。

（六）煤泥水絮凝沉降特性

絮凝沉降是指絮凝性颗粒在稀悬浮液中的沉降。在絮凝沉降过程中，各颗粒相互结合成絮团，而絮团在沉降过程中的物理性质和沉降速度均不断发生变化。

我国现有大多数选煤厂均采用絮凝剂加速煤泥水沉降，提高浓缩澄清效率。由于各厂煤质和水质不同，煤泥水沉降特性大不相同。为此，可用该方法来选择合适的絮凝剂种类、添加量及添加方式等，测定絮凝沉降速度，确定澄清、浓缩的效果和性能，作为设计、生产和管理的依据。

我国规定按《选煤用絮凝剂性能试验方法》(GB/T 18712—2002)作为絮凝沉降的标准方法，具体测定时，将缩分或配制好的煤泥水分别注入所需数量的、带有刻度的量筒至500 mL处，以进行各种絮凝剂性能、耗量的沉降性能试验。

1. 絮凝剂溶液的配制

该试验所需的絮凝剂浓度为 0.1%，可用生产用水或转筒试验用水按第四章有关公式配制。但要注意商品絮凝剂纯度不是 100%，最好是现配现用，不得超过 12 h。

2. 沉降速度试验

该试验用于测定煤泥水加絮凝剂后所形成的澄清界面沿量筒高度的沉降速度。为便于观察，可在量筒上贴上普通坐标纸带，在量筒背后装上灯管聚光透射煤泥水。

加药前，先用移液管(或注射器)抽出与所加絮凝剂同体积的澄清液，然后用注射器一次性加入配制好的所需絮凝剂溶液体积。用盖子或用手捂住量筒口，使其上下翻转 5 次，以保证药剂充分分散，煤泥水浓度和粒度充分均匀。翻转结束后，迅速将量筒置于灯前，并开始计时和记下澄清液面下降位置。开始时可 5 s 记录一次，待澄清面接近压缩区时改为 10 s 一次，直至压缩区体积无明显变化为止。

然后，以澄清界面累计下降距离 H 为纵坐标，以累计下降时间 t 为横坐标，绘制澄清界面沉降曲线(H-t 曲线)，如图 2-20 所示。

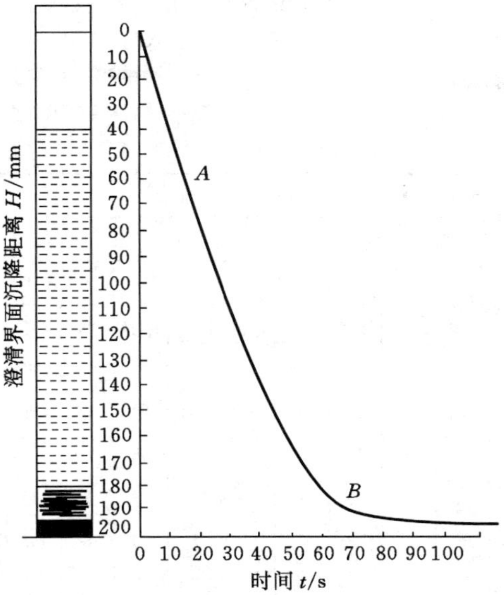

图 2-20　澄清界面沉降曲线

从图 2-20 可见，沉降曲线分两段，前一个直线段斜率较大，基本为一直线，表示澄清界面的初始下降速度较快，速度比较均匀；第二个基本水平的直线段表示在压缩区时澄清界面缓慢沉降。通常是根据沉降起始点至压缩区形成之前的线段来求界面沉降速度的。如果线段接近直线，可近似用该段的沉降距离和沉降时间求得；如果线段不是直线，则用该段各观测点坐标(t_i，H_i)按下式求得：

$$v=\frac{M\sum_{i=A}^{B}t_iH_i-\left(\sum_{i=A}^{B}t_i\right)\left(\sum_{i=A}^{B}H_i\right)}{M\sum_{i=A}^{B}t_i^2-\left(\sum_{i=A}^{B}t_i\right)^2}\times 6\ (\mathrm{cm/min}) \tag{2-30}$$

式中　t_i，H_i——某一时刻 t_i 和对应于 t_i 的界面累计下降距离，mm；

A、B——直线段首端型值点和末端型值点；

M——A 到 B 的型值点累计个数($M=B-A+1$)。

按规定，该沉降试验需做重复试验，两次沉降速度相对允许误差不得超过 8%，最终结果取其算术平均值。

3. 絮凝剂沉降性能曲线

此试验是为了考察对某一特定的煤泥水，各种絮凝剂类型和不同用量条件下的絮凝沉降效果。

其步骤是取一定浓度的煤泥水样，以不同种类絮凝剂的不同添加量按以上方法做沉降试验，所不同的是在每次试验开始至 10 min 时用移液管从液面下 100 mm 处吸取 50 mL 上澄清液，测定其悬浮物浓度，并以此表示该次试验澄清效果，并在每次试验开始后 1 h，测定量筒至沉淀物表面的高度。由此，用澄清界面下降速度、上澄清液浓度和沉积物高度综合表示絮凝剂的性能，试验结果填入表 2-12。

表 2-12　某厂煤泥水絮凝沉降试验结果

煤泥水来源:某选煤厂　　煤泥水初始浓度:80 g/L
水温:29 ℃　　絮凝剂相对分子质量:大于 1200 万
絮凝剂类型:阴离子型　　絮凝剂名称:聚丙烯酰胺水解体
絮凝剂溶液浓度:0.1%

顺序号	絮凝剂用量/(g/m³)																			
	0.8				1.6				2.4				3.2				4.0			
	甲样		乙样		甲样		乙样		甲样		乙样		甲样		乙样		甲样		乙样	
	时间/s	距离/mm	时间/s	距离/mm	时间/s	距离/mm	时间/s	距离/mm	时间/s	距离/mm	时间/s	距离/mm	时间/s	距离/mm	时间/s	距离/mm	时间/s	距离/mm	时间/s	距离/mm
1	5	90	5	0	5	30	5	25	5	25	5	20	5	45	5	47	5	50	5	55
2	5	0	5	0	5	45	5	50	5	50	5	55	5	80	5	88	5	85	5	80
3	5	65	5	64	5	70	5	75	5	70	5	78	5	115	5	114	5	120	5	115
4	5	82	5	83	5	95	5	100	5	95	5	106	5	145	5	148	5	150	5	145
5	5	100	5	98	5	120	5	125	5	120	5	125	5	175	5	170	5	175	5	168
6	5	110	5	112	5	140	5	145	5	140	5	148	5	180	5	181	5	178	5	175
7	5	125	5	123	5	160	5	168	5	160	5	169	5	183	5	182	5	180	5	179
8	5	140	5	145	5	175	5	180	5	175	5	180	5	184	5	182	5	180	5	179
9	5	150	5	150	5	180	5	182	5	180	5	180	5	184						
10	5	160	5	158	5	184	5	184	5	183	5	181								
11	5	170	5	172	5	186	5	184	5	184	5	181								
12	5	180	5	181	5	187	5	184	5	184										
13	5	186	5	185	5	187	5	183												
14	5	190	5	190																
15	5	192	5	193																
16	5	193	5	194																

不同絮凝剂种类和耗量效果可通过图 2-21 和图 2-22 的沉降性能曲线和澄清性能曲线的比较而得出。

4. 凝聚剂和絮凝剂联合使用沉降试验

对于细泥含量高的煤泥水,为提高沉降和澄清效果,现多将无机电解质凝聚剂和有机高分子絮凝剂联合使用,这样效果比单独采用某一种药剂要好得多。在进行此类试验以确定各种药剂种类和添加量时,一般是先加无机电解质凝聚剂,后加有机高分子絮凝剂。为此,可对量筒中的煤泥水样先加入不同种类或用量的凝聚剂溶液(配制方法见第四章),搅拌几次,让其和煤泥水充分混合,然后再按上述方法和程序进行。但考察其效果时应将凝聚剂的种类和数量也作为一个影响因素考虑。

五、煤和矸石的泥化特性

(一) 煤和矸石的泥化特性及其影响

煤和矸石的泥化是指煤或矸石浸水后碎散成细泥的现象。因此,煤和矸石的泥化特性

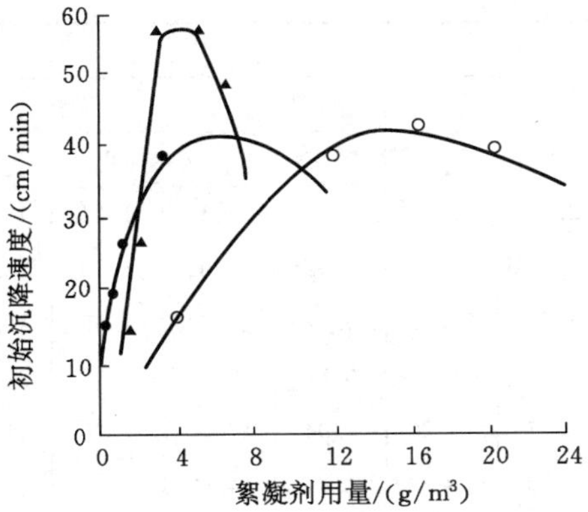

○—絮凝剂 1；▲—絮凝剂 2；●—絮凝剂 1。

图 2-21　沉降性能曲线

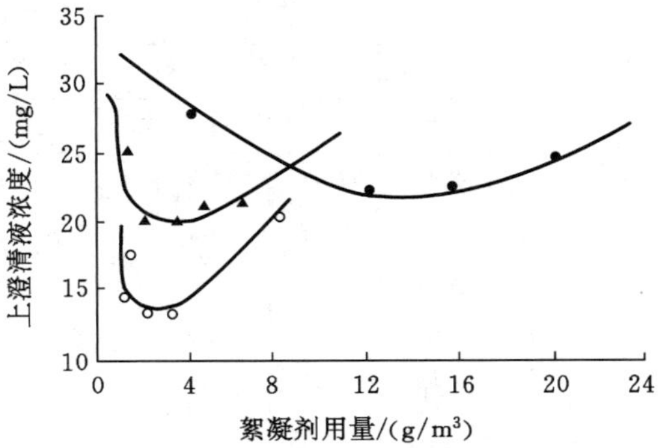

○—絮凝剂 1；▲—絮凝剂 2；●—絮凝剂 1。

图 2-22　澄清性能曲线

通常包括两个含义：一是原煤在分选过程中再粉碎和产生次生煤泥，二是煤中矸石在分选条件下产生微细泥质颗粒。煤和矸石的泥化原因比较复杂，一般可分为物理原因和化学原因两种。

物理原因是煤和矸石经水浸泡后，由于颗粒运动和碰撞，使其产生裂缝或扩大原有的细小裂隙，发生碎裂，变细；或者煤质较软，颗粒本身就有节理裂隙；或者由于矿物颗粒遇水膨胀而产生剥片、碎裂，经物理作用而产生碎裂现象。这种现象并不改变物质组成，是泥化的主要原因。

化学原因是指颗粒泡水以后，煤中某些物质溶解于水或呈离子状态，或因某种化学作用使颗粒变细。研究表明，因化学作用而产生的泥化现象并不显著，因为不同原煤的煤泥水的化学性质并没有明显的差别。但是，由于水的浸泡，煤粒表面的化学性质都发生了较大变化，对煤炭的分选工艺特别是浮选、脱水等会产生一定的影响。

煤和矸石泥化特性与选煤的工艺过程有着密切的关系，在煤炭分选加工的广度和深度两个方面都日趋完善的情况下，泥化特性对煤炭的分选加工以及对煤泥水处理的影响日益受到关注，煤和矸石的泥化特性的试验资料已成为设计选煤厂的重要基础资料之一。

煤和矸石泥化后产生细泥，造成煤泥水黏度增加，降低沉降分离效率，影响过滤脱水效果，污染了分选指标，给煤泥水处理带来一系列不利影响。根据模拟现场和新厂设计时的条件进行的泥化试验所提供的煤和矸石泥化方面的特性，选择合适的方法减轻泥化或者使产生的泥化尽快消除，是煤泥水处理中要考虑的重要因素。

研究表明，煤中几乎所有的黏土类矿物都会产生泥化现象。泥化程度与煤化程度、矸石类型及特点、所用介质等有一定的关系，煤化程度低的煤层中常含有易泥化的岩石。黏土矿物的钠离子含量越高，泥化越严重，遇水初期泥化速度快；清水中的泥化速度快；另外岩石粒度对泥化作用影响也较大。表 2-13 是我国某煤矿典型易泥化岩石泥化试验结果，表 2-14 是英国矿务局所做的一个黏土矿物岩石粒度对泥化作用影响试验的结果。从试验结果看，某些煤样的泥化速度是惊人的。

表 2-13 某煤矿典型易泥化岩石泥化试验结果

岩石序号	浸水泥化后<1 mm 含量/%										
	30″	1′		1′30″		2′		2′30″		3′	
	W	W	∑W	W	∑W	W	∑W	W	∑W	W	∑W
1	2.85	3.18	6.09	3.99	10.02	2.19	12.21	1.60	13.81	1.24	15.05
2	2.95	2.02	4.94	2.61	7.55	1.95	9.50	2.12	11.62	1.90	13.52
3	14.76	8.09	22.85	7.51	30.36	5.66	36.02	5.52	41.54	4.65	46.19
4	3.14	2.34	5.48	4.06	9.54	4.05	13.59	3.82	17.41	4.19	21.60
5	4.37	4.59	8.96	4.03	12.99	3.27	16.26	1.04	17.30	4.15	21.45
6	6.49	2.54	9.03	2.14	11.17	1.18	12.98	1.64	14.62	2.03	16.65
7	3.72	1.30	5.02	1.28	6.30	1.10	7.40	1.34	8.74	1.47	10.21
8	7.05	7.29	14.24	10.22	24.56	9.38	33.94	6.89	40.83	8.34	49.17
9	6.80	8.85	12.05	6.86	18.91	7.39	26.30	7.02	33.32	7.33	40.65

注：1—五层页岩；2—五层碳质页岩；3—五层砂岩；4—六层顶板砂砾岩；5、6—六层页岩；7—六层砾岩；8、9—六层砂岩。

表 2-14 岩石粒度对泥化作用的影响

岩石粒度/mm	101.6～28.1	28.1～25.4	25.4～12.7	12.7～3.18	3.18～1.59	1.59～0.79	0.79～0.42
<0.42 mm 含量/%	30.8	25.8	33.7	37.8	36.3	36.3	43.3
<10 μm 含量/%	23.9	24.7	25.3	26.2	24.2	22.2	21.4

（二）泥化特性的测定

我国测定煤和矸石泥化特性的试验方法依据的是行业标准《煤和矸石泥化试验方法》(MT/T 109—1996)（该标准对褐煤、石煤仅供参考），按此标准煤炭泥化特性的试验方法有转筒法和安氏法两种，对任何煤种，这两种方法都是必须要做的。转筒法主要是模拟选煤工艺过程，测定煤的泥化特性和次生煤泥产生的数量，并可用转筒试验所得的样品进行浮沉、筛分以及煤泥的一些特性试验（可浮性和沉降试验）。转筒法是泥化试验中一个重要方法，国际上广泛采用。安氏法是用安氏泥化试验装置和分级装置测定沉矸在泥化时所产生的微细煤泥数量，目前国内外尚无定量评定泥化特性的方法和等级标准，可根据试验中细粒量多少、灰分高低以及沉矸泥化试验产生的微细颗粒多少，定性地、概括地评价。

1. 转筒法

转筒法采用如图 2-23 所示的转筒泥化试验装置，将生产煤样（粒度为 13～100 mm 或者根据入选原煤的粒度确定）分为四份，每份 25 kg(±0.5 kg)，以制作泥化试样，模拟现场的选煤条件（液固比为 4∶1），分别进行不同时间的翻转泥化试验。根据 ISO（国际标准化组织）建议，转筒翻转时间可由原煤的可磨性指数确定，标准上规定的四份试样翻转时间分别为 5 min、15 min、25 min 和 30 min。

翻转试验完毕以后，测定翻转后的煤泥水所产生的>13.2 mm、0.5～13.2 mm、0.045～0.5 mm 以及<0.045 mm 各粒级产物的产率，并观察、测定和记录煤泥水沉降快慢、黏度大小、细泥透筛难易情况以及煤块和矸石块试验前后碎裂方面的特征。

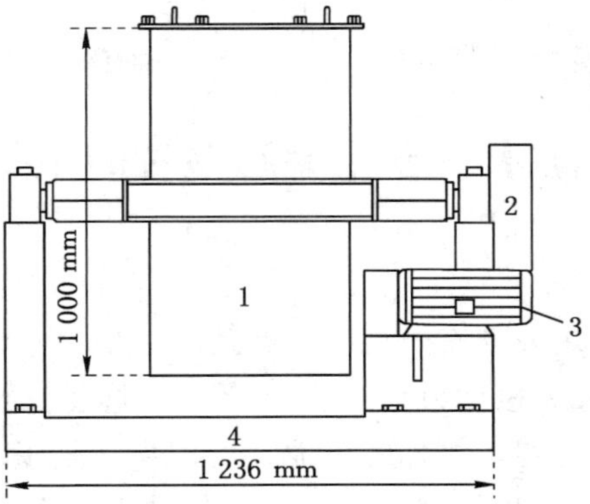

1—转筒；2—变速装置；3—电动机；4—底座。

图 2-23 转筒泥化试验装置示意图

2. 安氏法

安氏法基本上等效采用了国际标准化组织制定的《煤及伴生矿物在水中泥化性质的测定方法(草案)》中的安德逊量管法。

该法采用安氏泥化试验搅拌装置(图 2-24)和安氏泥化试验分级装置。泥化试验搅拌装置用于模拟 2.8～5.6 mm 矸石在规定条件下的泥化过程，泥化试验分级装置用于测定泥化后产生的小于 10 μm 的百分数。

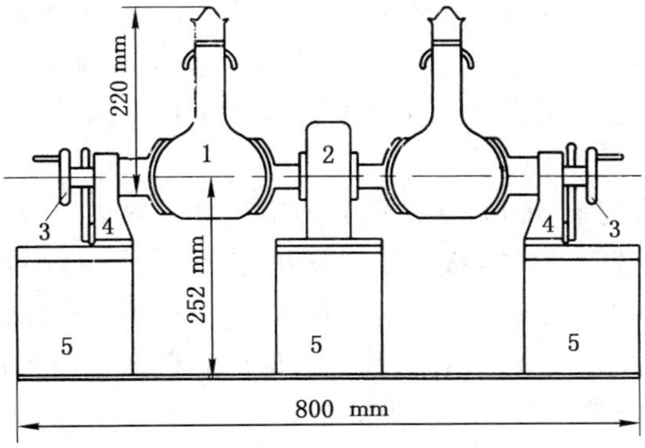

1—洗瓶；2—传动装置；3—调动手轮；4—支座；5—底座。

图 2-24 安氏泥化试验搅拌装置示意图

对生产煤样，用粒度为 2.8～5.6 mm、密度大于 1.8 g/cm^3 的烟煤矸石或者密度大于 2.0 g/cm^3 的无烟煤矸石样 500 g 以上，缩分为 100 g，装入容积为 1 L 的磨口带塞的洗瓶模拟现场的细粒矸石浸泡条件，搅拌 30 min(转速为 40 r/min)。完毕后将洗瓶中已搅拌的试样利用 0.5 mm 筛子分级，通过筛上物数量进行小于 0.5 mm 的产率计算，然后将筛下物在泥化试验分级装置中，按斯托克斯定律计算的沉降时间进行沉降，抽取沉降后的试样，最后经测定和计算，得出泥化后小于 10 μm 的产率。在整个试验过程中，应观察试样翻转前后有无明显的泥化现象，量筒中悬浮液的颜色、沉降及溶胶形成的情况等，并以泥化成

0.5 mm 透筛物料所占的比例、粒度小于 10 μm 的产率、极细颗粒的沉降速度以及它在水中形成溶胶的情况综合评价矸石的泥化特征。

第二节　煤泥水中悬浮煤泥颗粒的主要性质及测定

一、概述

通常将 0～0.5 mm 的煤或矸石产品称为煤泥。一般认为 0.5 mm 是煤泥的粒度上限，通常在炼焦煤选煤厂 0.5 mm 也称为重选下限(随着分选装备的进步，分选下限也在降低)、浮选上限，经过浮选得出的精煤不再称为煤泥。所以煤泥是指 0.5 mm 以下没有经过分选的细粒煤或者指经过分选后得出的尾煤产品。有的动力煤选煤厂因为无浮选，常将 1 mm 作为煤泥的粒度上限。

煤泥是一种复杂的多分散体系。它是由一些粒度、形状、密度、岩相等不同的颗粒以不同比例混合而成的，其含水量也各不相同。选煤厂的煤泥水虽呈悬浮态，但煤泥则呈塑性体或松散体状态。塑性体煤泥是含水量不多的煤与水的混合物，一般在煤泥的固体含量大于 600 g/L 时可能呈现为塑性体。颗粒相互间处于经常和直接接触状态，不再呈悬浮体状态，而是一种比较均匀的塑性体，但这也和煤泥粒度及表界面性质有关，如水煤浆燃料的固体质量百分数在 70%左右时仍为浆体。通常塑性体的剪应力不低于 10～12 N/m^2。松散体煤泥是固体颗粒煤泥与少量水的混合物，颗粒间充有空气，呈松散状，剪应力小，由固、液、气相构成，但液相很少。

选煤厂的煤泥通常按粒度可分为两类：大于 0.045 mm 的粗粒煤泥和小于 0.045 mm 的细粒煤泥。粗粒煤泥的沉淀、回收、分选、脱水都较容易，而细粒煤泥在煤泥水中能使煤泥水的许多性质发生急剧变化，给煤泥水处理各作业带来极大困难，是煤泥水处理中最难处理的部分。

按来源，选煤厂的煤泥有两个途径：原生煤泥和次生煤泥。原生煤泥是由于原煤在开采、运输过程中，颗粒被破碎、磨蚀，从而导致粒度变细所形成的；次生煤泥则是在原煤进入选煤厂后，伴随着对原煤的一系列破碎、重选和输送过程，因粉碎、磨碎以及在水中泥化所产生的。尽管各选煤厂的工艺流程不同，但除了重选产品带出一部分煤泥外，其余的全部进入煤泥水系统。选煤厂煤泥的来源及去向见图 2-25。

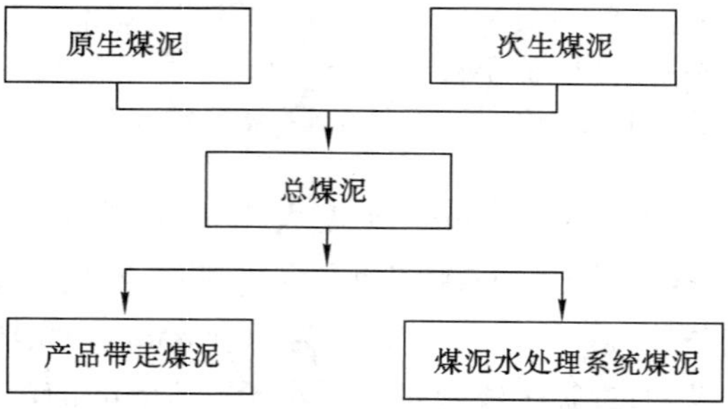

图 2-25　选煤厂煤泥的来源及去向示意图

进入煤泥水处理系统的煤泥一部分被专门设计的流程和设备回收(如洗水不闭路)，一部分随外排水流失，一部分(主要是细粒级)则在煤泥水系统中循环。煤泥水处理效果好时，系统能够尽快、尽可能多地从煤泥水中回收煤泥，不流失煤泥，少循环或不循环煤泥。

煤泥的形成主要与原煤和矸石的物理性质、所采用的工艺流程、煤泥水溶液化学性质以及煤泥水处理的系统有关。物理性质主要包括脆性、硬度、可磨性和泥化性等。煤炭分选的工艺流程和煤泥水处理系统的特点决定了煤、矸石以及煤泥在水中浸泡、停留的时间，碰撞、摩擦的次数，煤泥循环和集聚的数量。

煤泥水中煤泥颗粒的基本性质是煤泥水处理工艺中一切工作的基础。颗粒的沉降、过滤、脱水等二次性质均是由颗粒的基本一次性质(如粒度、密度、形状、表面性质等)所决定的。了解这些性质对煤泥水处理的设计、操作和管理来说都是很重要的。

当然，也有人认为无须考虑这些基本的一次性质，只要直接测定二次性质不仅较为简单，往往也更可靠，且在实践中也是这样做的，但我们的最终目标是要通过一次性质预测二次性质、控制二次性质。

二、煤泥的粒度组成和形状概述

(一) 单个颗粒粒度和形状

煤泥的粒度是指煤颗粒的大小，一般以 mm 或 μm 为单位。实践中常用颗粒的直径来表示其粒度大小。对规则的球形颗粒，实际直径就表示其粒度；但对于不规则形状的颗粒，实际上没有直径，只能通过某些测量和计算求出某种“平均直径”或“等效直径”以表示其粒度。一般先测量颗粒的长度、宽度、厚度，然后用下式计算其平均直径 d：

$$d=\frac{长+宽+厚}{3} \tag{2-31}$$

$$d=\sqrt[3]{长\times宽\times厚} \tag{2-32}$$

由于实际的煤泥颗粒往往呈不规则形状，且测定这些颗粒的长、宽、厚十分困难，结果也可能不一致。因此，在实际操作中，常采用“演算直径”或“名义直径”来测定颗粒的大小。这种直径是通过测量与颗粒大小有关的性质推导而来的。例如，利用对某个不规则颗粒的沉降特性进行测定，从而推导出与其等效的球形颗粒直径，并用这一球形颗粒的直径来表示不规则颗粒的直径。由于对不规则颗粒直径测定的方法不同，推导出来的“直径”结果不一，表示意义也不同。因此，所选用的方法要尽可能反映出我们所希望控制的工艺过程，或者说所选方法测得的粒度与所控制的性质或过程有密切关系。

1. 颗粒的名义直径

通常采用的名义直径有三种：当量球直径、当量圆直径和统计直径。当量球直径是指与不规则颗粒某些性质(如体积、表面积、沉降速度、筛分直径)相同的球的直径，根据各种性质所得出的当量球直径是各不相同的，它们分别被定义为体积直径、表面积直径、自由沉降直径、斯托克斯直径、筛分直径等。当量圆直径是指与不规则颗粒投影轮廓性质相同的圆的直径，如投影面积、轮廓周长相同的圆的直径被称为投影面积直径、周长直径。统计直径是指与某个固定方向平行测得的颗粒的长度尺寸，表示方法有费雷得直径、马丁直径等。

煤泥水处理的颗粒在研究中采用哪种直径即哪种方法适宜，必须仔细考虑哪种量度的粒度与所控制的性质或过程关系最密切。例如，在以颗粒相对于流体运动为控制机理的固液分离方法(如重力沉降、离心沉降或水力旋流器等)中，一般会测定自由沉降直径，此时采用测定斯托克斯直径的方法(沉降或流体分级法)是最合适的。而在煤泥的过滤与分离机制中关系最密切的却是表面积直径(用渗透法测量)。

在单个颗粒的测定中,显微法被广泛采用。由于每个颗粒有无数不同方向的直线长度,即具有无限个统计直径,只有将这些量度平均才能得到有意义的数据,否则相同直径的颗粒可能具有非常不同的形状。

2. 颗粒的形状

颗粒的轮廓边界或表面上各点的图像称为颗粒的形态。颗粒形状的研究是一个十分复杂的问题。煤泥颗粒的形状对其在介质中的界面化学行为、沉降行为、过滤行为、流变行为等具有重要影响,在此只能作简单定性说明,这些关系还很少有定量的研究。定性的术语可以用来表明某些颗粒形状的性质,如图 2-26 所示,但是定性的描述往往缺乏准确性,更不利于数学处理。因此,对颗粒形状的定量描述一直是人们深入探讨的课题。对于不同形状颗粒在不同行为中的定量研究更是复杂的问题。通常,通过引入形状系数并采用这些不同的形状系数,对不同方法测定的粒度以及不同形状粒度在不同过程中行为的定性、定量研究(如煤泥水中分散体及絮团形状)能够帮助我们深入了解颗粒行为的过程,并逐步提供控制该过程的有效手段。

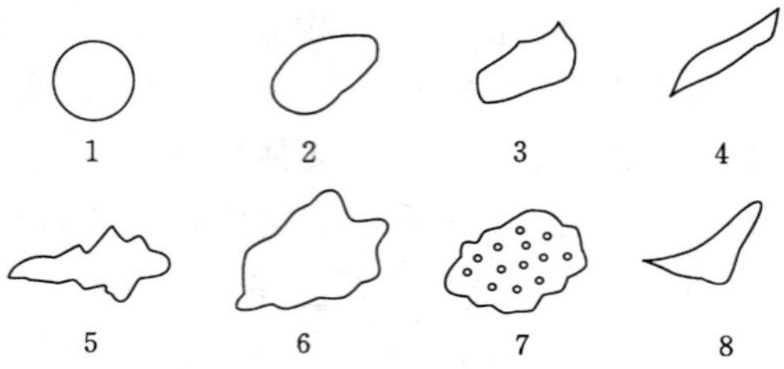

1—圆球状;2—滚圆状;3—多角状;4—片状;5—枝状;6—不规则状;7—多孔状;8—碎片状。

图 2-26 颗粒形状的定性描述

在描述颗粒形状方面,现采用较多的是用面积 S 和体积 V 导出的形状系数。形状系数主要有三类。

① 面积形状系数

$$S_c = \frac{S}{d_n^2} = \pi \frac{d_S^2}{d_n^2} \tag{2-33}$$

式中 d_n——颗粒名义直径,随采用方法不同而变化,对理想球体 $d_S = d_n$;

d_S——面积直径。

② 体积形状系数

$$V_c = \frac{V}{d_n^3} = \frac{\pi}{6} \frac{d_V^3}{d_n^3} \tag{2-34}$$

式中 d_V——体积直径,显然,对于理想球体,$d_V = d_n$。

③ 比表面积形状系数

$$B_c = S_V \times d_n \tag{2-35}$$

式中 S_V——体积比表面,即面积和体积之比,$S_V = \frac{S}{V}$。

（二）粒级和粒度组成

1. 粒度的表征

选煤厂的原煤或煤泥是由无数大小不一、形状各异的颗粒混合而构成的松散物料（或称粒群），大的可达上千毫米，小的则只有几微米。对单个颗粒可用其粒径表示，而对混合粒群来说则只能用粒级、粒度组成和平均粒度等来表示其粒度情况。

粒级是用某种分级方法（如筛分、水析）将粒度范围宽的粒群分为粒度范围窄的若干级别，常以上限尺寸 d_1 和下限尺寸 d_2 表示，如 $d_1 \sim d_2$、$d_2 \sim d_1$ 或 $-d_1+d_2$。

粒度组成也可称为粒度分布，是表示一个粒群里各粒级所占的百分数，粒度分布有三种测量基准：基于测定颗粒个数的粒度分布称为个数基准分布；基于测定质量者称为质量基准分布；基于测定表面积者称为表面积基准分布。在颗粒分布图上三者形状很不相同。选矿、选煤实践中主要采用质量基准分布，但对某些过程，如煤泥水过滤、浮选，表面积基准分布可能更为适用。

煤泥水处理中的粒度分布是将全部的粒群质量作为 100%，而用其中每个粒级的质量占粒群质量的百分数综合表示这个粒群的粒度分布情况，可用表格或图表形式直观表示。

对于由不同粒度组成的粒群，为方便计算，可以用平均粒度来表示其大小。某个粒级的平均粒度容易理解，$d=\frac{1}{2}(d_1+d_2)$。而由大小不同的粒级组成的混合粒群可以看作一个统计集体，用统计上求平均值的方法求粒群的平均粒度。求平均粒度的方法多种多样，求出的平均粒度也因采用的方法不同而有很大差别，如算术平均粒度、平均长度粒度、平均比表面积（体积）粒度、平均质量粒度、平均体积粒度等，有人曾对同一粒群用不同的方法计算平均粒度，结果是算术平均粒度最小，仅为 3 μm，而平均质量粒度最大，为 36.4 μm，最常用的平均粒度为加权算术平均粒度 $D_{平}$，即

$$D_{平}=\frac{\sum \gamma_i d_i}{\sum \gamma_i} \tag{2-36}$$

式中　γ_i——各粒级质量百分率；

d_i——各粒级平均粒径。

在计算平均粒度时，如果混合粒群的粒级分得越窄，求得的平均粒度越准确，对于窄级别，可以采用 $d=\frac{1}{2}(d_1+d_2)$，前提是 $\frac{d_1}{d_2}$ 的值小于 $\sqrt{2}$。

平均粒度虽然能反映出一批物料群的平均大小，是从一个方面描述该批物料的特征，但它提供的信息有限，不能完全说明该批物料的粒度性质，应尽量避免采用。对粒群的粒度描述最好采用粒度分布曲线。

2. 粒度分布曲线

煤泥的粒群或选煤厂破碎产品的粒度分布有一定的规律可循，求出此种分布的最简单方法是筛分分析或水析。通过粒度分析可以直接获得煤泥的粒度组成及粒度分布的信息，其中最常用的是采用表示松散物料粒度组成的图形，即各种粒度分布特性曲线的方法。表 2-15 是某煤泥筛分分析结果。

表 2-15　筛分分析结果

粒级/mm	产率/%	灰分/%	正累积		负累积	
			产率/%	灰分/%	产率/%	灰分/%
0.5～0.25	1.11	16.62	1.11	16.62	100.00	34.86
0.25～0.125	8.43	10.24	9.54	10.98	98.89	35.06
0.125～0.075	8.55	11.87	18.09	11.40	90.46	37.38
0.075～0.045	14.98	17.88	33.07	13.34	81.91	40.04
－0.045	66.93	45.00	100.00	34.86	66.93	45.00
合计	100.00	34.86				

表中正累积是指大于某一筛孔的各级别产率总和，而负累积是指小于某一筛孔各级别产率总和。粒度特性曲线可以在直角坐标、半对数坐标或对数坐标上绘制，因此曲线的意义也有所不同。通常，在直角坐标上根据各粒级产率而绘制的粒度特性曲线称为部分粒度特性曲线，而根据各粒级累积产率绘制的粒度特性曲线称为累积粒度特性曲线。

在部分粒度特性曲线上，横坐标表示筛分的筛孔尺寸，纵坐标表示相应各级别的产率。因此纵坐标大小决定了各级别的产率，某一纵坐标点可以定在该级别的最大或最小颗粒直径上，也可定在这两个颗粒直径的平均值上，定出的各点用直线连接，如图 2-27(a)的两条线，可见该线不是光滑的。

也可用各级别的产率绘出统计柱状图，柱的高度与各级别产率成正比，柱的底部是各级别粒度范围，如图 2-27(a)中的柱状图。

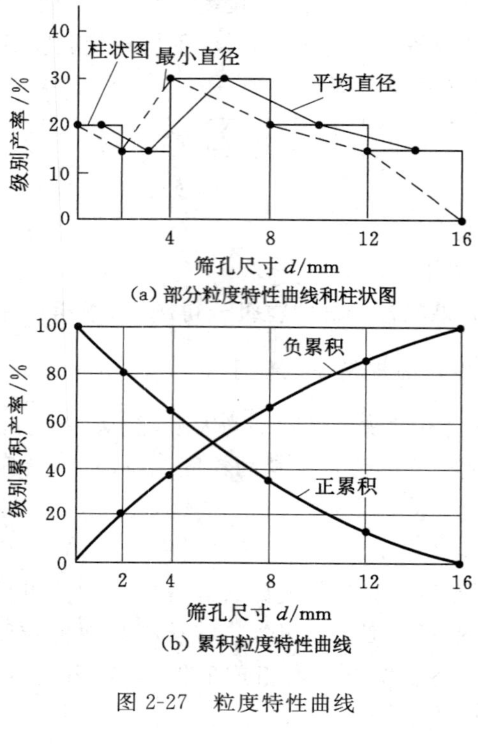

(a) 部分粒度特性曲线和柱状图

(b) 累积粒度特性曲线

图 2-27　粒度特性曲线

图 2-27(b)是粒群的累积粒度特性曲线。它也是以筛孔尺寸 d 为横坐标，级别累积产率为纵坐标。根据纵坐标表示的是大于或小于某一直径的物料的产率，累积粒度特性曲线有正累积曲线和负累积曲线，这两条曲线是对称的，它们相交于物料产率为 50％的点上。在累积粒度特性曲线上某级别($d_1 \sim d_2$)的产率就是对应直径 d_1 和 d_2 在纵坐标上的差值。

正累积曲线可能是凸形、凹形和直线形，粗粒物料在粒群中占多数时，呈凸形；细粒物料占多数时呈凹形；直线表示物料的粒度分布是均匀的，即在曲线任何部分，粒径的变化所引起的物料累积产率变化都相同。

根据部分粒度特性曲线的形状，不可能判断粗粒和细粒物料的粒度分布，因为部分粒度特性曲线的形状取决于筛分试验所用的套筛及筛比，筛比改变，曲线也将随之发生改变。根据累积粒度特性曲线可确定任一粒级的产率，但根据部分粒度特性曲线却不能。因为部分粒度特性曲线只能确定各筛分粒级的产率，其他粒级的产率仅能假定粒级之间的变化是直线变化用插入法求出，因此，得出的结果会产生一些误差，但用累积粒度特性曲线，这种误差就可避免。

在粒度范围很广的累积粒度特性曲线中，细粒级的横坐标特别短，曲线难以绘制和使用，为清楚起见，必须把曲线画在很大的纸上。为解决此问题，可用对数坐标或半对数坐标系统来绘制累积粒度特性曲线。

图 2-28 表示半对数累积特性曲线，图中横坐标用粒度即筛孔尺寸的对数值表示。纵坐标表示各级别的累积产率。

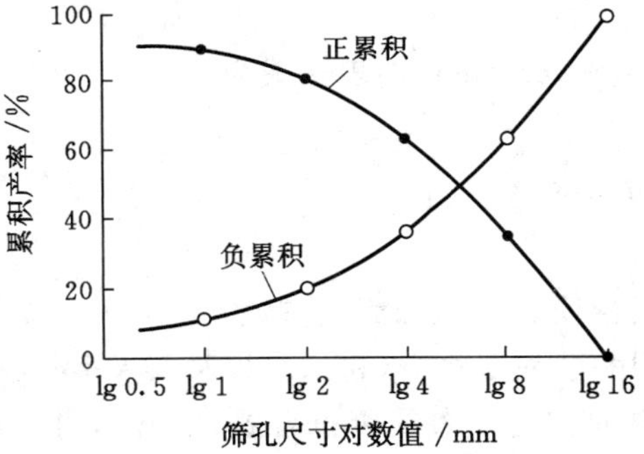

图 2-28 半对数累积粒度特性曲线

采用半对数坐标的优越之处在于横坐标上相邻筛面的筛孔尺寸细粒级部分加长，粗粒级部分缩短，因此可以准确地求出细粒级的产率。采用半对数坐标时，半对数累积粒度特性曲线的左端并不连到产率为 100％的纵坐标上，因为这个产率在横坐标上的数值相当于 $\lg 0 = -\infty$。

图 2-29 表示用全对数坐标系统绘制的全对数累积粒度特性曲线，图中横坐标表示筛孔尺寸的对数值，纵坐标表示各级别累积产率的对数值，利用全对数累积粒度特性曲线，可以确定颗粒粒度在物料中的分布。

采用全对数坐标法对一般粒度组成均匀的物料常可得出直线，这样就有可能利用延长直线的外插法，求出比最终二筛孔更细的那一部分物料产率。

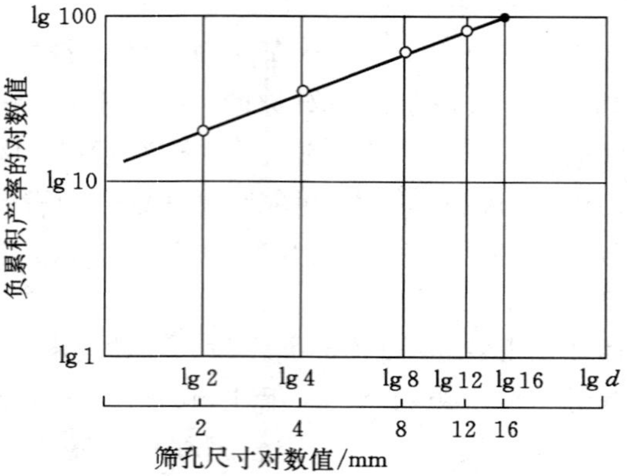

图 2-29　全对数累积粒度特性曲线

3. 粒度分布函数

粒度分布函数即粒度分布方程式，是用数学表达式来表征碎散物料粒度分布情况，用这样的方程式可以方便地解决许多问题，如确定任一粒级中的颗粒数目、颗粒表面积和比表面积等。至今，人们提出了许多种粒度分布方程式，它们在对于不同的物料的适用性、灵活性和不同粒度区间各有一定的特色，但还没有一种公式具有对广泛粒度范围的通用性。洛金-拉姆勒公式在煤泥的粒度特性表征方面被采用，经验证，我国选煤厂的煤泥基本符合该方程式。

洛金-拉姆勒公式(Rosin-Rammler)的表达式为

$$R=100e^{-bx^{n}} \tag{2-37}$$

式中　R——大于 x 级的累积产率，%；

x——筛孔尺寸；

b,n——决定于物料性质和 x 值的因次参数。

该公式具有较广泛的用途，对于煤泥(粉)、水煤浆及大多数物料有较好的适应性。

例如，要想知道某物料的粒度分布是否符合式(2-37)，可把粒度分析的试验数据画在函数坐标系统中，用图解法来验证，方法是将式(2-37)连续取二次对数，最后变为：

$$\lg\lg\left(\frac{100}{R}\right)=n\lg x+\lg(b\lg e) \tag{2-38}$$

在以 $\lg x$ 为横坐标，$\lg\lg\left(\frac{100}{R}\right)$为纵坐标的坐标系统中，洛金-拉姆勒公式是一条直线，直线的斜率为 n，如果某种物料经图解法证明是符合洛金-拉姆勒公式的，即为一直线。可以利用两个已知点，通过求解得出参数 b 和 n，即可得出实际的分布式，图 2-30 是一种球磨产品的粒度特性曲线，经过求解得出 b 和 n，所以表达式为

$$R=e^{-0.099x^{1.0286}} \tag{2-39}$$

洛金-拉姆勒公式在很宽的粒度范围内能概括各试验点，但是，这个方程式不能满足正累积粒度特性的一个最终条件，即只有物料粒度在无限大时，级别产率才能达到零。因此，使用该式时必须考虑这种情况。为确定物料的最大粒度，往往先定出某一数值的级别产率，然后把相应于该产率的粒度作为物料的最大粒度。

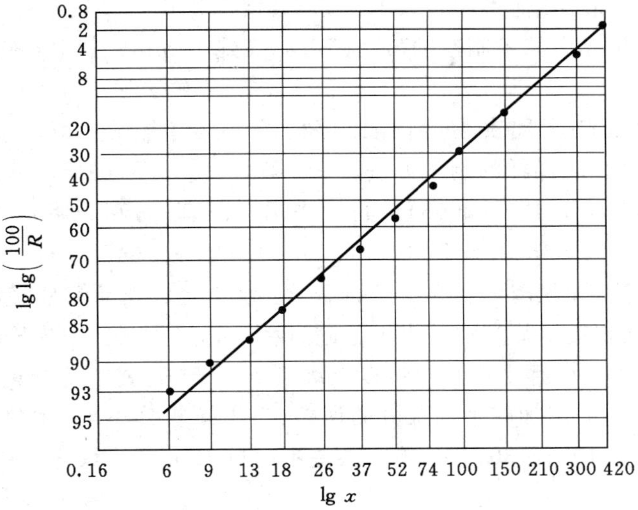

图 2-30　洛金-拉姆勒的粒度特性曲线

在粒度表达方程式方面，还有其他一些方程式，如高登-安德烈耶夫方程式、对数-正态分布、哈里斯公式和高登-舒曼公式等。其中，对数-正态分布在对数概率纸上是一条直线，可以直接求出平均值和误差。此外，粗粒和细粒部分的比例尺度差别较小，因此，该分布函数适合于描述细粒物料的粒度特性，且已获得较广泛的应用。哈里斯公式在细粒范围内与洛金-拉姆勒公式近似，而高登-舒曼公式则是哈里斯公式的一个特例。哈里斯公式具有较强的通用性及灵活性，也易于进行数学处理，但在煤泥粒度分布方面的研究仍较为有限。要验证煤泥粒度分布属于何种类型的粒度特性函数，可以通过线性回归方法进行分析。

三、煤泥水处理中常用的粒度分析方法

粒度分析是指测定物料粒度组成、粒度分布以及比表面积等，以直接或间接了解物料粒度特性的工作。对煤泥的粒度特性测定是煤泥水处理中设备选择、流程计算和选择以及煤泥利用等方面所必须进行的前提工作。而煤泥的粒度测定和其他颗粒的测定方法基本相同。

现有的粒度分析方法可分为直接法和间接法两大类。直接法是直接对颗粒的几何尺寸进行测定，如筛分法和显微镜法等。间接法是通过测定与颗粒大小相关的性质，利用理论公式或经验公式进行计算以求得粒度，例如沉降法和表面积测定法等。目前一些新的方法还在不断出现，由于粒度问题的复杂性，至今在测试方面还没有找到一种包罗万象的全能方法，为了全面地描述粒度特性，常需几种方法并举，互相补充。对于不规则矿粒，被测颗粒的大小数值或粒度组成通常取决于所采用的测定方法。

不同测定方法所得到的结果可能是平均直径或粒度分布；在方法上，有的是干法，有的是湿法；有的为直接测定，有的则为间接测定。因此，在选择粒度分析方法时，应根据颗粒的粗细特性，尽可能选择能反映所希望控制的工艺过程的方法。现对几种常用方法简单加以介绍。

（一）筛分分析

筛分分析是选煤厂煤炭产品粒度分析最常用的方法，是利用筛孔大小不同的一组套筛

进行粒度分析，得到颗粒几何尺寸。该方法简单，便于操作。一般干法可筛至 80 μm，再细最好用湿筛。如今用光电技术制造的微孔筛可湿筛到 10 μm。其主要缺点是受颗粒形状影响大。

为使筛分结果反映所代表物料性质，煤样的采样和缩分须按《生产煤样采取方法》（MT/T 1034—2006）和《煤样的制备方法》（GB/T 474—2008）执行。具体的筛分过程按《煤炭筛分试验方法》（GB/T 477—2008）执行。采用标准套筛，筛分级别为＞0.5 mm、0.5～0.25 mm、0.25～0.125 mm、0.125～0.075 mm、0.075～0.045 mm、＜0.045 mm 等粒级。一般采用先湿后干法，即先用 0.045 mm 的筛子在水中轻轻摇动筛分，使小于 0.045 mm 的颗粒尽量透筛，分别收集湿筛产物并烘干。此过程又称脱泥，是为防止干筛时颗粒黏结、细尘飞扬损失。对烘干后的筛上产品再按以上级别进行干筛，要求筛分前后质量的差值不得超过筛分前质量的 2.5%，加权平均灰分的误差：当煤样灰分小于 10%时，绝对误差不超过 0.5%；当煤样灰分为 10%～30%时，绝对误差不超过 1.0%；当煤样大于 30%时，绝对误差不超过 1.5%。

将筛分试验结果填入表格，并化验灰分，必要时绘制粒度特性曲线。标准上建议采用洛金-拉姆勒特性曲线。选矿上多采用一般的累积粒度特性曲线法，绘在简单的坐标或对数坐标上。

（二）沉降分析

沉降分析是测定小于 0.074 mm 级物料粒度组成的常用方法。对于传统的煤泥水处理工艺，有时对小于 0.074 mm 不做进一步粒度分析，但随着煤炭加工利用的进一步发展，许多工艺需要这方面的信息，如水煤浆制备及超细粒脱硫等。

沉降分析是通过颗粒在适宜的介质中的沉降速度来计算颗粒尺寸的。沉降分析法的类型很多，有重力沉降和离心沉降；有液体沉降和气体沉降；有静态沉降和动态沉降。例如，属于静态重力沉降的测定方法包括吸管法、密度计法、压力法、浊度法等，这些方法根据均匀分散在静止悬浮液中的物料颗粒在自由沉降过程中引起的液体浓度、浮力、压力和光透过能力等物理参数的变化，通过测定这些变化规律来反映物料的粒度组成。离心沉降法主要适用于测定更细、靠重力难以完全沉降的物料。在流体中（气体或液体）进行物料分级的动态沉降法主要有连续水析仪、串联旋流分级器、风力离心分级器等。

沉降分析原理简单，测定范围宽（0.02～250 μm），测量结果的统计性和再现性高，所以被普遍采用。常用的方法有沉积法、淘析法、流体水析法。沉积法不能分出各个单独产品，但能较快测出细度和比表面积。淘析法和流体水析法可以直接得到各粒度的产品，因此在选矿领域采用较多。

沉降分析常采用水、乙醇、水＋甘油、乙醇＋甘油、苯、醚、甲苯、丙酮等作为介质。为防止细粒凝聚或结成大颗粒，常需添加六偏磷酸钠、焦磷酸钠、水玻璃、氨水和氯化铵等作为分散剂。分散方法有超声波、搅拌器、减压沸腾、抽真空脱气、介质中长时间混合等，也可以几种方法联用。

沉降分析通常要求在稀悬浮液中进行，以保证悬浮液中的固体颗粒能自由沉降，互不干涉，从而确保测定的准确性。由于一般仅对小于 0.1 mm 的物料进行沉降分析，故可按斯托克斯公式计算其沉降速度：

$$v=\frac{h}{t}=\frac{(\delta-\Delta)g}{18\mu}d^2 \tag{2-40}$$

若以水为介质，则有

$$d=\sqrt{\frac{h}{5\ 450(\delta-1)t}}\ (\text{cm}) \tag{2-41}$$

式中　h——沉降距离，cm；

t——沉降时间，s；

δ——固体颗粒密度，g/cm³。

式中 h 的选择，应使 t 不过长或过短。一般对沉降速度小的微粒部分，h 要求要小些；相反，对粗粒度时 h 要大些。通常 h 最小不能小于在该容器中液：固＝6：1(对于泥质物为10：1)时所具有的高度。

式(2-41)只适用于一定粒度范围内的理想球体，并应进行形状系数的校正，但在实际工作中，为简单起见，常用与试样颗粒具有相同沉降速度的球体直径表示颗粒粒度，这个粒度称为等效直径或当量直径，有时也叫斯托克斯直径。如果介质不是水，或者是在不同的温度时，介质黏度应取不同值。

如煤泥试样是不同密度颗粒的混合物，在计算 d 时，δ 的选取应合理，否则算出的 d 值不同。可以实测值为准并注明所用的 δ，以便可以用等沉比换算。

有关沉降分析的沉积、淘析、连续水析、旋流水析等具体仪器的结构特点和操作使用方法在说明书中均有详细介绍，可参考之。

（三）计数法分析

计数法分析是近年来随着仪器分析的发展而逐渐兴起的一门高新技术，比起传统的计数法，在分析速度、准确性、自动化方面均有很大提高，但目前的价格也较高。

所谓计数法是指直接统计不同粒度个数的方法，分为直接法和间接法两类。直接法是直接对粒子进行计量和统计；间接法是对粒子的图像进行测定和统计，又称图像法。直接法又可进一步分为机械计数法和场干扰法。机械计数法包括各种人工和机械测定方法，从对大颗粒的直接测量到利用拾音器测定粒子冲击器壁时振动强度的声学方法等。场干扰法则是利用固体颗粒穿过某一物理场(电、磁、声、光等)时引起的场强度变化原理。通过输出脉冲信号，可以统计不同粒子的数量。间接法包括宏观照相术、显微镜分析、透射和扫描电子显微镜分析、电子探针等。

计数法分析在粒度分析方面已占据了极其重要的地位，尤其是借助现代电子技术和计算机的迅速发展使其得到显著提升。原则上，该方法对煤泥水处理中所有遇到的粒度均适用，实际工作中，该方法主要用于筛分或沉降分析不易测定的大块或微细颗粒以及对其他方法结果的校核。如沉降分析所测得的直径是当量直径，由于受密度、形状等因素的影响，结果往往不准确，因此常需使用显微镜法进行校核。目前国内外选煤厂自动化程度逐步提高，计数法分析已经被应用于煤泥水粒度的自动控制。

目前间接图像计数法的发展趋势是利用透射和扫描电子显微镜以及电子探针等仪器来解决光学显微镜下不能进行微细粒的粒度分析的问题。另外，在光学和电子显微镜上配置可自动测量和记录的粒度分析器，可以大大减轻观测者的劳累程度，提高测定的速度和精度。

在直接的场干扰法中,常采用多种光学方法,如可见光、激光、X射线等。这些方法不仅用于对粒度的直接测定,也可在某些沉降测粒仪中间接地用来测定粒度。两者的区别在于前者是待测物料逐次通过检测仪,然后直接对颗粒粒度进行测量并统计不同粒度颗粒的数目;而后者是通过测定沉降管中一定高度处浓度随时间的变化,生成场强变化信号,然后间接地计算试样的粒度分布。目前现场所用的矿浆粒度检测仪中有的是基于前者(如光电扫描法),有的是基于后者(如放射性同位素离心分级测粒仪),还有的是二者兼用,相互补偿(如X射线测粒仪和超声波衰减测粒法)。各具体相关设备的原理、性能及使用方法可以参考相关的说明书。

(四) 粒度分析注意事项

粒度分析尤其是细粒级的分析存在许多问题。例如,在实际中同一试样曾在13个实验室的测定中得出21个不同结果(有时平行用两种方法),绘制的筛析曲线也不重复,无再现性。为此,需对有关的问题作进一步说明。

(1) 粒度定义:在表示颗粒粒度时要注明所采用的方法,这样才能表明粒度的"内涵"。这是由于不同方法测定依据的原理不同,得出的粒度意义不同,数值也不同。如筛分得出的是几何尺寸,而沉降分析得出的是当量球径。

(2) 取样和缩分:由于不能对全部物料进行粒度分析,只能对其中很少一部分进行测定(如几克到几十克),则要求所测的物料必须具有代表性,否则测出的粒度组成不能代表全部物料粒度组成。为此,要严格按有关规定进行采样、制样和缩分,以取得有代表性的试样。

(3) 注意事项:筛析法虽简单,但筛子筛孔精度有限,会引起部分误差。对于细筛,更要定期仔细检查,以保证精度。另外,筛分的方法和条件一定要按规定严格执行。

沉降分析时要注意矿浆浓度,浓度过大,干扰沉降严重,所以应该尽量在低浓度时(保持低于0.1%)测定。此外,要对添加分散剂引起足够重视,因为对微米级的细颗粒,吸引力远大于重力。如10 μm的粒子由液桥引起的吸引力要比重力大10万倍,所以一定要通过行之有效的分散方法,防止细粒团聚测出假粒度。另外,沉降分析适用于均质物料,而煤泥的密度组成不一,所以水析的产品计算粒度与实际粒度往往不符,有时需采用显微镜检查其实际尺寸。

四、煤泥的密度组成及测定

煤泥是由各种不同密度颗粒组成的混合体。对这样的混合体,可通过适当方法将其按不同密度范围分成若干密度级别,再经过称重和化验,便可得出各密度级物料的数量和质量(如灰分、硫分等),这就是煤泥的密度组成。和粒度组成一样,密度组成体现了煤泥粒群中不同密度级别物料的数量和质量分布。煤泥的密度测定也称小浮沉。

(一) 测定意义

通过煤泥的密度组成评价煤泥的可选性,这对于按密度分选的作业具有指导意义。把它和0.5 mm以上的浮沉资料综合在一起,作为评价原煤可选性的资料,并以此作为评定全厂分选效果的基础。

再者,煤泥密度组成结果也可作为煤泥可浮性的辅助参考。虽然目前国家已规定其他方法评定煤泥可浮性,但用煤泥的密度组成可大致评价煤泥可浮性。尽管煤泥浮选的依据是煤和矸石表面物理化学性质的差别,但煤本身是一个复杂的化合物,纯煤几乎不存在,或多或少地都含有一定的矿物杂质。煤的密度与矿物杂质的含量一般成正比,密度越高,矿物杂质(灰分)越多。煤中有机质是疏水的,而矿物质是亲水的,所以密度越高,可浮性越差。从这个角度来看,煤的可浮性与其密度存在一种正相关关系,因而用密度组成来评价可浮性也是有一定道理的。

此外,煤泥作为一种产品,密度组成是对其进行加工利用的一个重要质量指标。正如上面所说,煤泥的密度组成体现了其中矿物杂质含量的多少,也决定了煤泥的用途和价值。总之,通过煤泥的密度组成测定,可以确定煤泥在分选、回收、加工与利用等方面的性质和难易程度,为煤泥水处理提供可靠依据。

（二）密度组成的特点

通过大量煤泥密度组成的测定来看,各种煤泥的密度组成差别较大。一是表现在各密度级的数量上,如浮选入料和浮选尾煤。二是表现在各密度级的质量,即灰分上,同是小于 1.3 g/cm^3 密度级,不同煤泥,灰分可能有较大差别,这是由不同的基元灰分所致。

我国煤中低密度级基元灰分偏高,中间密度级含量较高,这就造成我国煤泥质量偏差,浮选效果也较差,表现出难浮特征,浮出的精煤灰分也偏高。一般是随密度的增加,组成煤中有机质的碳、氢、氮三元素含量下降,而相应的劣质煤岩和无机矿物质含量增高,发热量降低。

（三）密度组成的测定

混合物料的密度组成测定是将具有代表性的试样分成密度级别不同的部分,计算各密度级别的质量百分比,再按工业要求进行各密度级别的质量分析。粒度很宽时,为全面了解原料性质,通常先进行粒度分级再进行密度组成测定。对煤泥,由于本身粒度均小于 0.5 mm,通常不分级测定密度组成。具体操作可参照《煤炭浮沉试验方法》(GB/T 478—2008)标准进行,这又被称为煤泥(粉)浮沉试验或小浮沉。

大致过程是用氯化锌水溶液作为浮沉介质,分别配成 1.3 g/cm^3、1.4 g/cm^3、1.5 g/cm^3、1.6 g/cm^3、1.8 g/cm^3 五个密度级(可适当增减)。也可用四氯化碳、苯、三溴甲烷等配制,具体可参考表 2-16。

表 2-16　有机重液配制比例

重液的密度 /(g/cm^3)	水溶液中氯化锌含量 /%	四氯化碳和苯配制成的重液体积比/%		三溴甲烷和四氯化碳配成的重液体积比/%	
		四氯化碳	苯	三溴甲烷	四氯化碳
1.300	31	60	40	—	—
1.400	39	74	26	—	—
1.500	46	89	11	—	—
1.600	52	—	—	2	98
1.800	63	—	—	21	79
2.000	72	—	—	41	59

先将四份 15 g 的煤泥(粉)分别倒入离心管内,加入 1.3 g/cm^3 重液(从最低密度开始),完全润湿后放入离心机的对称位置,按煤样的性质选择合适的离心机转速和离心时间(标准上有附表可参考),一般为 2 000～2 500 r/min、6～12 min,要保证离心过程平稳,离心后的

浮物、沉物分离清晰，然后将浮物和重液倒入烧杯，在离心管内再加入 1.4 g/cm³ 重液，按上述程序进行第二次离心分离。如此继续，直到 1.8 g/cm³ 重液（最高密度级）为止，完成浮沉以后对各产品进行重液的过滤回收以及各级产品的冲洗、烘干、化验。要求浮沉前后试样质量和灰分符合下列要求。

（1）浮沉前空气干燥状态煤样重与浮沉试验后各密度级产物的总重之和的差值不得超过浮沉前煤样质量的 2.5%。

（2）浮沉前煤样灰分与浮沉后各产物灰分加权平均值的误差在煤样灰分小于 20%时，相对误差不得超过±10%；煤样灰分在 20%～30%之间时，绝对误差必须小于或等于 2%；煤样灰分大于 30%时，绝对误差必须小于或等于 3%[详见《煤炭浮沉试验方法》(GB/T 478—2008)]。

五、煤泥的矿物组成及影响

（一）煤泥的矿物组成

煤泥的矿物组成是指煤泥中无机矿物的种类和数量分布。如同煤泥的粒度组成和密度组成一样，煤泥又是一个以多种无机物杂质和有机质煤颗粒组成的混合体。煤的矿物组成往往很复杂，这是由煤本身矿物组成就很复杂所致，通常随煤的种类、产地、煤层分布、采选方法等而变化，一般资料上很少见到煤泥的矿相分析。一般来说，煤中矿物质程度不同地在煤泥中均有分布，表 2-17 列出了煤中的矿物组成或分布。

表 2-17　煤中的矿物组成

分　类	主要矿物种类
页岩组	伊利石、蒙脱石、漂云母、白云母、水云母
高岭土组	高岭石、准埃洛石
硫化物组	黄铁矿、白铁矿
碳酸盐组	方解石、蓝石英、白云石、铁白云石
氯化物组	天然氯化钠、天然氯化钾
次要矿物类	石英、石膏、绿泥石、金红石、赤铁矿，磁铁矿、闪锌矿、长石、石榴石、角闪石，绿帘石、黑云母、辉石、铁绿泥石、硬水铝石、纤铁矿、重晶石、蓝晶石，十字石、黄玉、电气石、叶蜡石、叶绿泥石

煤中矿物质的来源和分布特性影响煤泥的矿物组成，通常将煤中的矿物质分为以下三类。

1. 原生矿物质

原生矿物质即结构矿物质，是成煤植物本身所含的矿物，主要是碱金属或碱土金属盐类，含量在 1%～2%之间，对煤泥或煤泥水处理影响不是很大，且机械方法也无法分离。

2. 次生矿物质

次生矿物质是成煤过程中由外界混入煤层中的高岭土、黄铁矿、方解石、石英、长石、云母等矿物，它们通常在煤中的嵌布状态为煤层中的矿物夹层、包裹体、细粒分布在煤基质中的浸染状和充填于煤裂隙中充填矿物。嵌布状态对矿物质在煤泥中分布有很大影响。

3. 外来矿物质

外来矿物质指开采过程中混入的顶、底板或夹矸，主要是碳酸盐、硅酸盐类。

次生和外来矿物质在开采、运输、分选过程中因破碎、碰撞、泥化等均会进入煤泥中。另外煤中矿物成分本身很复杂，且含量变化很大，从百分之几到百分之几十不等。这都决定了煤泥中矿物组分的复杂和多变，使得煤泥中矿物组成的分析、测定更加困难。

（二）煤泥矿物组成的影响

煤泥的矿物组成是确定煤泥分选、脱水、加工利用的重要因素，对煤泥水处理影响很大。有人在显微镜下观察煤泥，一些细粒往往具有某种矿物特有的外形，常见的有石英、方解石、黄铁矿和黏土类矿物。

从目前的研究看，煤泥中矿物组分即矿物质对煤泥水处理影响最大的是黏土类矿物，其次是硫化矿类。黏土类矿物主要包括高岭土、水云母、蒙脱石、绿泥石、伊利石等，且多为片状矿物，均为易泥化的物质。这些组分使煤泥水中微细颗粒泥质物含量显著增高，也可以说黏土类矿物的种类、数量和性质决定了煤泥水处理各作业的效果和难易程度。

人们已经意识到黏土类矿物及泥化对煤泥水处理的不利影响，如难以沉降分离、恶化浮选过程、过滤脱水困难等。选煤厂煤泥水处理的困难也主要在此。要保证洗水平衡，实现闭路循环，就要及时将这些黏土类泥化的颗粒及时从煤泥水系统中排出，避免其恶性循环。但目前对这部分颗粒的运动规律了解得还不够，通过试验与分析次生煤泥及＜35 μm 级的浮选尾煤，发现这些微细粒级的形成主要有两个途径：一是机械冲击和磨碎，但这一作用有它的随机性，所以各级数量、质量分布较平均，而且＜35 μm 级较少；另一途径是某些易泥化矿物如黏土类、粉砂岩、页岩类的泥化作用，水分子很容易钻进这些矿物晶格内部，它们在水分子作用下迅速溶胀，瓦解成细粒级，瓦解的矿物主要集中在两个粒级，石英等集中在 45～10 μm 粒级，黏土类集中在＜5 μm 粒级。据许多实际资料，某些矿物组分的泥化是惊人的，如果煤泥中这部分矿物或岩石比例大，煤泥水就难以处理。

硫化矿物主要为黄铁矿、白铁矿和黄铜矿。尤其是黄铁矿，它在煤泥中的数量、性质决定了煤泥的价值、脱除效果及利用的潜力。我国高硫煤中含有的硫化矿物 2/3 为黄铁矿硫，且多以细粒嵌布为主，须破碎到 1～3 mm 方能使煤和黄铁矿较多地解离。我国现已探明的一次性能源总储量中有 90%是煤炭，而煤炭总储量的 1/3 又是高硫煤，这就决定了我国作为世界头号产煤、用煤、排放 SO_2 的大国在脱硫时应以细粒黄铁矿为主。从细粒煤泥中脱除黄铁矿也是我国现今实施“洁净煤技术”和煤炭可持续发展战略最经济、最有效、最有基础的方法之一。这也会成为今后煤泥水处理中一项重要任务。尤其是黄铁矿和煤解离粒度很细时，须进一步磨矿，这将会给煤泥水的分选、脱水、净化等环节增加很大负担。

（三）煤泥中的矿物组分分析

矿物组分分析是确定煤泥中存在何种矿物，该矿物的含量、嵌布特性和相互间共生关系。由于煤中矿物质种类繁多，十分复杂，难以确定，所以在一般场合下很少精确测定。现随着煤炭综合利用的广泛开展，矿物组分测定开始被重视。归纳起来有以下几类。

1. 物相分析

其原理是利用试样中各种矿物在各种溶剂中的溶解度和溶解速度不同，采用不同浓度的各种溶剂在不同条件下处理所分析的试样，使矿石中各种矿物组分分离，从而测出试样中所含矿物种类及含量。

2. 岩矿鉴定

即通过肉眼显微镜鉴定或其他特殊方法直接观察试样中存在哪些矿物，矿物的结构特征、含量等。同物相分析相比，该方法可测定矿物组分的空间分布及嵌布特性，测定矿物单体解离度。

3. 特殊的仪器分析方法

对于元素赋存状态比较简单、矿物组分较少矿物的测定，物相分析、岩矿鉴定即可，但对于赋存状态和矿物组分复杂的情形，则需采用某些特殊的方法或新方法，主要有：热分析、X射线衍射分析、电子显微镜、极谱、电渗析、激光显微光谱、离子探针、电子探针、红外光谱、拉曼光谱、电子顺磁共振谱、核磁共振波谱、穆斯鲍尔谱等，一般遵循以下经验：

(1) 如试样中含有新矿物，可借助电子探针、X射线衍射分析、电子顺磁共振谱等综合分析确定；

(2) 不易辨认的矿物组分需借助X射线衍射分析分辨；

(3) 黏土类和碳酸盐矿物加热时变化显著，可用热分析、X射线衍射分析、电子显微镜等联合分析；

(4) 颗粒极细时可借助电子显微镜、电子探针、离子探针、激光显微光谱等。

六、其他性质

煤泥颗粒对煤泥水处理有影响的其他因素还有许多，如颗粒的表面能、颗粒的吸附性质、颗粒的润湿性、颗粒的电性质、颗粒的分散与絮凝特性等。这些将在以后的章节以及浮选中予以详细介绍。

第三节　煤泥水中悬浮煤泥颗粒的表界面性质

煤泥水中悬浮煤泥颗粒主要由高岭石、石英、蒙脱石、煤等颗粒组成，其表界面性质对煤泥水沉降、脱水及浮选等有着重要影响，因此，掌握煤泥水悬浮煤泥颗粒的表界面性质是十分必要的。

一、煤泥矿物颗粒的表面

(一) 煤泥矿物颗粒的表面结构

煤炭分选过程中矿物会发生破碎、泥化等，矿物晶体破碎时总是沿着结合力最弱的方向断裂，形成解离面。解离面一般平行于晶格面网密度最大的面网、阴阳离子电性中和的面网、两层同号离子相邻的面网或者平行于化学键力最强的方向。对于具体的矿物晶体，往往需要综合分析各种因素，才能对其断裂面做出准确的判断。

例如高岭石属于1∶1型层状结构硅酸盐矿物，三斜晶系，由一层硅氧四面体与一层铝氧八面体堆叠而构建其结构单元层，如图2-31所示。

在高岭石铝氧八面体层中的Al—O键约有63%为离子键，硅氧四面体层中的Si—O键约有60%为共价键。此外，根据电价规则计算出的层中O^{2-}的电价是平衡的，理论上高岭石结构中的层内是呈电中性的。因此，高岭石的层间只能靠物理键来结合，即高岭石的层间力为氢氧原子间的氢键和范德瓦耳斯力作用。这种分子间的相互作用远小于共价键和离子键的键能，这也决定了高岭石在解理时容易沿层间解理成片状的小晶体。解理后的高岭石会形成三种不同结构和不同性质的暴露面，即(001)面、$(00\bar{1})$面和端面(010)面或(110)面，颗粒各晶面呈异质性。

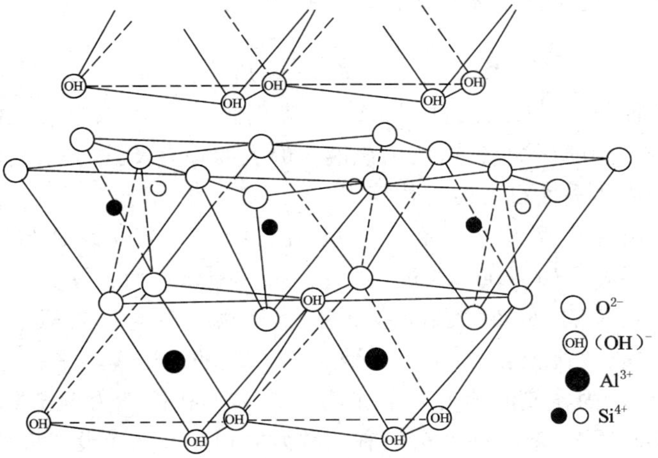

图 2-31 高岭石晶体结构

有的矿物晶体中结合力强度均匀，没有结合力相对弱的方向，破碎时不形成有规则的断裂面，而产生不规则的断面，称为断口。例如石英，晶体断裂面不同，晶格质点暴露的程度、产生的断键强度也不同。

煤是一种复杂的混合物，具有交联的大分子结构。煤的平均结构单元的芳碳率、芳氢率、桥键的交联密度以及杂原子特别是氧原子官能团的数量和分布，都是煤大分子结构的重要特征。煤表面特性很大程度上由表面官能团的类别和数量决定，最常见的官能团是含氧官能团。煤中氧含量的多少及含氧官能团的种类及含量直接影响着煤的性质，尤其是表面性质。这些性质包括亲水性和疏水性、表面电性、表面作用及表面作用方式等。

（二）煤泥矿物颗粒表面自由能

矿物颗粒连续结构的断裂使表面原子（离子）受到一种不对称力场的作用，产生与其晶格结合能相当的过剩能。破碎颗粒使其产生新鲜表面需要做功，在恒温恒压作用下，产生单位新表面时外力所做的可逆功就是固体的表面自由能 A_S。如果不考虑颗粒破裂的同时可能产生的拉伸张力，可把固体的表面自由能 A_S 与表面张力 γ 等同起来。

于是
$$A_S = \left(\frac{\partial G}{\partial A}\right)_{T,p} \tag{2-42}$$

根据表面热力学，单位表面积的表面焓 H_S 为：
$$H_S = E_S + pV = A_S + TS_S \tag{2-43}$$

式中 T——温度；

E_S——总表面能；

S_S——单位面积的表面熵。

对于表面而言，pV 项可以忽略不计。于是认为表面能 E_S 相当于表面焓 H_S，则有：
$$A_S = H_S - TS_S \tag{2-44}$$

或
$$A_S = E_S - TS_S \tag{2-45}$$

已知在恒定压力下，表面熵 S_S 为：
$$S_S = -\left(\frac{\partial A_S}{\partial T}\right) = -\frac{d\gamma}{dT} \tag{2-46}$$

于是得总表面能 E_S 和表面张力 γ 的关系式：

$$E_S=\gamma-T\frac{d\gamma}{dT} \tag{2-47}$$

固体颗粒的表面能 E_S 与表面自由能 A_S（或表面张力 γ）难以通过试验直接测得。只能找到符合某个理论模型的探测液体，测出该液体的表面张力及其与被测固体的接触角，然后再运用该模型进行固体表面自由能的估算。

目前，常用的理论模型及方法有 Fowkes 法、Owens-Wendt-Rabel-Karlble 法、Lewis Acid/Base Theory 法、Wu Harmonic Mean 法、Zisman Plot 法、Extend Fowkes 法、Equation of State 法。不同的方法及理论模型，其适用的表面固体不尽相同。例如煤属于一种非极性固体介质，故比较适合 Fowkes 法及其相应的理论模型来进行测定和估算。

Fowkes 法是假定固体或液体的表面张力由色散力和极性力两部分组成，若固液两相中有一相是非极性介质，固液之间就会只有色散力的相互作用而没有极性作用力，因此有：

$$\gamma_{SL}=\gamma_S+\gamma_L-2\sqrt{\gamma_{S0}\cdot\gamma_{L0}} \tag{2-48}$$

式中 γ_{SL}——固-液界面张力；

γ_S——固体的表面自由能；

γ_L——液体的表面张力；

γ_{S0}——固体的色散力；

γ_{L0}——液体的色散力。

根据表面化学原理，将某一液体滴在水平固体表面上，当达到平衡时，形成的接触角 θ 与各界面张力之间符合杨氏方程式，即

$$\gamma_{LG}\cdot\cos\theta=\gamma_{SG}-\gamma_{SL} \tag{2-49}$$

式中 γ_{LG}——液-气界面张力；

γ_{SG}——固-气界面张力；

θ——液体在固体表面的接触角。

将式(2-48)代入式(2-49)，整理得

$$\gamma_{LG}\cdot\cos\theta=\gamma_{SG}-(\gamma_S+\gamma_L-2\sqrt{\gamma_{S0}\cdot\gamma_{L0}}) \tag{2-50}$$

在这里，如果我们假设 $\gamma_{SG}=\gamma_S$，这个假设是在固体的表面自由能只由色散分量构成（即固体表面与周围的气体或真空界面没有明显的极性作用力）下成立的，则

$$\gamma_{LG}\cdot\cos\theta=-\gamma_L+2\sqrt{\gamma_{S0}\cdot\gamma_{L0}} \tag{2-51}$$

$$\cos\theta=\frac{2\sqrt{\gamma_{S0}\cdot\gamma_{L0}}}{\gamma_{LG}}-\frac{\gamma_L}{\gamma_{LG}} \tag{2-52}$$

假设 $\gamma_{LG}=\gamma_L$ 即液-气界面的表面张力等于液体的表面张力，可以得到：

$$\cos\theta=\frac{2\sqrt{\gamma_{S0}\cdot\gamma_{L0}}}{\gamma_{LG}}-1=2\sqrt{\gamma_{S0}}\cdot\frac{\sqrt{\gamma_{L0}}}{\gamma_L}-1 \tag{2-53}$$

由 $\cos\theta$ 对 $\sqrt{\gamma_{L0}}/\gamma_L$ 作图，得到斜率为 $2\sqrt{\gamma_{S0}}$ 的直线，从直线斜率可得到固体的色散力 γ_{S0} 值，对于非极性固体，其色散力 γ_{S0} 就等于固体的表面自由能 γ_S。

（三）煤泥矿物颗粒表面的不均一性

煤泥矿物颗粒表面的不均一性对其界面性质、调控、药剂作用等均会产生影响，所以理解和掌握其表面不均一性是十分重要的。

1. 表面原子的位移

新生成的表面上，原子不会一成不变地保持其在晶格中原先的位置，表面原子将发生微小的平行于或垂直于晶体表面的移动。垂直于晶体表面的移动叫作“弛豫”，平行于晶体表面的移动叫作“重建”。表面原子的“弛豫”和“重建”现象可以显著提高它们与晶格的结合能，使它们暴露出来的不饱和度得到一些补偿，从而使其体系总自由能有所降低。表面原子的“重建”可以导致不饱和键的某些重叠。

图 2-32 表示岩盐的(001)破碎面上的 Na^+ 及 Cl^- 的“弛豫”现象。图 2-32(a)是理想晶面。图 2-32(b)是表面上的 Na^+ 及 Cl^- 受晶格中的反号离子作用而产生的极化现象。Na^+ 与 Cl^- 的极化度不同，因而它们的诱导偶极矩以及晶格中的离子对它们的垂直(与表面)作用力亦不同。图 2-32(c)表示极化度小的 Na^+ 离子向晶格内部位移，反之，极化度大的 Cl^- 离子的正电荷端因受晶格中的阳离子的较强排斥作用而向晶格外部移动。其结果使表面 Na^+ 与晶格距离缩短(由 2.81 Å 减小至 2.66 Å)，而表面 Cl^- 与晶格距离增大(2.86 Å)(图 2-33)。

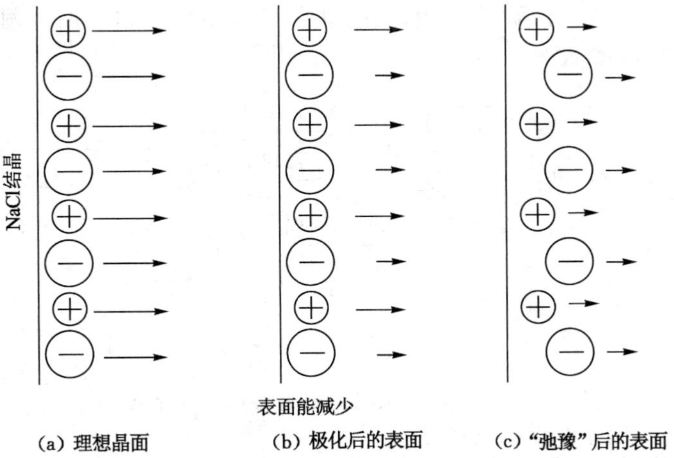

图 2-32　岩盐表面的“弛豫”现象

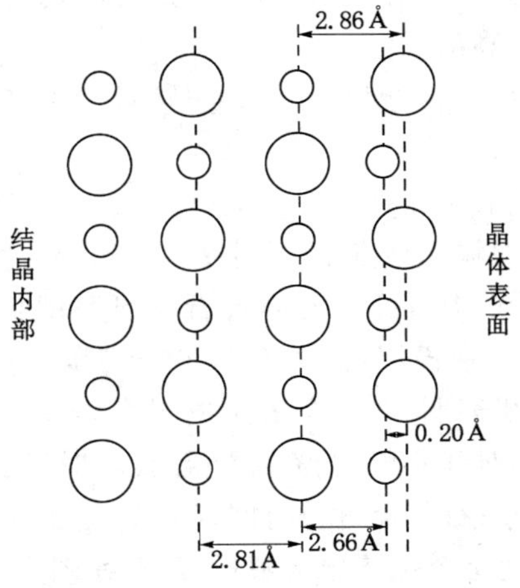

图 2-33　NaCl 表面：阳离子后退，阴离子前进，产生 0.2 Å 的原子位移层

2. 晶体表面的缺陷

绝大多数情况下，矿物晶体的表面是不规则的。实际矿物晶体一般不具有完整的晶体结构，往往带有各种缺陷。这种缺陷的存在又将大大地影响着固体的表面性质。如10亿个原子中混入1个杂质原子(非计量化合物)就足以使电化学性质发生显著的变化。电子显微镜可以直接观察晶面上的缺陷，高分辨能力的多光束干涉仪可以用于晶体缺陷的间接观察。

实际晶体沿某个平面被劈开时，断裂的晶体表面上将暴露或出现诸如微晶界、棱边或台阶、边缘或螺形位错及空位和间隙原子等各种缺陷。图2-34表示正方晶体晶面上各种缺陷的典型情况。图中以小立方体代表晶体的原子，1表示一个正常的表面原子位置；2及K分别表示位于台阶处或台阶拐弯(称为扭接)处的晶体原子；3及4分别表示在表面上或在台阶处实现自吸附的晶体原子；6表示晶体原子从台阶处迁移走后留下的空位；7表示在表面上因螺形位错而出现的台阶，图中可以看到螺形位错的起讫位置；8表示晶体内的一个边缘位错在表面上的终止处。图中黑色圆球表示外来吸附原子(或分子)，9、10、11、12分别表示外来原子在晶体表面(9)、台阶处(10)、扭接处(11)及空位处(12)的吸附；13则表示外来原子与晶体原子的共吸附状态。

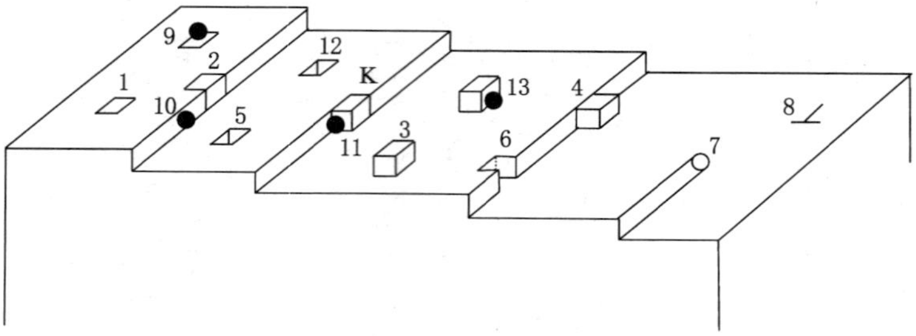

图2-34　晶体表面的各种不均一现象

可以对不同位置的表面原子的电荷密度及势能大致进行理论计算，计算结果表明，正常位置的表面原子(1)与不规则表面处的原子的电荷密度及势能均不相同，因而晶体表面上不同位置处的表面能有很大的差异。总括而言，位于不规则表面处的表面原子，例如2、3、4、K等具有比正常表面原子(1)更高的活性。

晶体表面平台的大小、台阶的高度及分布和扭接处的原子分布的距离可以用低能电子衍射(LEED)技术加以检测。

3. 磨矿引起的晶体及晶体表面的变化

长时间细磨会引起矿物颗粒晶格变形，严重时由于微晶的破裂和受到反复的长时间剪切作用，甚至可能产生一定量的非晶态。对高岭石的研磨试验表明，随着磨碎时间的增长，高岭石的X射线图样变得愈来愈模糊，当磨碎1 000 h后，X射线花样几乎完全消失。

对石英的磨碎试验进一步表明，非晶态的生成与磨碎环境密切相关。在干燥空气中磨碎易于生成非晶态，即使磨碎时间不长，当石英颗粒较粗时，也可观察到在粗颗粒表面黏附有非晶态物质，层深可达2 nm；石英经过长时间磨碎变成微细颗粒时，非晶态的覆盖深度可达20～30 nm。如果用HP把这个覆盖层溶解后，X射线图样可恢复到正常状态。反之，如果在水中磨碎，非晶态覆盖层厚度的增长比较缓慢。

磨碎引起的晶格变形以及表面非晶态覆盖物的产生对矿物颗粒的一系列表面性质将产

生显著影响。例如水化性、化学反应活性、聚团行为及黏附性等。

二、煤泥颗粒表面润湿性

（一）矿物颗粒表面润湿性

1. 润湿现象

润湿是自然界常见的现象，发生在固-液界面上。例如往干净的玻璃上滴一滴水，水能够很快地沿着玻璃表面上均匀展开，成为平面凸镜的现状，而不形成球状。但若往石蜡表面滴一滴水，水则力图保持球形，但因重力的影响，水滴在石蜡表面形成一椭圆球状而不展开。通常把在矿物表面上展开和不展开的现象称为润湿和不润湿现象。易被水润湿的表面称为亲水性表面，这种矿物称为亲水性矿物；不易被水润湿的表面称为疏水性表面，这种矿物称为疏水性矿物。

将一水滴滴于干燥的矿物表面上，或者将一气泡引入浸在水中的矿物表面上（图 2-35），就会发现不同矿物的表面被水润湿的情况不同。在一些矿物（如石英、长石、云母、方解石等）表面上水滴很容易铺开，或气泡较难以在其表面上扩展；而在另一些矿物（如石墨、辉钼矿、煤、硫黄等）表面则相反。图 2-35 所示这些表面的亲水性由左至右逐渐减弱，而疏水性由左至右逐渐增强。

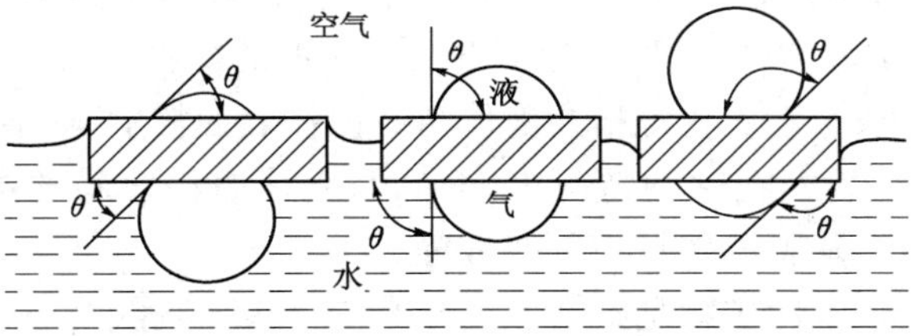

图 2-35　矿物表面润湿现象

由此可知，为了占有固体表面，在气相与液相之间存在着一种竞争。但矿物表面液相为另一相（气相或油相）取代的条件是非常重要的。杜普雷（Dupre）首先运用热力学进行研究，奥斯特豪夫（Osterhof）等人提出了三种基本润湿形式，即附着润湿、铺展润湿和浸没润湿。润湿现象在很多领域都有重要的应用，如减少液体在固体表面的残留，增加黏附性、润滑等。

2. 杨氏（Young）方程

杨氏（Young）方程描述的是液体与固体界面的接触角 θ 与它们之间表面张力的关系，它由英国科学家 Thomas Young 于 1805 年提出。当物体润湿达到平衡时（润湿周边不动），作用于润湿周边上的三个表面张力在水平方向上的分力必为零，此时的平衡状态可以用杨氏方程来表示（图 2-36）。

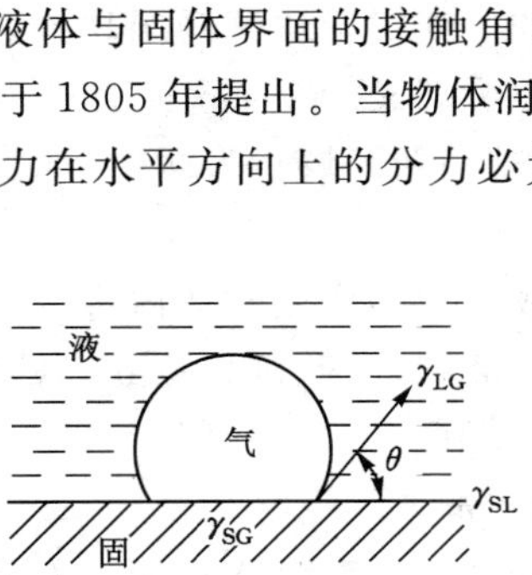

图 2-36　气泡在水中与矿物表面相接触的平衡关系

杨氏方程说明了接触角与液体、固体和气体之间的表面张力的关系。根据这个方程，当液体与固体表面的相互作用越强，接触角就会越小(亲液性)，反之，当相互作用较弱时，接触角就会越大(疏液性)。

杨氏方程在解释润湿现象、界面张力以及液滴在固体表面上的形态变化等方面具有重要意义，并且在材料科学、界面科学、纳米科学等多个领域中得到广泛应用。

(二) 接触角及其测量

1. 接触角

矿物表面所谓“亲水”“疏水”之分是相对的。为了判断矿物表面的润湿性大小，常用接触角 θ 来度量。在浸入水中的矿物表面上附着一个气泡，当达到平衡时气泡在矿物表面形成一定的接触周边，称为三相润湿周边。在任意的两相界面都存在着界面自由能，以 γ_{SL}、γ_{LG}、γ_{SG} 分别代表固-液、液-气、固-气三个界面上的界面自由能。固-液与液-气两个界面自由能所包之角(包括水相)称为接触角，以 θ 来表示。

可见，在不同矿物表面接触角大小是不同的，接触角可以表征矿物表面的润湿性；如果矿物表面形成的 θ 角很小，则称其为亲水性表面；反之，当 θ 角较大，则称其为疏水性表面。亲水性与疏水性的明确界限是不存在的，只是相对的。一般来说，物质的接触角越大，它的疏水性越强，在脱水时，脱水效率越高；物质的接触角越小，则它的亲水性越强，就越不易脱水。根据接触角的大小，可以把矿物分为以下三种类型的矿物。

(1) 亲水性矿物：亲水性矿物是指在液体与其固体表面接触时，液滴能够充分展开并很好地润湿固体表面的矿物。在这种情况下，液滴与固体表面之间的接触角较小，通常小于 90°。如伊利石、高岭石、蒙脱石、绿泥石、云母等。

(2) 疏水性矿物：疏水性矿物是指在液体与其固体表面接触时，液滴倾向于聚集成球状并无法很好地润湿固体表面的矿物。在这种情况下，液滴与固体表面之间的接触角较大，通常大于 90°。如黄铜矿、方铅矿、柱状硫砷铋银矿等。

(3) 中性矿物：中性矿物是指液滴与其固体表面接触时，接触角约为 90°，处于亲水性和疏水性之间的矿物。这些矿物既不完全润湿也不完全聚集成球状。如长石、方解石等。

接触角的大小受到多种因素的影响，包括液体的性质、固体表面的性质以及周围环境条件等。亲水性和疏水性矿物是针对矿物自身性质而言的，而关于接触角的研究则表明，很多研究通过改变矿物的表界面性质来改变矿物的接触角，从而改变矿物本身的润湿性，以实现不同的应用目的。如表面活性剂是通过改变固-液界面的接触角和离心液表面张力来影响物料脱水效果的。所以接触角的研究对于理解润湿现象、界面现象、液体传输、材料表面改性以及煤泥水处理等领域具有重要意义。

目前一些常见矿物、煤泥颗粒和新鲜煤炭表面的接触角如表 2-18 所示。

2. 接触角的测定

接触角可以通过试验测量或使用图像处理软件进行计算来获得。在测量接触角时，通常采用一个放置在固体表面上的液滴，借助显微镜或高精度相机来观察液滴与固体表面的接触情况，进而计算出接触角的数值。

(1) 气-液-固体系接触角的测定

常用的接触角测定方法是针对气-液-固体系的接触角而设计的，主要包括躺滴(或气泡)法、吊片法等。

表 2-18　不同矿物、煤接触角

矿物、煤名称	接触角/(°)	矿物、煤名称	接触角/(°)
石墨	60～86	闪锌矿	46
硫	78	萤石	41
滑石	64	黄铁矿	30
方铅矿	60	重晶石	30
辉钼矿	47	石灰石	0～10
高岭石	14～34	方解石	20
蒙脱石	18	石英	0～4
伊利石	16～20	云母	≈0
长烟煤	60～63	瘦煤	79～82
气煤	65～72	贫煤	71～75
肥煤	83～85	无烟煤	≈73
焦煤	86～90	页岩	0～10

① 躺滴(或气泡)法

躺滴(或气泡)法是接触角测定中最常用的方法。通过拍摄液滴的照片,研究人员可以直接在图像上读出接触角 θ,或者使用装在显微镜目镜上的量角器进行直接测量。此外,接触角也可以通过测量液滴的高度 H 和液滴与固体表面接触面的直径 D,然后利用几何关系计算而获得。躺滴(或气泡)法如图 2-37 所示。

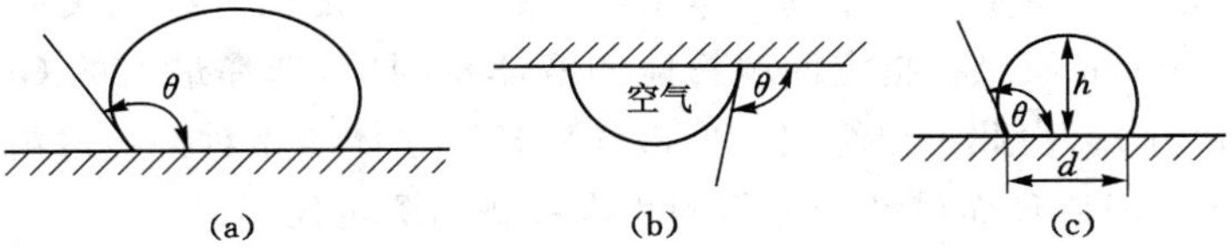

图 2-37　躺滴或气泡法

在实际固体表面几乎或大或小总会出现接触角滞后现象,因此需同时测定前进角(θ_a)和后退角(θ_r)。对于躺滴法,可用增减液滴体积的办法来测定。增加液滴体积时测出的是前进角,如图 2-38(a)所示;减少液滴体积时测出的是后退角,如图 2-38(b)所示。为了避免增减液滴体积时可能引起液滴振动或变形,在测定时可将改变液滴体积的毛细管尖端插入液滴中,尖端插入液滴不影响接触角的数值。

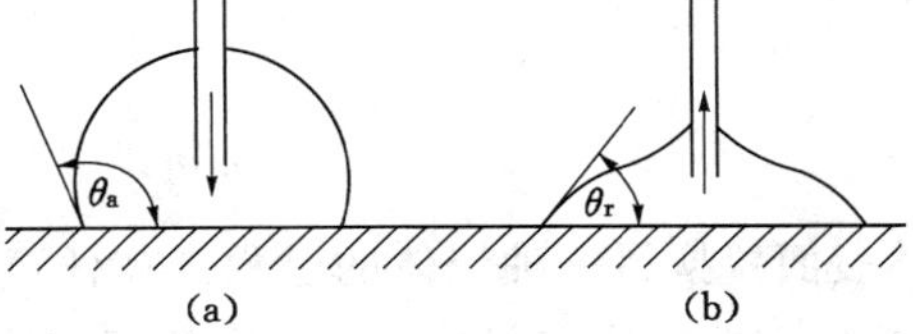

图 2-38　前进角和后退角的测定方法

② 吊片法

吊片法是测量液体表面张力的一种方法，此方法的条件是吊片能被液体很好润湿，以保证 $\theta=0$，$\cos\theta=1$。如果接触角大于 0，则可利用下式计算接触角数值。

$$W=p\gamma_{LG}\cos\theta-V\rho g \tag{2-54}$$

式中，W 为吊片所受的力；p 为吊片周长；V 为吊片伸入液面下的体积；ρ 为液体的密度。式中 $V\rho g$ 为浮力校正项。改变吊片插入液面下的深度测定 W，以 W 对吊片插入液面下的深度作图，外推到深度为零，得

$$W=p\gamma_{LG}\cos\theta \tag{2-55}$$

若液体表面张力已知，即可计算 θ。在吊片下降时测定吊片所受的力，则测得的接触角为前进角，反之为后退角。

上述均是平衡时测得的接触角，称为静态接触角，而在达到平衡之前，固体表面上的三相接触线向内或向外移动时的接触角称为动态接触角。

（2）固定粉末接触角的测定

在测量固体粉体的接触角时，目前应用较多的是 Washburn 渗透法。该方法利用液体在由粉体所形成的毛细管内上升的高度与时间之间的关系来进行测定。称取一定量粉体（样品）装入下端用微孔隔膜封闭的玻璃管内，并填充到某一固定刻度，然后将测量管垂直放置，使下端与液体接触（图 2-39），记录不同时间 t 时液体润湿粉末的高度 h，再按下式计算得到接触角。

$$h^2=Cr\gamma_{LG}\cos\theta/(2\eta) \tag{2-56}$$

式中，C 为常数；r 为粉体间孔隙的毛细管平均半径，对指定的粉体来说 Cr 为定值；γ_{LG} 为液体的表面张力；η 为液体黏度。以 h^2 对 t 作图，显然，h^2 与 t 之间有线性关系，由直线斜率、η 和 γ_{LG} 便可求得 $Cr\cos\theta$ 值。在指定润湿粉体的液体系列中，选择最大的 $Cr\cos\theta$ 值作为形式半径 Cr（此时 $\theta=0$）。由此可以算出不同液体对指定粉体的相对接触角 θ。现在也有利用 Washburn 渗透法这一原理而设计的专用的粉末接触角测定仪。

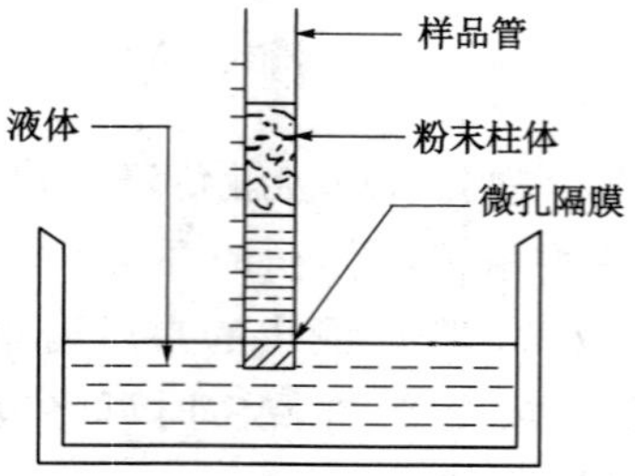

图 2-39　Washburn 渗透法测定接触角

（三）表面润湿过程

1. 一般润湿过程

润湿是一种流体从固体表面置换另一种流体的过程。在任意两种流体与固体接触后，从微观角度来看，润湿固体的流体在置换原先附着固体表面的流体后，与固体表面之间形成了分子层面的接触。在这种接触中，不存在被置换流体的分子。该过程是物理性质的，并且是可逆的。最常见的润湿现象是液体从固体表面置换空气。可以把润湿现象分为沾湿、铺展和浸没

三种类型(图 2-40)。润湿方式或润湿过程不同,润湿的难易程度和润湿的条件亦不同。

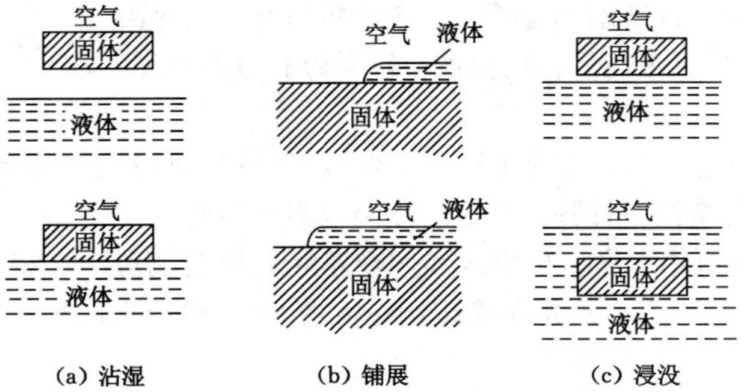

图 2-40　三种基本的润湿现象

W 代表该系统由原来状态转变为最终状态时单位面积上所做的功,此功等于系统位能的损失。因此它是系统变化推动力的判据。为简化起见,略去了重力和静电力。

(1) 沾湿

固-气界面和液-气界面系统消失,新生成了固-液界面,单位面积上位能降低为:

$$W=\gamma_{SG}+\gamma_{LG}-\gamma_{SL}=-\Delta G \tag{2-57}$$

式中,如果 $\gamma_{SG}+\gamma_{LG}>\gamma_{SL}$,则位能的降低是正值,沾湿将会发生。

(2) 铺展

固-气界面系统消失,新生成了固-液界面,和液-气界面,单位面积上位能降低为:

$$W=\gamma_{SG}-\gamma_{LG}-\gamma_{SL}=-\Delta G \tag{2-58}$$

若 $\gamma_{SG}>\gamma_{LG}+\gamma_{SL}$,液体将排开空气而铺展,为了达到很好的润湿,须使 γ_{SL} 和 γ_{LG} 降低,而不降低 γ_{SG}。

(3) 浸没

固-气界面系统消失,新生成了固-液界面,单位面积上位能降低为:

$$W=\gamma_{SG}-\gamma_{SL} \tag{2-59}$$

因此,自发浸没的必要条件是 $\gamma_{SG}>\gamma_{SL}$,使每个连续阶段成为可能的必要条件是(图 2-41):

由阶段Ⅰ到阶段Ⅱ:$\gamma_{SG}+\gamma_{LG}>\gamma_{SL}$;

由阶段Ⅱ到阶段Ⅲ:$\gamma_{LG}>\gamma_{SL}$;

由阶段Ⅲ到阶段Ⅳ:$\gamma_{SG}>\gamma_{SL}+\gamma_{LG}$。

如果阶段Ⅲ是可能的,则其他阶段亦可能。因此浸没润湿的主要条件是:$\gamma_{SG}-\gamma_{SL}>\gamma_{LG}$,所以浸没润湿与铺展润湿的条件相同。

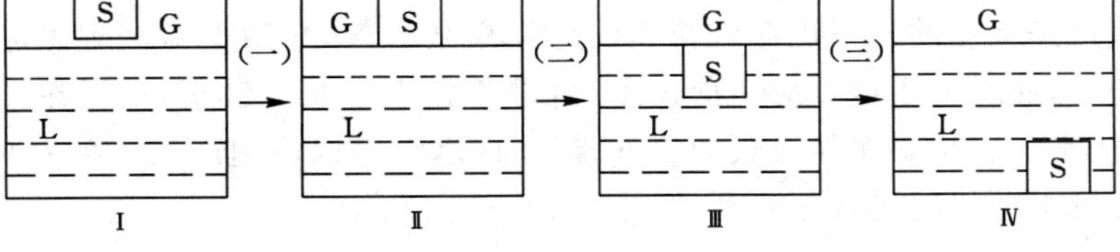

S—固体;L—液体,一般指水;G—空气。

图 2-41　浸没润湿的几个连续阶段

2. 润湿阻滞

矿物晶体的显微结构缺陷、嵌布不均、表面粗糙及污染等因素会导致润湿周边的移动受阻，从而影响接触角达到平衡值。这种现象被称为润湿阻滞现象，产生润湿阻滞现象主要与下列因素有关：

(1) 三相润湿周边的移动方向不同。水润湿矿物时，排挤空气的摩擦力大于气泡在矿物表面展开排水时的摩擦力，因此，形成的接触角亦不相同。

(2) 矿物表面的粗糙程度。矿物表面凹凸不平是引起润湿阻滞现象的主要原因之一。当矿物表面光滑时，摩擦力小，润湿阻滞亦小；反之，表面粗糙程度增大时，润湿阻滞也随之增大。

(3) 矿物晶体结构引起的物理化学性质的不均匀性。晶体结构的不均匀性可能导致不同区域的润湿行为差异，从而影响整体润湿性能。

(4) 矿物表面吸附浮选药剂的不同。在大多数情况下，捕收剂能够增加润湿阻滞，而抑制剂则可能减少润湿阻滞现象。

(5) 矿物表面的水化性。一般来说，摩擦力的大小与矿物表面水化层的厚度有关。水化层越薄，摩擦力越大，润湿阻滞也越大。

在空气状态下，当液滴的表面接触并达到平衡时，其接触角是固定的。若矿物表面倾斜一个 β 角，并且 β 很小时，矿物表面上的液滴形状可能会发生改变，接触角也会随之发生变化，但此时润湿周边并不发生移动，如图 2-42 所示。

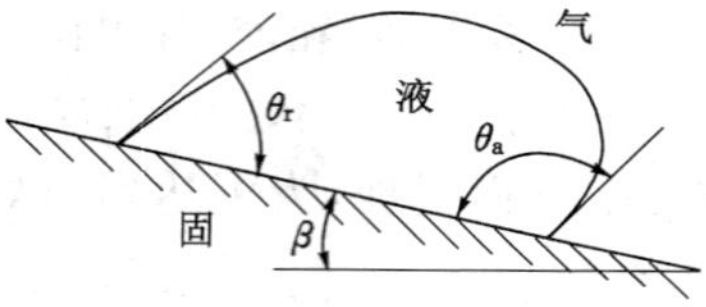

图 2-42　润湿阻滞现象

水滴前进方向所形成的接触角 θ_a 称为前进角或称阻滞前角（接触前角）；水滴后形成的接触角 θ_r 称为后退角或称阻滞后角（接触后角），则有 $\theta_a > \beta > \theta_r$。发生润湿阻滞现象时，总存在一个阻滞前角和阻滞后角。实质是，这两个角分别代表两种不同的阻滞效应：前进角代表阻滞过程中“水排气”的阻滞效应；后退角代表“气排水”的阻滞效应。

在煤泥处理过程中，水分在煤泥颗粒表面形成一层水膜，导致固体颗粒中仍残留一定比例的水分，此时需要将煤泥中的水分去除。抽滤时，煤泥颗粒表面的水被空气替代，属于气排水，相当于阻滞效应中的后退角。后退角小于平衡接触角，即在煤泥颗粒本身润湿性不变的情况下，相当于接触角变小，煤泥颗粒附着的水分难以被空气替代。因此润湿阻滞对煤泥脱水过程的进行是不利的。当煤泥颗粒表面已经充满空气，水滴重新回到煤泥颗粒表面的过程属于水排气，此时的阻滞效应为前进角，前进角大于平衡接触角，在煤泥颗粒润湿性不变的情况下，使水难以从煤泥颗粒表面将气排开，即水分难以回到煤泥颗粒表面，因此，阻滞现象对于煤泥脱水过程的进行是有利的。

三、煤泥矿物颗粒表面的水化作用

（一）煤泥颗粒表面水化作用机理

当矿物断裂时，其断裂面存在不饱和键和键能，使矿物表面呈现出一定程度的极性。若将破碎的矿物置于水中，则极性的水分子会定向吸附于极性的矿物表面，使矿物表面的不饱和键及键能得到一定的补偿。而极性水分子定向排列在矿物表面的现象称为矿物表面的水化。

在煤泥水中存在不同的矿物颗粒，除煤之外，还有黏土矿物和石英等不同矿物。不同的矿物，因其组织和结构不同，破碎时断裂面的键不同，从而表面不饱和键及键能不同，而键能的不饱和程度影响矿物表面的极性。煤的表面通常以非极性表面为主，其表面未饱和键是分子键，水化作用是煤表面分子和极性水分子之间的作用，同时煤的表面往往也含有丰富的含氧官能团，这些官能团也会与水分子通过氢键作用吸附。而煤泥水中的黏土矿物和石英等表面存在较强的极性基团，与水分子有较强的作用。煤泥颗粒表面的水化对煤泥水的沉降及煤泥等细粒产品的脱水会产生较大影响。

矿物表面能否发生水化作用，要看矿物水化前后自由能的变化。设真空中矿粒的表面自由能为 G_{SG}，在水中经过水分子补偿作用（水化作用）后矿粒的表面自由能为 G_{SL}，水化作用前后表面自由能的变化 $G_{SL}-G_{SG}$ 可以近似地看作矿粒表面的水化自由能 ΔG_h：

$$\Delta G_h = G_{SL} - G_{SG} \tag{2-60}$$

根据矿粒入水后矿粒-水界面发生的一系列分过程可以看出，ΔG_h 由多种分过程的能量变化组合叠加而成。

(1) 矿粒排开周围的水分子占据一定的几何空间过程的实现：① 断开周围水分子与水分子间的缔合；② 将这些水分子推移一定距离。当矿粒粒度很小时，为了简化可忽略第二步引起的能量变化，近似地认为实现这一过程所需要做的功就是水分子间的缔合能 E_w，对于纯水，$E_w=146\times10^{-3}$ J/m^2。

(2) 矿粒表面与水分子作用获得的补偿能 E。总体而言，矿粒表面的带电或不带电质点与水分子有 4 种作用方式：

① 矿粒表面的晶格阳离子与水分子通过配位键发生水化反应。同时，这是最强的水化作用，作用势能用 E_{com} 表示。在矿粒表面有 Co^{2+}、Fe^{3+}、$A1^{3+}$、Cr^{3+} 等多价金属阳离子时，表面发生此种强水化作用。

② 矿粒表面的晶格离子与水分子通过静电作用发生水化，静电作用势能用 E_e 表示。原则上矿粒表面上所有的带电质点（阳离子、阴离子）均同水分子发生静电作用，其中如像 Na^+、K^+、Br^-、I^- 等半径大、电荷小的离子与水分子主要靠静电作用。

③ 矿粒表面的带电或不带电晶格质点如包含有电负性较大的原子（如 F，O 等）或氢原子时，可与水分子发生氢键缔合作用，氢键缔合势能用 E_{hy} 表示。从本质上看，阴离子与水分子的作用可以看作是一种强的氢键键合作用。

④ 矿粒表面的各种分子键性质的不饱和键与水分子有分子吸引作用，这是一种弱的补偿作用，作用势能用 E_m 表示。

以上 4 种作用中，以配位键合作用最强，静电作用及氢键作用次之，分子键合作用最弱。对于不同性质的矿粒表面，主导因素各不相同，补偿作用强弱各异。但因为都是补偿作用，均为释放能，即

$$E = E_{com} + E_e + E_{hy} + E_m \tag{2-61}$$

对比 E 及 E_w，基本上可以反映出矿粒表面与水作用的性质，对于极性表面 $|E|>|E_w|$，水分子与矿粒表面的作用强烈；对于非极性表面 $|E|<|E_w|$，水分子与矿粒表面的作用弱于

水分子之间的作用。矿粒表面润湿性的分界线便在于此。

(3) 位于矿粒周围的水分子受矿粒表面作用的影响，改变缔合方式，在结构上发生相应的变化，形成界面结构化水膜。

在讨论矿粒表面与水分子的三种主要作用及作用能量变化的基础上，进一步分析能量变化中各组分之间的关系。

第一种情况：矿粒表面与水分子作用强烈，可以释放出很大的补偿能，能量变化 E 表现为很大的负值；E 与断开水分子间的键合所需要消耗的能量 E_w 相比，符号相反，数值却大得多。因此，矿粒与水作用的总焓变 $\Delta H=E+E_w$，数值较大，且为负值。另一方面，由界面水分子的定向有序排列而发生的结构变化是负熵过程。这种情况下，矿粒与水的水化过程的自由能变化 ΔG，即

$$\Delta G=\Delta H-T\Delta S \tag{2-62}$$

由于 ΔH 数值很大，能抵消第二项且有余，所以 ΔG 为负值，矿粒与水的水化过程是热力学自发过程，这正是极性表面与水分子作用的情况。

第二种情况：矿粒表面与水分子的作用较弱，释放的补偿能虽为负值，但数值很小，同 E_w 相比，或者二者数值相当，或者 $|E|<|E_w|$。矿粒与水作用的总焓变 $\Delta H\rightarrow 0$，或者为一正值。同时在这种情况下，界面水发生了另一种结构有序化，也是负熵过程。于是，矿粒与水的水化过程自由能 ΔG 可能为：

$$\Delta G=-T\Delta S>0 \tag{2-63}$$

或

$$\Delta G=\Delta H-T\Delta S \tag{2-64}$$

式中 ΔH 及 $-T\Delta S$ 均为正值，故 ΔG 为更大的正值。由此可见，在这种情况下，矿粒的水化过程不可能自发进行。矿粒周围的水分子有排挤"异己"矿粒的趋向，从而迫使这些矿粒互相靠拢、聚团，以减少固-液界面，降低体系的自由能。这就是非极性表面在水中的情况。

(二) 煤泥颗粒表面水化膜结构

水分子进入矿物表面的键能作用范围内，受矿物表面键能作用，按同性电荷相斥、异性电荷相吸的原则定向排列。水分子离矿物表面越近，受矿物表面键能吸引越强，排列就越紧密；离矿物表面越远，表面键能的影响越弱，水分子的排列逐渐稀疏凌乱；当水分子离矿物表面足够远时，矿物表面键能的引力将不能再吸引水分子，这时，水分子呈普通水那样的自由无序状态。水化膜实际是介于矿物表面与普通水之间的过渡层，所以又称为"界间层"，而矿物表面与普通水之间的距离就是水化膜的厚度。图 2-43 是水化膜的示意图。

通过表面化学的研究得知，水化膜的厚度与矿物的润湿性成正比。亲水性矿物(如石英、云母)的表面水化膜可达 10 μm，疏水性矿物的表面水化膜则仅为 1～10 nm。在煤泥水中，蒙脱石和高岭石等黏土矿物表面存在较强的极性基团，故而存在强的亲水性。其表面水化膜受矿物表面能作用，它的黏度比普通水大，并且具有同固体相似的弹性，所以水化膜外观是液相，但其性质近似固相。而由于煤的表面以非极性表面为主，与水分子间的作用力较弱，不易被水润湿，但含氧官能团丰富的氧化煤颗粒表面水化膜较厚。

(三) 煤泥颗粒表面水化特性

1. 煤泥颗粒表面水化特性

煤泥水中黏土矿物包括高岭石、蒙脱石、伊利石等，尽管它们的分子结合形态和晶体结

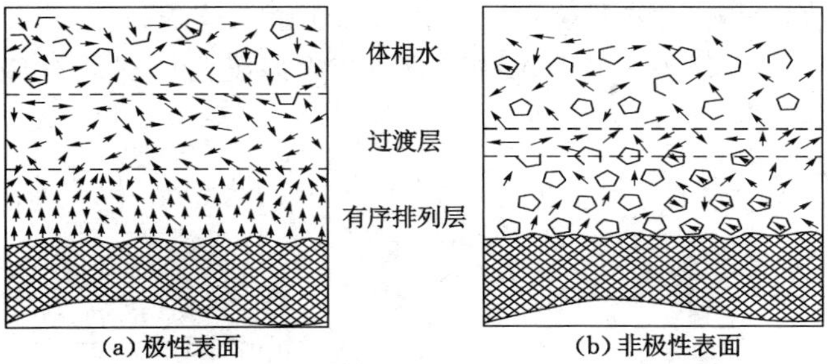

图 2-43　水化膜结构示意图

构有所差别，但共同点都属于硅铝酸盐，其晶体形状都是层片状的，层与层之间靠—Si—O…Al—O 间的氢键或范德瓦耳斯力相连接。在无水(干燥)情况下，层间距离很小(大约 1 μm)，而在有水的情况下，层间会吸附和填充大量的水，层间距离可能增加到 2～3 μm，而且在黏土分子的作用下，水分子被解离成 H^+ 正离子和 OH^- 负离子，分别吸附到黏土的晶体平面(一般呈负电性)上和端面(一般呈正电性)上，这时的黏土就成为"水化黏土"了。与干燥黏土相比，水化黏土具有胶体性质，包括膨胀性、流变性、动电性、分散或絮凝性等。石英同样是煤泥水中重要的组成成分，Marian 等提出了极化模型，认为石英在水溶液中会在表面上形成"似冰"的水化膜结构。

2. 水化膜厚度测定方法

常用矿物水化特性测定方法有黏度法、表面力仪(SFA，surface force apparatus)、原子力显微镜(AFM，atomic force microscopy)等方法。

液体在流动时，需要消耗一定的能量来克服其内摩擦。如果液体中有颗粒存在，流线在颗粒附近会受到干扰，从而需要消耗更多的额外能量，因此溶胶或悬浮液的黏度 η 均大于纯溶剂的黏度 η_0。相对黏度(η/η_0)的大小与颗粒的大小、形状、浓度、颗粒表面与介质之间的相互作用以及颗粒在流场中的定向程度等因素密切相关。但对于粒度远大于溶剂分子的刚性颗粒，且与介质没有相互作用时，当固体颗粒体积分数 φ 小于 3%时，其溶液的相对黏度 η/η_0 与 φ 之间呈线性关系。这种关系可以通过爱因斯坦黏度方程表示，即

$$\frac{\eta}{\eta_0}=1+2.5\varphi \tag{2-65}$$

通过式(2-65)，可以在以 φ 为横坐标、η/η_0 为纵坐标的坐标系上绘制出一条截距为 1、斜率为 2.5 的直线，但是在实际试验过程中得到的直线斜率往往大于 2.5。这主要是由于固体颗粒表面在溶液中形成水化膜增加了颗粒实际体积分数所致。当考虑到颗粒表面水化作用时，溶液中颗粒的体积分数可以表示为

$$\varphi=\varphi_P+\varphi_l \tag{2-66}$$

其中

$$\varphi_P=\frac{V_P}{V} \tag{2-67}$$

$$\varphi_l=\frac{V_l}{V} \tag{2-68}$$

式中，φ_P 和 φ_l 分别表示干的固体颗粒和颗粒表面水化层在溶液中的体积分数；V 表示溶液体

积；V_p和V_l分别表示溶液中固体颗粒和颗粒表面水化膜的体积。

如图2-44所示，当半径为r的颗粒在溶液中产生厚度为f的水化膜，则该水化膜的体积为：

$$V_l=\frac{4\pi}{3}[(r+f)^3-r^3]=\frac{4\pi r^3}{3}\left[\left(1+\frac{f}{r}\right)^3-1\right]=V_P\left[\left(1+\frac{f}{r}\right)^3-1\right] \tag{2-69}$$

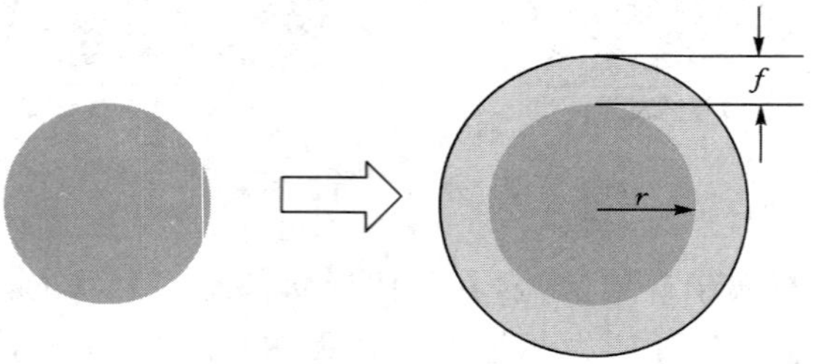

图2-44　固体颗粒及其表面水化膜

结合式(2-66)、式(2-67)、式(2-68)可得

$$\varphi=\frac{V_P}{V}+\frac{V_l}{V}=\frac{V_P}{V}+\frac{V_p\left[\left(1+\frac{f}{r}\right)^3-1\right]}{V}=\frac{V_p\left(1+\frac{f}{r}\right)^3}{V}=\left(1+\frac{f}{r}\right)^3\varphi_P \tag{2-70}$$

对于刚性的球形水化颗粒，爱因斯坦黏度方程可以表示为

$$\frac{\eta}{\eta_0}=1+2.5\left(1+\frac{f}{r}\right)^3\varphi_P \tag{2-71}$$

在胶体分散体系中，包含表面水化膜的颗粒的相对黏度η/η_0与φ_P之间会形成一条直线，这条直线的截距为1，斜率为k。

其中

$$k=2.5\left(1+\frac{f}{r}\right)^3 \tag{2-72}$$

式中的2.5是球体的黏度形状因子，而对于呈薄片状的高岭石等颗粒，其黏度形状因子要大于2.5，如果用β表示片状颗粒的黏度形状因子，则式(2-72)可以表示为

$$k=\beta\left(1+\frac{f}{r}\right)^3 \tag{2-73}$$

由此可得：

$$f=r\left(\sqrt[3]{\frac{k}{\beta}}-1\right) \tag{2-74}$$

由此，通过试验数据获得k后再根据式(2-74)即可得到高岭石颗粒表面水化膜的厚度f。

由于实际试验过程中的样品是由一定粒度组成的颗粒群，其粒度r是个平均值且其准确的黏度形状因子β无法获得，计算得到的f并不能反映高岭石颗粒表面水化膜的实际厚度，因此本章定义f为水化参数，用来定性地反映颗粒表面水化膜厚度的变化规律，f值越大表示颗粒表面水化作用越强，水化膜越厚。

表面力仪(SFA)是一种测量微小表面间分子相互作用力与相互间距离关系的仪器。当两个表面间距缩短到一定范围时，相互作用力会使测力弹簧片发生形变，形变程度反映作用

力的大小。该方法可有效测量范德瓦耳斯力、静电斥力、黏附力、水化作用力以及由空间位阻、毛细现象引发的作用力。

原子力显微镜(AFM)是一种高分辨率的表面分析工具,通过探针尖端与样品表面原子之间存在的微弱作用力实现功能。当控制作用力保持恒定时,探针及其微悬臂在垂直于样品表面的等位面上起伏运动,从而获取样品的表面形貌信息。目前调频型原子力显微镜(FM-AFM,frequency-modulation atomic force microscopy)已经能够将固-液界面分子结构以 3D 成像的形式展现出来。

除黏度法、SFA 及 AFM 外,还可以通过热重法对矿物晶体中各种水分进行测量。热天平在受热情况下可以连续称重,仪器根据热失重的数量,绘制失重与温度曲线,即 *TG* 曲线。通过分析 *TG* 曲线,可以测量矿物晶体中自由水、松散吸附水、紧密吸附水、结晶水以及羟基水等。

四、煤泥颗粒表面双电层

(一) 煤泥颗粒表面荷电原因

矿物颗粒在水溶液中受水偶极及溶质的作用,致使矿粒表面荷电,进而影响溶液中离子的分布。带相反电荷的离子被吸引到表面附近,带相同电荷的离子则被排斥而远离表面。因此矿物-水溶液界面产生电位差,但整个体系是电中性的。

矿物表面电荷的起源,归纳起来主要有以下四种类型。

1. 优先溶解或优先解离

在水中,矿物颗粒表面的正、负离子会因为颗粒表面正、负离子的结合能不同以及颗粒所受水分子偶极作用(即水化作用)的不同,以非等当量的形式转移到水介质中,致使矿物颗粒表面荷电。矿物的正、负离子在介质中的溶解能力不同,会造成颗粒表面带电性不同:① 正离子比负离子的溶解能力大时,矿物表面荷负电;② 负离子比正离子的溶解能力大时,矿物表面荷正电。因此,正、负离子溶解能力的大小决定了矿物表面的荷电量,正、负离子溶解能力差别越大,矿物表面荷电量越多。在大多数情况下,阳离子的溶解能力要大于阴离子的溶解能力,因此造成矿物颗粒表面的阳离子缺乏而阴离子过剩现象,致使矿物颗粒表面荷负电。

例如,石英在破裂后,界面和水作用生成类似硅酸(H_2SiO_3)的产物,在水中解离为 H^+、SiO_3^{2-}。其中,H^+ 溶解在水中,其他成分留在矿物晶格中,使矿物表面荷负电。石英表面 H_2SiO_3 的解离程度与溶液的 pH 值有关,改变溶液的 pH 值就能影响石英表面 H_2SiO_3 的解离情况,从而影响石英表面的荷电符号与数量。据对纯石英在蒸馏水中的测定表明,当水的 pH 值大于 2 时,石英表面荷负电;当水的 pH 值小于 2 时,石英表面荷正电。

以下为石英表面荷电的机理:

(1) 石英晶格断裂,因晶体内无脆弱界面层,所以必须沿 Si—O 键断裂。

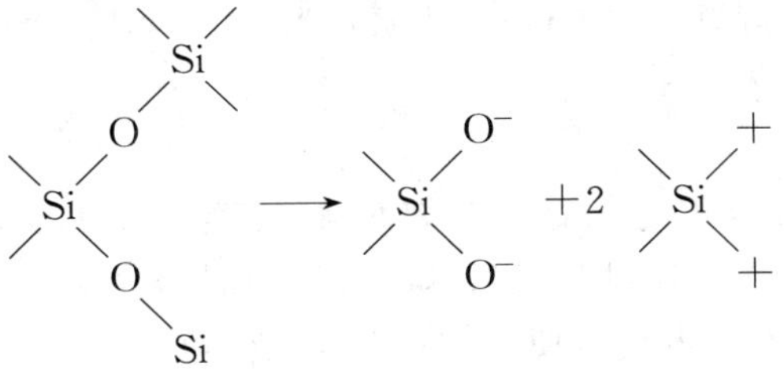

(2) 生成物分别与水中的 H^+ 和 OH^- 生成类似硅酸的产物。

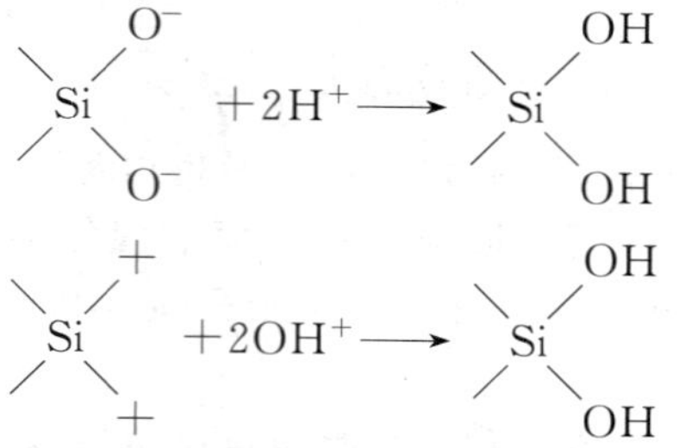

(3) 硅酸为弱酸，生成物进一步解离，使石英表面荷负电。

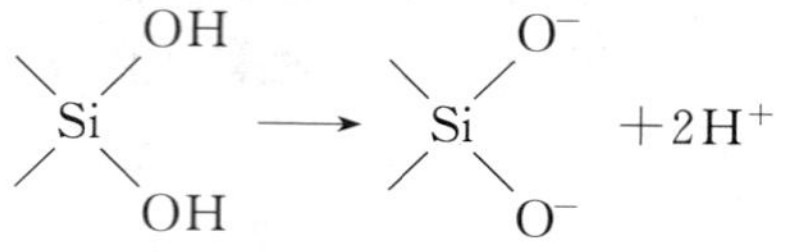

2. 优先吸附

在介质中，矿物表面对不同的离子所表现的亲和力不同，因此矿物表面会对电解质正、负离子进行不等量的吸附，使矿物表面荷电。吸附的规律为：① 异号离子优先吸附，即矿物颗粒表面会优先吸附与其荷有相反电性的离子；② 过量离子优先吸附，溶液中浓度高的离子较容易被吸附到矿物颗粒表面，从而改变矿物表面的电性；③ 阴离子优先吸附，正、负离子水化作用不同也会对矿物表面吸附造成影响，通常阴离子半径较大，水化作用较弱，而阳离子半径较小，水化作用较强，留在介质中的趋势比较大，使得矿物表面吸附有过量的阴离子荷负电。

煤泥中的黏土矿物主要为硅铝盐矿物(高岭土、蒙脱土、石英、绿泥石等)，在水中这些硅铝盐矿物颗粒表面会与水发生作用生成荷负电的胶粒。

首先，SiO_2 分子和水作用生成硅酸(H_2SiO_3)，并水解成 H^+ 和 SiO_3^{2-}：

$$SiO_2 + H_2O \longrightarrow H_2SiO_3 \tag{2-75}$$

$$H_2SiO_3 \longrightarrow 2H^+ + SiO_3^{2-} \tag{2-76}$$

SiO_3^{2-} 会优先吸附至 SiO_2 粒子表面，形成荷负电的胶粒(属于憎水性胶粒) $\{[SiO_2]_m \cdot nSiO_3^{2-}, 2(n-x)H^+\}^{2x-}$。

其次，矿物颗粒表面部分 Al_2O_3 分子也与水发生反应生成 $Al(OH)_3$，因其属于两性物质，因此在弱碱性溶液(煤泥水多显弱碱性)中会水解成 H^+ 和 AlO_2^-，反应作用过程如下：

$$Al_2O_3 + 3H_2O \longrightarrow 2Al(OH)_3 \tag{2-77}$$

$$Al(OH)_3 \longrightarrow H^+ + AlO_2^- + H_2O \tag{2-78}$$

根据优先吸附原则，AlO_2^- 会率先吸附于 $Al(OH)_3$ 粒子表面生成荷电胶粒 $\{[Al(OH)_3]_m \cdot nAlO_2^-, (n-x)H^+\}^{x-}$。

此外，煤颗粒表面的羧基(—COOH)基团和羟基(—OH)也会水解出 H^+ 和—COO^- 及—O^- 使其表面带负电荷。

3. 吸附和电离

对于比较难溶的硅酸盐矿物或氧化矿物而言，此类矿粒表面荷电的主要原因有两种：① 矿物颗粒表面羟基化，然后通过吸附(或解离) H^+ 而带电；② 吸附 H^+(或 OH^-)成酸类化合物，然后会由于部分发生电离致使矿物颗粒表面带电。

如块状石英破碎成微细颗粒时，石英表面的 Si—O 键产生断裂，石英表面将会暴露大量 Si^{4+} 和 O^{2-}。由于 Si—O 键的键能很高（370 kJ/mol），可初步判断石英断裂面的极化程度较高，在水溶液中会与水中的离子进行解离或者吸附，表现出较强的亲水性。通常来说石英破碎解离面使石英表现出负电性，具有较强的化学活性。

4. 晶格取代

由于矿物晶格的异价类质同象、间隙原子、空位等缺陷均可引起矿物颗粒表面荷电。

对于铝氧八面体（$AlO_2(OH)_4$）和硅氧四面体（SiO_4）构成的层状硅酸盐矿物而言，当铝氧八面体（$AlO_2(OH)_4$）中的高价 Al^{3+} 被低价的 Ca^{2+} 或 Mg^{2+} 取代，或硅氧四面体（SiO_4）层片中的 Si^{4+} 被 Al^{3+} 所置换时，都会使矿物表面荷负电。另外，当这些矿物置于水中后，其表面的碱金属阳离子会发生水化作用而进入溶液中，也会导致这些矿物颗粒表面荷负电。

例如高岭土属于 1∶1 型双层硅酸盐结构，故具有两种性质不同的表面，在这里，可称之为上表面、下表面。高岭土下表面电荷来源于类质同象替换，即晶格上的 Si 离子通过类质同象现象，被带有较低电荷的阳离子取代，如 Si^{4+} 被 Al^{3+}、Fe^{2+} 替换。这种替换导致晶格中正电荷不足，而使表面带负电荷，其荷电性质仅与晶格中异价阳离子取代置换程度有关，与介质的 pH 值无关。

高岭土的上表面的荷电机理是通过表面组分选择性解离而带电的，其定位离子为 H^+ 和 OH^-，其主要反应为：

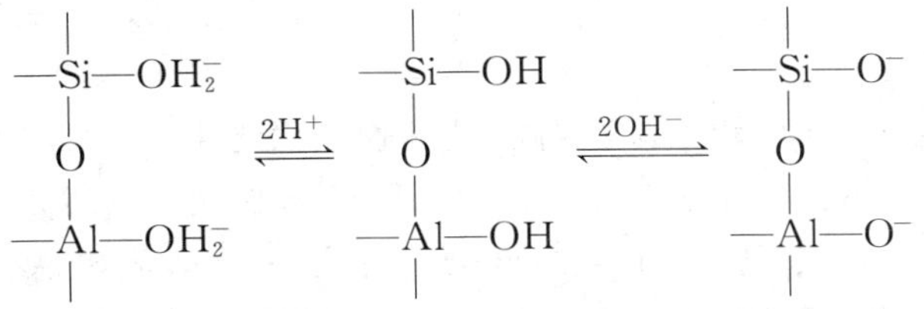

(2-79)

显然，其荷电性质受介质 pH 值影响。在酸性环境中，其表面带正电；中性或弱酸性介质中，其表面不带电；在碱性环境中，其表面带负电。根据以上讨论，高岭土表面可能带有两种不同性质的电荷：① 由类质同象引起的高岭土上表面所带的负电荷，其荷电性质只与晶格中异价阳离子取代程度有关，与介质 pH 值无关；② 由表面组分的选择性解离引起的高岭土上表面所带的电荷，它受介质的 pH 值制约。

（二）双电层结构及电位

1. 双电层结构

双电层包括矿物表面及其所联系的一层溶液，图 2-45 为矿物表面双电层的示意图，图中画出了双电层中的电位分布。

在两相间可以自由转移并决定矿物表面电荷（或电位）的离子称“定位离子”。定位离子所在的矿物表面荷电层称“定位离子层”或“双电层内层”，如图 2-45 中的 A 层。根据双电层起源，一般认为，对于氧化物、硅酸盐矿物定位离子是 H^+ 和 OH^-；对于离子型矿物、硫化物矿物定位离子就是组成矿物晶格的同名离子。

溶液中起电平衡作用的反号离子称为“配衡离子”或“反离子”。配衡离子存在的液层称为“配衡离子层”或“反离子层”“双电层外层”。在通常的电解质浓度下，配衡离子受定位离子的静电引力作用，在固-液界面上吸附较多而形成单层排列。随着离开表面的距离增加，配衡离子浓度将逐渐降低，直至为零。因此，配衡离子层又可用一假设的分界面将其分成紧

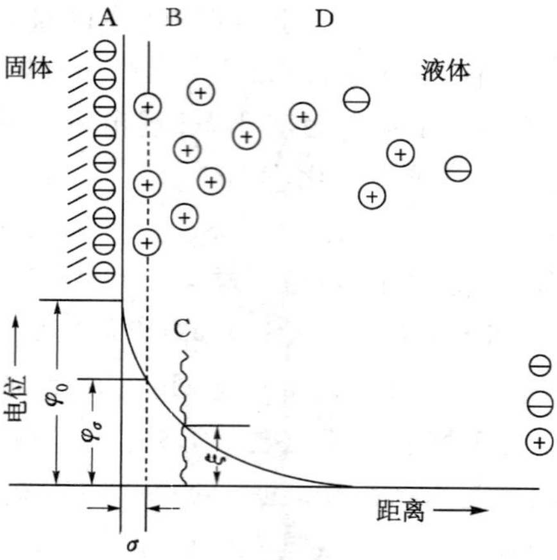

A—内层（定位离子层）；B—紧密层（Stern 层）；C—滑移面；D—扩散层（Gouy 层）；

φ_0—表面总电位；φ_σ—斯特恩层电位；ξ—动电位；σ—紧密层的厚度。

图 2-45　矿物表面双电层示意图

密层（或称斯特恩层），如图 2-45 中的 B 层，以及扩散层或称古依（Gouy）层，如图 2-45 中的 D 层。紧密层的厚度约等于水化配衡离子的有效半径（σ）。

2. 双电层电位

（1）表面总电位 φ_0

表面总电位是荷电表面所具有的电位，是矿物表面与溶液间的总电位差（又称表面电位）。表面总电位 φ_0 与溶液中定位离子的浓度（活度）密切相关，φ_0 为零时，定位离子浓度的负对数值称为“零电点”。零电点是矿物的重要特性之一，它表明矿物表面的电荷密度为零。对于导体或半导体矿物，可以制成电极测出 φ_0；对于不导电的矿物，可以用溶液中定位离子的活度进行计算，即

$$\varphi_0=\frac{RT}{nF}\ln\frac{a_+}{a_+^0}=-\frac{RT}{nF}\ln\frac{a_-}{a_-^0} \tag{2-80}$$

式中　φ_0——表面总电位；

R——气体常数；

T——绝对温度；

n——离子价数；

F——法拉第常数；

a_+，a_+^0——分别为某阳离子在表面和溶液内的活度；

a_-，a_-^0——分别为某阴离子在表面和溶液内的活度。

一般氧化物，以 H^+ 或 OH^- 为定位离子，$n=1$，氧化矿物表面总电位为：

$$\varphi_0=0.059\,1(pH_0-pH) \tag{2-81}$$

（2）斯特恩（Stern）层电位 φ_σ 和动电位 ξ

斯特恩层电位是水化配衡离子最紧密靠近表面的假设平面（图 2-45 中的 B）与溶液之间的电位差，一般假定它与动电位相等。动电位 ξ 是在外力（电场、机械力或重力）作用下，矿物与溶液沿图 2-45 中滑动面 C 做相对运动时产生的电位差。动电位为零的 pH 称为“等

电点”，它表示配衡离子在滑动面内与定位离子电性相等。当表面总电位为零时，动电位也为零，此时零电点与等电点相同。

（三）界面动电现象及矿物颗粒动电位

1. 界面动电现象

前面所讨论的双电层都是指界面相对静止的情况，当一相相对于另一相运动时，会引起一些有趣的电现象：在外电场作用下，溶胶的分散相与分散介质发生相对移动的现象，称为电动现象，也叫动电现象。动电现象包括电泳、电渗、泳动电势和沉降电势。

（1）电泳

电泳是指在外电场作用下，胶体粒子在分散介质中做定向移动的现象，如图 2-46(a)所示。电泳的试验结果表明溶胶粒子是带电的。影响电泳的因素有：带电粒子的大小和形状、粒子表面的电荷数目、分散介质中所含电解质的种类和价数、离子强度、pH、温度和所加电压等。

（2）电渗

电渗是指在外电场作用下，分散介质通过多孔膜或极细的毛细管(半径为 1～10 nm)而移动，即固相不动而液相移动的现象，如图 2-46(b)所示。

（3）泳动电势

泳动电势是指在外力作用下(例如加压)，液体在毛细管中流经多孔膜时，在膜的两边产生的电势差。它是与电渗相反的现象，如图 2-46(c)所示。

（4）沉降电势

沉降电势是指分散相粒子在分散介质中迅速沉降时，在流体的表面层与底层之间产生的电势差，如图 2-46(d)所示。它是与电泳相反的现象。

在上述 4 种动电现象中，电泳和电渗是由外加电压引起的双电层移位，而泳动电势和沉降电势是由机械力引起的双电层移位。

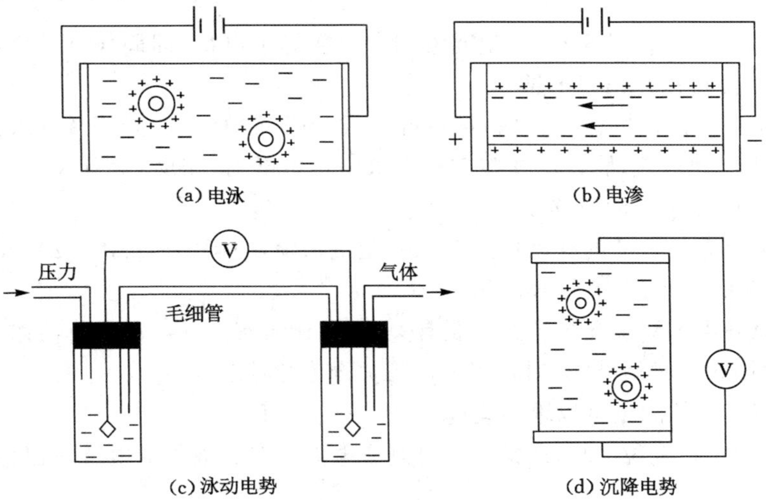

(a) 电泳　(b) 电渗

(c) 泳动电势　(d) 沉降电势

图 2-46　动电现象

2. 矿物颗粒动电位

动电现象已获得广泛应用，特别是在电泳和电渗方面。这些现象被应用于许多过程，如脱水、浓缩、分离、水的净化等。

（1）电泳

通过粒子在电场中的移动方向可以确定它们带何种电荷。如 $Fe(OH)_3$、$Al(OH)_3$ 等向阴极移动，说明它们带正电荷；而 S、As_2S_3、淀粉、阿拉伯树胶向阳极移动，说明它们带负电荷。

由所施加的电场强度 i 可测得界面移动速度 u，然后求得电泳迁移率 u_0，便可根据下式求得 ξ 电位：

$$\xi=\frac{\pi\eta u_0}{fD}\times 300^2 \quad (\mathrm{V}) \tag{2-82}$$

式中，η 为黏度，g/cm·s；D 为液体的介电常数；f 为数值因子，取决于离子半径与扩散层有效厚度 k^{-1} 之比（a/k^{-1}），当 a/k^{-1} 大（即与扩散电荷厚度比较，粒子大），不论粒子形状如何，f 取 1/4；当粒子与扩散层厚度比较小时，对平行电场的圆柱粒子 f 取 1/4，对球形粒子 f 取 1/6。各种质点在 1 V/cm 时的电泳速度和动电位 ξ 如表 2-19 所示。

表 2-19　各种质点在 1 V/cm 时的电泳速度和动电位 ξ

项目	质点大小/μm	$v/\times 10^3$ cm/s	ξ/mV
油滴	2	32	46
石蜡颗粒	0.72	22.4	57.4
石英颗粒	1	30	44
泥土悬浮体	1	19.9	48.8
金溶胶	<0.1	40	58
铂溶胶	<0.1	30	44
氢氧化铁溶胶	<0.1	30	44

（2）电渗

在电场作用下，溶液发生移动，说明液相中存在剩余电荷，即固体微粒周围应存在双电层或离子云，由此可以得出以下结论：

① 通过水或水溶液的流动方向，可以确定粒子带何种电荷。如闪锌矿、方铅矿在蒸馏水中试验时，水向阴极流动，说明这些矿粒在水中带负电荷；相反，萤石（CaF_2）、方解石在蒸馏水中带正电，因此水向阳极移动。

② 根据玻璃管中溶液的移动速度可以确定电渗流出体积（V）：$V=\mu A$（cm^3/s）。其中，μ 为液面移动速度；A 为玻璃管截面积。

③ 电渗速度不仅同多孔物质的性质有关，而且还与溶液性质和电解质浓度有关。电解质对电渗速度影响非常敏感，有时可以使电渗方向发生改变。

④ 由电渗速度的测定可以求得动电位 ξ。

由电渗法测定动电位 ξ 时，通常先通过测量电渗电流和液体的电渗流出体积 V，然后由下式求出：

$$\xi=\frac{4\pi\eta k^{*} V}{Di}\times 300^2 \quad (\mathrm{V}) \tag{2-83}$$

式中，k^{*} 为溶液电导率，$\Omega\cdot cm^{-1}$；300^2 为换算因子；η 为黏度，g/cm·s；D 为液体的介电常数；i 为电流强度，A；V 为电渗时液体流过多孔性物质的体积，mL/s。

第三章　煤泥水分级、浓缩与澄清设备

第一节　自然沉降过程的基本概念及计算

一、基本概念

（一）水力分级

在介质（水或空气）中，物料依其沉降末速的差别分成若干粒级的作业称为分级，水力分级就是以水为介质的分级。

众所周知，粗细颗粒的沉降速度是有差别的，较粗煤泥沉降速度较大，所以在自然沉降设备中，底部的煤泥较粗，矿浆浓度也较大，悬浮在上部的煤泥粒度较细，浓度也较稀。当煤泥水以一定的流量给到这些分级设备中时，容器底部排出的底流粒度较粗，悬浮在上部的细粒物料随溢流水溢出，这就是水力分级的基本过程。

（二）浓缩

借助重力或离心力作用提高煤泥水浓度的过程称为浓缩。在自然沉降过程中，主要是借助于物料本身重力作用来实现浓缩。

在浓缩设备中，从容器底部排出少量高浓度的煤浆；从容器上部流走大量低浓度的溢流水，其中含有一定数量来不及下沉的细颗粒煤泥，显然这部分来不及下沉的煤泥量越少，说明设备的浓缩效果越好。可以理解，浓缩过程实际上也是分级过程。

（三）澄清

在浓缩的同时，获得固体含量很小的溢流水，这个过程被称为澄清。澄清过程可以理解为一种深度浓缩形式。在澄清设备中让煤泥水在容器中停留足够长的时间，使悬浮的颗粒充分下沉，溢流水中的固体颗粒尽可能少。

水力分级、浓缩和澄清这三种作业从原理和过程来说有相同或相似之处，都是根据颗粒在水中沉降末速的差异，实现粗细颗粒的分层聚集或固液分离；但工艺要求上有所不同，水力分级重点是将矿浆中固体颗粒分成若干粒级，浓缩作业重点是底流浓度达到工艺要求，澄清作业重点是溢流水澄清度达到工艺要求，通过调节煤泥水在容器中的停留时间，可以满足三种作业在工艺上的不同要求。

在前面已经介绍了煤泥水沉降的概念和过程，实际上，煤泥水处理的重要内容是煤泥水的分级、浓缩和澄清作业，而它们主要的工艺和方法都是依靠煤泥水中煤泥重力自然沉降来实现的，只是它们的重力自然沉降性质不同。所以，对这些重力自然沉降式的分级、浓缩和澄清设备，需要根据工艺要求以及满足工艺条件下的煤泥水沉降特性进行设计和计算。对于粗粒级且浓度较小的煤泥水，可采用有关公式来计算其自由沉降末速或干扰沉降末速，从而确定其沉降性质。但对煤泥水中的大部分颗粒，由于粒度细、浓度高且颗粒之间的相互影响较大，用计算方法得出的沉降末速与实际情况相差较大。如果仅依赖计算值作为工艺计算和设备选型的依据，将会与实际情况相差很大。因此，在煤泥水处理的分级、浓缩和澄清作业中，设备的计算和选型通常是基于对特定煤泥水样进行沉降试验，得出的沉降特性相关参数进行选定的，这样能够满足现场实际要求。

二、自然沉降过程计算

（一）计算原则

假设煤泥在容器中不论是浓缩、分级或澄清作业，都是在连续生产中进行的，且颗粒为自由沉淀。

现设容器长 L(m)、宽 B(m)，则面积为 $F=LB(m^2)$；煤泥水以 $W(m^3/h)$的流量从一端流入，并以大致的流量从另一端溢出（严格上说溢流量小于入料量，因为有一部分煤泥水从底部排出，多数情况下底流量大大小于入料量，常忽略不计；如果底流量很大，则必须在计算时扣除）。其过程如图 3-1 所示。

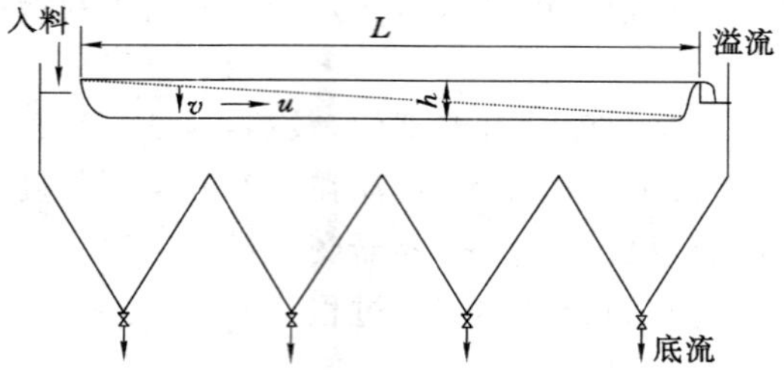

图 3-1　自然沉降过程示意图

再假设容器有足够深度，上部存在一个水平流动层，其厚度是 H(m)，在过水断面上，各点流速相等平均流速为 u(m/h)，则它们之间的关系为

$$u=\frac{W}{BH} \tag{3-1}$$

煤泥水在容器中平均停留时间为

$$t_1=\frac{L}{u}=\frac{LBH}{W}=\frac{FH}{W} \tag{3-2}$$

设粒度为 d 的煤泥颗粒沉降末速为 v(m/h)，它从水面开始下沉 h(m)所需时间为

$$t_2=\frac{h}{v} \tag{3-3}$$

此煤泥颗粒从入料端的水面开始下沉，同时受到水平流动的影响向排料端运动，运动轨迹如图 3-1 中虚线所示。如果这个粒度为 d 的煤泥颗粒，在水平方向行走 L(m)之后，在垂直方向恰好下沉 h(m)，此煤泥颗粒的粒度称为理论分级粒度（理论分级粒度定义是：按理论计算在分级设备中沉降的固体颗粒最小当量直径），即进入溢流的理论最大粒度或进入底流的最小理论粒度。

此时 $t_1=t_2$，则$\frac{FH}{W}=\frac{h}{v}$（此时 $H=h$），则

$$W=Fv \quad (m^3/h) \tag{3-4}$$

上式为煤泥水流量容器面积（一般称沉淀面积）和煤泥沉降末速的关系，不同煤泥颗粒粒度 d 和密度 δ，有其相应的沉降末速 v，如果 v 值已定，由上式可知，煤泥水的流量 W 与所

需的沉淀面积 F 成正比，当流量 W 已知，则 v 值与所需沉淀面积 F 成反比。

煤泥水处理设备的能力通常以单位负荷 W_0 来表示，即每平方米沉淀面积每小时能处理煤泥水的立方米数[$m^3/(m^2 \cdot h)$]，在式(3-4)中以 $F=1\ m^2$ 代入，则得

$$W_0=v \quad [m^3/(m^2 \cdot h)] \tag{3-5}$$

从上式可以看出，只要知道分级粒度的煤泥颗粒的沉降末速，它在数值上就代表满足分级要求的最大单位负荷，超过这个负荷，分级粒度将超过允许的最大粒度。

（二）煤泥分级须用沉淀面积计算

由于煤泥颗粒在沉降过程中受到众多因素的影响，所以必须对其进行修正，计算方法是先计算自由沉降末速，再根据其所处的流态进行修正。

首先按表 3-1 计算粒度为 d 的煤泥颗粒自由沉降末速 v_0。

表 3-1 煤粒自由沉降末速的计算

计算式名称	公式形式	使用范围		备注
		Re	d/cm	
牛顿-雷廷智	$v_0=54.5\times\chi\times\sqrt{\dfrac{d\times(\delta-\Delta)}{\Delta}}$	>500	>0.15	
阿连	$v_0=25.8\times d\times\chi\times\sqrt[3]{\left(\dfrac{\Delta-\delta}{\Delta}\right)\times\dfrac{\Delta}{\mu}}$	1～500	0.15～0.02	粒度大用阿连计算式，粒度小用卡萨特金计算式
卡萨特金	$v_0=19.5\times d^{1.1}\times\chi^{1.4}\times\sqrt{\left(\dfrac{\Delta-\delta}{\Delta}\right)}\times\sqrt[4]{\dfrac{\Delta}{\mu}}$			
斯托克斯	$v_0=54.5\times d^2\times\dfrac{\delta-\Delta}{\mu}$	<1	<0.02	

注：表中符号 χ 代表煤粒形状系数，一般取 $\chi=0.7$；δ 代表煤粒密度，g/cm^3；Δ 代表水的密度，g/cm^3；d 代表煤的当量直径，cm；μ 代表水的动力黏度，$g/(cm \cdot s)$，一般取 $0.01\ g/(cm \cdot s)$。

煤泥颗粒在煤泥水中的沉降速度应按干扰沉降计算，公式如下：

$$v_{st}=m^n\times v_0 \quad (cm/s) \tag{3-6}$$

式中 v_{st}——干扰沉降末速，cm/s；

m——松散度，$m=1-\dfrac{g}{1\ 000\times\delta}$；

g——入料浓度，g/L；

n——取值与流态的经验关系是：

$$Re<1\ 000, n=5-0.7\lg Re$$

最后将计算出的 v_{st} 单位换算成 m/h，根据式(3-5)$W_0=v_{st}$，再用 $W=Fv$ 可计算出所需的沉淀面积。

（三）循环水澄清面积计算

循环水澄清面积计算不能像沉淀面积那样使用干扰沉降公式，而应当根据试验测定的结果作为依据。因为分级粒度此时太小，用 v_0 计算误差太大。

根据煤泥水沉降过程的分区现象可知，含有不同煤泥颗粒的矿浆在静置时，液体的澄清和固体颗粒的沉降是分阶段进行的，首先沉淀的是粗粒，细粒悬浮在水中沉淀很慢，这样从上到下形成颗粒大小不同、浓度不同的物料层，从上向下，煤泥粒度和浓度都逐渐增加。

洗水澄清面积计算一般利用上述原理，采用试验法确定(公式法误差较大)，具体方法见量筒试验(第二章)。用试验得出的沉降速度代替以上的 v_{st}，其余计算相同。

第二节　自然沉降式水力分级、浓缩、澄清设备

在煤泥水处理环节中常用的自然沉降设备包括煤泥沉淀池、浓缩漏斗、角锥沉淀池、斗子捞坑、沉淀塔、沉淀槽、深锥浓缩机和耙式浓缩机等。

一、煤泥分级、浓缩、澄清设备的发展

(一) 煤泥沉淀池

煤泥沉淀池是一个简易的煤泥水沉淀设备，目前作为选煤厂必备工艺环节的功能已被取消。它是一个间断性工作的长方形水池，底部有一定坡度(约 5%)，煤泥水从池的一端进入，从另一端流出；水中煤泥靠重力自然沉降，并逐渐在池子前端堆积，当煤泥上升到与水面相平的地方，并达一定距离后，停止入料。静止沉淀一段时间等细粒煤泥沉淀后，排出上部澄清水，再借助于煤泥清理设备，将池中煤泥全部挖出，等待下一个循环。所以煤泥沉淀池必须几个为一组，分入料、沉淀、挖取几个步骤循环工作。

煤泥沉淀池纵断面示意图见图 3-2。

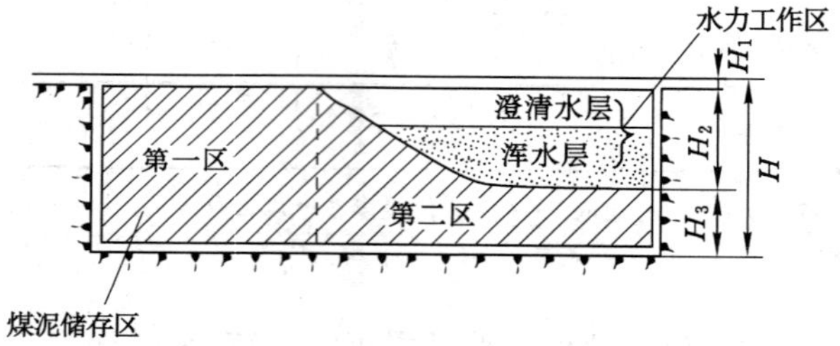

图 3-2　煤泥沉淀池纵断面示意图

煤泥沉淀池有串联和并联两种布置方法。两种布置方法各有所长，可以根据具体情况选用。

煤泥沉淀池的挖煤泥方法可采用人工和机械两种形式，具体方法大致有四种，简单介绍如下。

(1) 门式(桥式)抓斗起重机：效率高，安全可靠，但投资大。

(2) 履带(轮胎)式抓斗(铲)车：适用于复杂地形，但效率低，设备易坏。

(3) 双滚筒电扒绞车：设备简单，但占地面积大，煤泥细时效率低。

(4) 人工挖：效率相当低。

煤泥沉淀池的排水设施对沉淀效果影响较大。对于这些设施的要求包括：自身不漏水，启闭方便，放水均匀，同时，在放水时必须避免因流速过大而带出煤泥。煤泥沉淀池为了保证有足够的沉降时间，通常需要占用较大的面积。在煤泥晾干时也极易造成二次污染，因此，现如今绝大多数选煤厂已不再使用此设施。

另有一种与煤泥沉淀池串联使用的辅助设施——自滤式煤泥沉淀池。其结构见图 3-3，特点是在池底均匀设置滤液沟，其上盖有滤布，入料端地面向排料端倾斜(约 5%)。

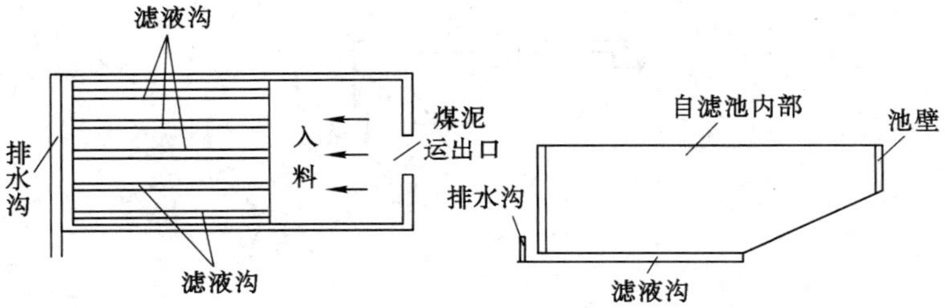

图 3-3　自滤式煤泥沉淀池结构图

该池的工作过程是煤泥水入池须通过滤布的过滤和渗透，滤液透过滤布进入滤液沟再进入煤泥沉淀池二次沉淀；在自滤煤泥沉淀池中煤泥静止脱水后挖出。自滤式煤泥沉淀池缩短了煤泥沉淀周期（一般沉淀池澄清需 24 h，而自滤池仅需 6 h 左右），降低了煤泥水分（自滤池内水分约为 16%），改善了工作条件，减少了煤泥沉淀池面积和晾干场地，现绝大多数选煤厂也已不再使用。

简易选煤厂细煤泥脱水较理想的方式是建高位沉淀池。这种沉淀池建在地上，呈长方形，在池底的中间沿其长度方向设泄水沟，沟上铺预制板，预制板上再铺上一层编织布袋（图 3-4）。在沉淀池的两端也设泄水口，由多块木板叠加组成木板墙，在木板的内侧设置一层编织布袋或其他的滤布。由于沉淀池中泄出的水均通过编织布袋，浓度很低。沉淀池建在较高位置，泄水沟及泄水口泄出的水很容易收集起来。高位沉淀池较普通沉淀池的沉淀周期大为缩短。高位沉淀池工作效果好坏的关键是沉淀池的设计尺寸。若沉淀池设计得过深，沉淀煤泥会出现中间“夹馅”现象，对煤泥的挖掘极为不利。当用沉淀池处理浮选精矿时，由于它本身浓度较高，进入沉淀池前一般不用进行絮凝处理，放满一池精矿，3 天就能沉淀好。当处理浮选尾矿时，由于浓度低，进入沉淀池前最好进行絮凝处理，这样可缩短沉淀周期。

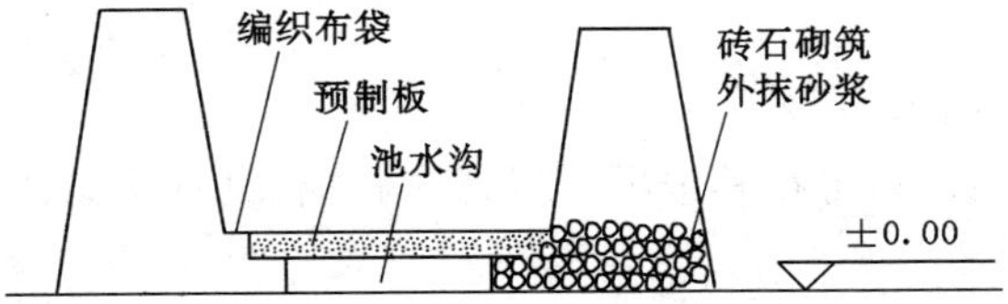

图 3-4　高位煤泥沉淀池结构图

（二）浓缩漏斗

浓缩漏斗是一种直径不大的倒锥形的浓缩分级设备，如图 3-5 所示。其中心设给料管，四周有溢流槽，锥顶是底流排放口，该设备一般为直径小于 5 m、沉淀面积在 20 m^2 以下的小型容器，多用铁板焊成或用钢筋混凝土浇制，锥角一般为 60°。入料管底部多装有滤网，用于防堵和使入料均匀分配。

浓缩漏斗的直径选定原则是上升流的速度 v_1 小于分级物料临界颗粒的自由下沉速度：

$$v_1 \leqslant v_0$$

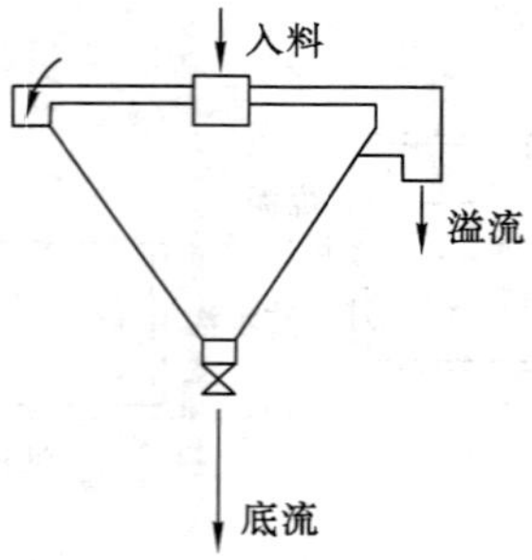

图 3-5　浓缩漏斗的结构示意图

按溢流处理量为

$$v=\frac{\pi(D^2-d^2)v_0}{4k} \tag{3-7}$$

$$D=\sqrt{\frac{4kv}{\pi v_0}+d^2} \tag{3-8}$$

式中　D——浓缩漏斗直径，m；

d——入料管直径，m；

v_0——分级物料临界颗粒的自由下沉速度，m/h；

k——浓缩漏斗中颗粒沉降面积的有效利用系数，$k=12d'-0.4$，其中，d'为分级临界粒度，mm。

浓缩漏斗主要用于少量煤泥水的浓缩、脱泥或给料缓冲。

(三) 沉淀塔

沉淀塔是一种直径较大(通常在 12 m 左右)的倒圆锥形的浓缩澄清设备。其设计特点包括中心给料，周边溢流，底流通过锥体底部的阀门排放。沉淀塔一般采用钢筋混凝土结构，多设在主厂房外。沉淀塔的溢流可经管道自流到主厂房内，作为澄清循环水使用，有定压水箱的作用。

沉淀塔的布置实例见图 3-6。

为了提高沉淀塔的效率，可在其中增加斜管或斜板(见本章第二节)以提高沉淀面积和利用率。

该设备在较老的选煤厂尚有保存，现设计中已很少采用。

(四) 角锥沉淀池

1. 角锥沉淀池的形式

角锥沉淀池是由钢筋混凝土制成的，通常是串联布置，其结构上部为方形，下部是倒角锥形的浓缩、分级设备，沉淀池一端给料，另一端设溢流槽，底部设底流排放口，沉淀物为多点排放。可以在构筑物不高的情况下，得到较大的沉淀面积，多用于煤泥分级或澄清循环水。

2. 角锥沉淀池的结构参数

(1) 锥体倾角一般为 65°～70°；

(2) 角锥池的澄清水层高度不应小于 1.5 m；

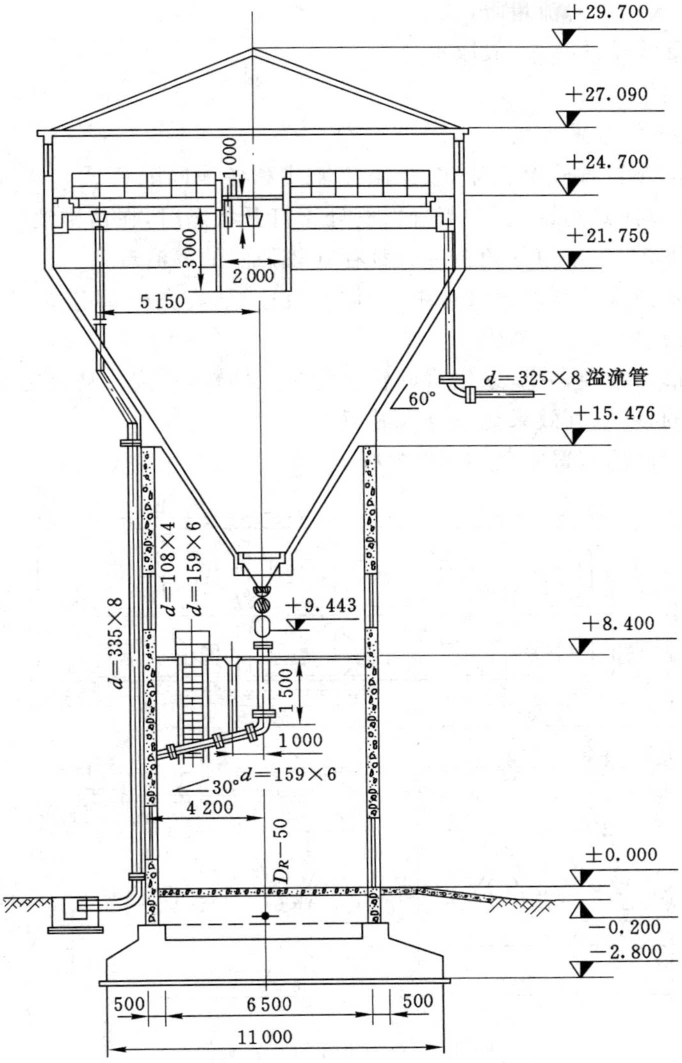

图 3-6　沉淀塔的布置实例

(3) 沉降室锥体高度等于跨距的 1/2～1/3；

(4) 给料槽底单个孔口的最大流量为：

$$Q=mF\sqrt{2gH} \tag{3-9}$$

式中　Q——一个孔口能通过的最大流量，m^3/s；

m——流量系数，取 0.6～0.62；

H——液面高差，m，取 0.2～0.3 m；

g——重力加速度，m/s^2；

F——孔口面积，m^2。

在 Q 确定后给料槽底孔口的数量为

$$n=K\frac{Q_{总}}{Q} \tag{3-10}$$

式中 $Q_{总}$——进入槽内总流量，m^3/s；

K——流量波动系数，一般取 1.25；

n——孔口数量。

3. 角锥沉淀池的布置方式

角锥沉淀池的布置方式有直流式、无溢流堰式和各池间隔板式。通过模拟试验和实际使用结论表明，在直流式角锥池中，当排料阀处于打开状态时，在角锥池中几乎没有涡流；而在其他布置方式下，在角锥池的角锥部分都存在较强烈的涡流现象。

所以在直流式高溢流堰的角锥池中，流体的流速低，在角锥部分受到的搅动小，易于按粒度精确分级，设计中应优先考虑。

另有一种圆形角锥池，底流采用可调转速变频泵抽料，达到自动控制溢流粒度或底流浓度及远距离操纵的目的，其效果比较令人满意。

一种角锥沉淀池的布置实例如图 3-7 所示。

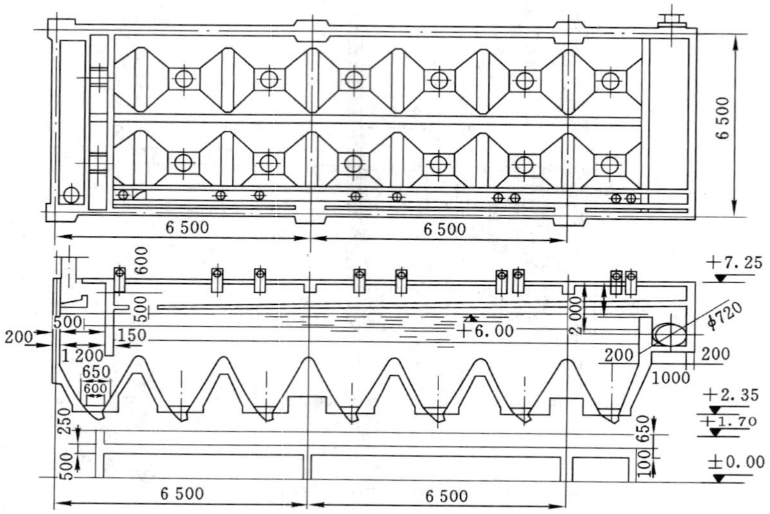

图 3-7 角锥沉淀池布置实例

（五）斗子捞坑

斗子捞坑是一种倒锥台形脱水、分级设备，入料从中心或一侧给入，溢流从四周或另几侧排走，通常由钢筋混凝土制成，在池内或池外装有脱水斗子提升机，沉淀物在斗子提升过程中初步脱水后，在较高位置卸料。

1. 斗子捞坑的几种主要形式

斗子捞坑的几种主要形式如图 3-8 所示。

（1）斗子在捞坑内：属于挖入式给料，勺斗将沉物自行挖出，但只能局部捞取池底煤泥，池壁有堆积现象，面积利用率低，另外机尾长期埋于煤泥水中，机件易损坏，检修也不方便。

（2）斗子在捞坑外：属于喂入式给料，物料可全部进入斗子，沉降面积利用率高，能较有效控制截流粒度，缺点是布置时所需高度较大。

（3）斗子机尾在捞坑外：优缺点介于以上两者之间。

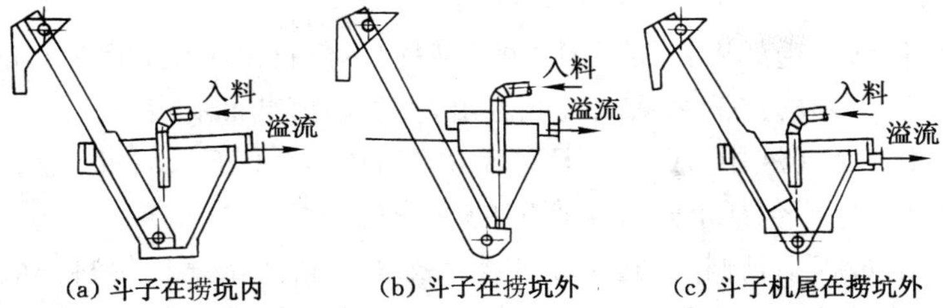

图 3-8　斗子捞坑的三种形式

2. 入料及溢流方式

(1) 中心入料周边溢流：一般设有缓冲套，入料正好落入斗子中，易于及时捞取，减少了物料的淤积。

(2) 一侧入料另一侧溢流：煤泥易积聚在入料端。

(3) 切线入料中心溢流：使用极少。

由于斗子捞坑基建投资高(安装高度大)和耗电量大，不易控制，在单独处理煤泥时较少采用(可用其他设备代替)。现选煤厂多用于跳汰精煤的脱水和分级。

(六) 耙式浓缩机

目前，选煤工艺中常用的分级、浓缩和澄清设备是耙式浓缩机，是由圆筒带倾斜的池子(倾斜角 12°)和一个绕中心轴回转的耙子(将沉淀物移送至池底中心)联合组成的浓缩、澄清设备。该设备中心给料，周边溢流，底流经池底中心用泵抽出或靠自重排放。该设备直径大，高度小，底流集中排放，控制管理方便，在煤泥水处理中应用极广。

1. 原理

耙式浓缩机是利用煤泥水中固体颗粒自然沉淀来完成对煤泥水连续浓缩的设备。它的实质是由一个供煤泥水沉淀的池体和一个将沉淀物收集到排出口的运输耙联合组成。它的生产过程是连续的，煤泥水从池体上方中部给入，澄清后的溢流水从池体周边流入溢流水槽，沉淀后的产物(底流)从池体锥底中央的排料口用泵抽出。同时，在运输耙将沉淀物沿池底向中心富集的过程中，还产生挤压作用，从而使沉淀物的水分得到进一步的排除。

图 3-9 为煤泥水在浓缩池中沉淀的静态过程，需要浓缩的煤泥水首先进入自由沉降区(B 区)，水中的颗粒靠自重而迅速下沉，沉到压缩区(D 区)时，煤浆已聚集成紧密接触的絮团而继续下降到浓缩物区(E 区)，由于耙子的运转，使 E 区形成一个锥形表面，浓缩物受到耙子的压力，进一步被压缩，挤出其中部分水分，最后由卸料口排出，即浓缩机的底流产品。

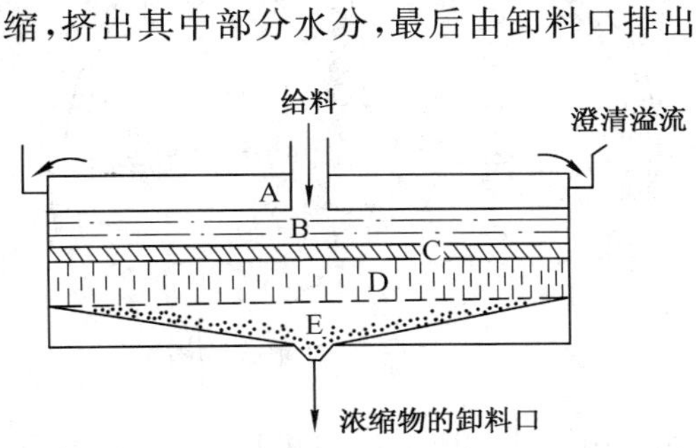

图 3-9　浓缩机的浓缩过程

煤泥浆由B区沉至D区时，中间要经过C区，在这里一部分煤泥颗粒能靠自重下沉，而另一部分煤泥颗粒却又受到密集煤泥颗粒的阻碍而不能自由下沉，形成了介于B、D两区之间的过渡区。A区得到的澄清水从溢流堰流出，称为溢流产品。

由此可见，在五个区域中，A区和E区是浓缩的结果，B、C、D各区是浓缩的过程，浓缩池应有足够的深度(应能包括上述五区所需的高度)。

在煤泥浆浓缩过程中，颗粒的运动是相当复杂的。由于浓缩机给料一般浓度不高，所以可视B区的颗粒运动为自由沉降；在C区以后，煤泥浆浓度逐渐增加，颗粒实际上是在干扰沉降的条件下运动的，所以煤泥颗粒在浓缩过程中的下沉速度是变化的，它与煤泥水中煤泥颗粒的粒度和密度、煤泥水的浓度、环境温度及水的pH值等多种因素有关，一般只能通过试验来确定。

对于一定的物料，浓缩机的溢流澄清度和底流的浓度与给料浓度和它在浓缩机内停留时间有关。显然，浓缩物在机内停留时间越长，溢流越清，底流越浓。

2. 分类

耙式浓缩机从传动特点来分，可分为中心传动式和周边传动式两种；从结构特点来分可分为普通浓缩机和高效浓缩机两种。

一般浓缩机都是从中心给料，有一种浓缩机(国内外应用较少)采用周边给料，其矿浆分配器沉在矿浆中，装在浓缩机的周边，距溢流堰有一定高度。该种浓缩机与中心入料相比，处理量较大。

(1) 中心传动的耙式浓缩机

多为较小型，池体有钢板焊成和钢筋混凝土制成两种。图3-10为小型中心传动耙式浓缩机示意图。

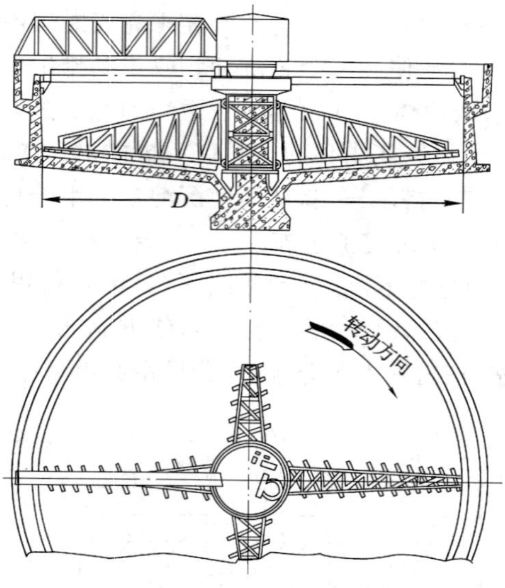

图3-10　中心传动耙式浓缩机

浓缩过程为：煤泥水由给料管给入浓缩池中央稳流筒，筒的下边缘沉在澄清水面以下，煤泥水经稳流筒向四周流散，并开始沉淀。澄清水从周边的溢流槽排出。沉淀物由刮板刮至池中心卸料筒，用泵抽出。

（2）周边传动的耙式浓缩机

如图 3-11 所示，耙架一端借助于特殊止推轴承放置在浓缩机的中央支柱上，另一端与传动小车相连，由小车驱动绕池子的中心线回转。按传动方式不同又分周边辊轮传动和周边齿条传动，均为大型机所采用。在北部严寒地区应采用周边齿条传动的形式，可以避免冬季冰雪造成的辊轮打滑现象。

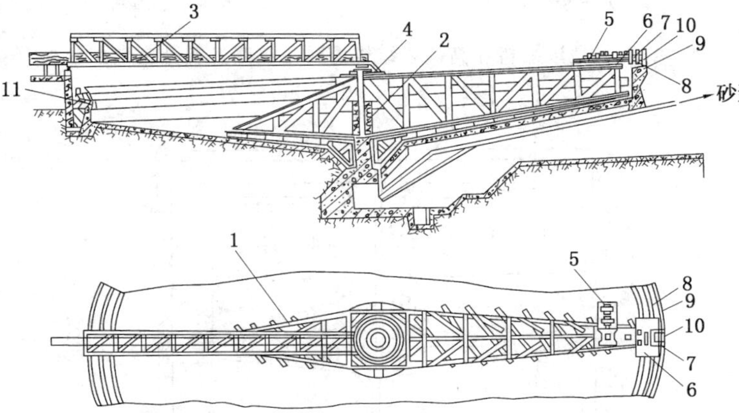

1—耙架；2—混凝土支柱；3—料槽；4—支架；5—电动机；6—传动架；7—辊轮；8—轨道；9—齿条；10—传动齿轮；11—溢流槽。

图 3-11　周边传动耙式浓缩机结构图

（3）高效浓缩机

我国传统的选煤厂煤泥水的浓缩与澄清大都使用普通耙式浓缩机，由于普通耙式浓缩机在连续作业过程中固体颗粒的沉降与澄清水上升运动方向相反，细泥颗粒容易被上升水流带入溢流，细泥颗粒必然在生产工艺系统中不断循环积聚，使洗水浓度增高。因此，普通耙式浓缩机存在着浓缩效率低、底流固体回收率低、澄清水质量差、处理能力小等问题。

高效浓缩机和普通浓缩机的主要区别在于入料的方式不同。其工作原理大都是采用入料和絮凝剂混合后直接给入浓缩机的下部或底部，经过一定机构的稳流装置或折流板强制以辐射状向水平方向扩散，流速变缓，进入预先形成的高浓度絮团层（有的资料中称为"泥床"），入料经絮团层过滤，增大了絮团层厚度，清水通过絮团层从上部溢流堰排出。该机只有澄清区和浓缩区，而无沉降区，因此高度影响较小，缩短了煤泥沉降的距离，有助于煤泥颗粒的沉降，增加了煤泥进入溢流的阻力，使得大部分煤泥进入池底，提高了沉降效果，故称其为高效浓缩机。此机单位处理量大，分离迅速。一般高效浓缩机的单位面积处理能力是普通浓缩机的 3～20 倍。图 3-12 为两者分区情况比较图。

我国从 20 世纪 80 年代开始进行高效浓缩机的研制，同时利用高效浓缩和澄清的原理对普通的耙式浓缩机进行了技术改造。一些高效浓缩机中还装有倾斜板，以加大沉降面积。下面介绍几种较有特点的高效浓缩机。

① 埃姆科（Eimco-BSP）高效浓缩机（图 3-13）：有一专门混合室，该混合室由水平导叶分隔成几个小室，絮凝剂由几路管道给入各分室中。矿浆从室上部给入，耙子中心轴上装有搅拌叶片，将两者均匀混合。在给矿端还设有专门的矿浆脱气槽。

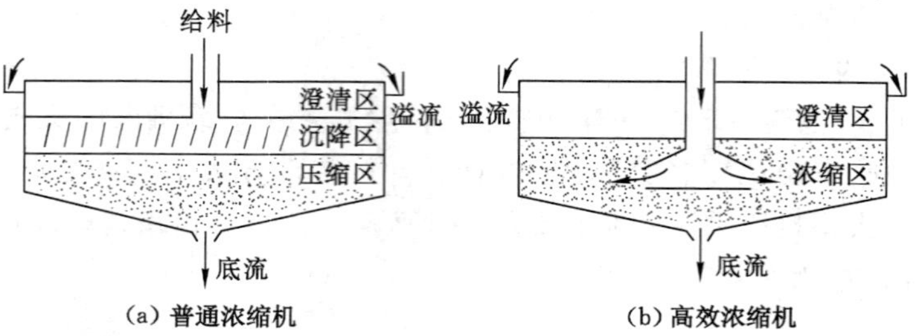

图 3-12 普通浓缩机和高效浓缩机内料浆沉降过程分区情况比较

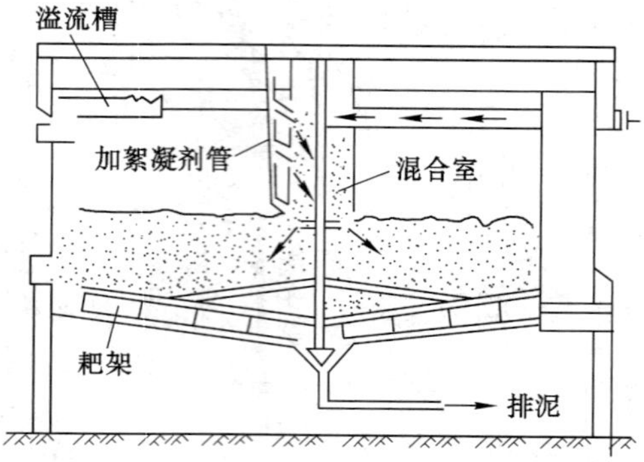

图 3-13 埃姆科高效浓缩机

② Hi-Capacity 高效浓缩机(简称 H-C 高效浓缩机,见图 3-14):除给料管插入底部外,该机还有两个特殊结构:一是在给料管内部装有几枚轴流式旋转叶片,组成混合室,当煤泥水给入混合室时,凝聚剂由侧壁进入,在低剪切力叶片搅拌下,煤泥水与药剂迅速均匀混合,这样产生的絮凝体不易破坏,进入高浓度絮团层时产生的涡流和剪切力也最小;二是装有倾斜板,装在高浓度絮团层上 0.06～1.2 m 处,对由于入料量或其他引起的高浓度絮团层波动起缓冲作用。

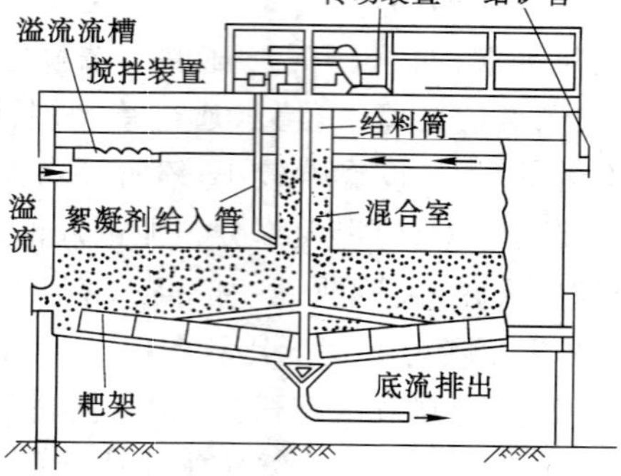

图 3-14 H-C 高效浓缩机示意图

③ 国产高效浓缩机

a. GXN-18 高效浓缩机

GXN-18高效浓缩机用于浮选尾煤水的浓缩、澄清，其技术特征见表3-2。

表3-2　GXN系列高效浓缩机技术特征

名称			单位	GXN-6	GXN-9	GXN-12	GXN-15	GXN-18	GXN-21	GXN-24
浓缩池直径			m	6	9	12	15	18	21	24
池底倾角			(°)	10						
沉淀面积			m^2	28.3	63.6	113	176	255	346	452
耙子转速			r/min	0.3	0.25	0.2	0.152	0.152	0.1	0.1
处理能力			t/h	4～7.5	8～16	15～25	20～30	25～40	40～60	50～80
提耙高度			mm	400					500	
提耙方式				中心自动提耙						
传动部	电动机	型号		$Y100L_1$-4		$Y100L_2$-4		Y132S-4		Y132M-4
		功率	kW	2.2		3		5.5		7.5
		转速	r/min	1 500						
	减速器			摆线针轮减速器和链传动						
提耙部	电动机	型号		Y802-4		Y904L-4		$Y100L_1$-4		$Y100L_2$-4
		功率	kW	0.75		1.5		2.2		3
		转速	r/min	1 500						

GXN-18高效浓缩机的结构见图3-15。煤泥水经消泡器除气后进入静态混合器，与絮凝剂充分混合均匀形成絮凝状态，由中心给料筒减速给入浓缩池的下部，经折射板沿水平流缓缓向四周扩散，絮凝后的煤泥水中形成大而密实的絮团，快速、短距离沉降并形成连续而又稳定致密的絮团过滤层，未絮凝的颗粒在随水流上升过程中受到絮团过滤层的阻滞作用，最终随絮团层的沉降进入浓缩机下部的压缩区，因而形成高效浓缩机的澄清区、压缩区，达

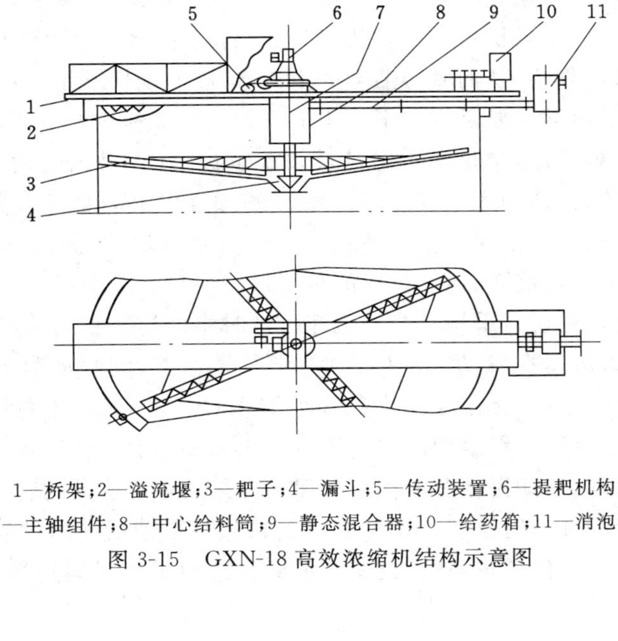

1—桥架；2—溢流堰；3—耙子；4—漏斗；5—传动装置；6—提耙机构；
7—主轴组件；8—中心给料筒；9—静态混合器；10—给药箱；11—消泡器。

图3-15　GXN-18高效浓缩机结构示意图

到煤泥水絮凝浓缩与澄清的目的。

GXN-18 高效浓缩机的主要技术特点如下：

——采用了消泡器除气。在煤泥水进入静态混合器与絮凝剂混合之前设置了消泡器进行除气。利用进入消泡器的煤泥水从消泡器底部向上翻的过程，空气上升溢出达到除气的目的。因为高效浓缩机入料对空气的混入比普通浓缩机更加敏感。尤其是入料为浮选尾煤水时，含有大量的气泡，这些气泡会影响絮团的结构，从而影响絮团的沉降速度，使底流浓度降低。如果气泡进入浓缩机后再逸出，会冲破已形成的絮团过滤层上升至水面，破坏了絮团的致密稳定结构，导致部分细粒物料进入溢流，使溢流中固体含量增加。所以高效浓缩机的入料除气是十分必要的预处理工艺。

——采用静态混合器及多点加药方式。絮凝剂与煤泥水的均匀混合直接影响着絮凝剂的耗量和煤泥水的絮凝状态及煤泥水浓缩、澄清效果。装有左、右螺旋叶片的静态混合器对通过的煤泥水起搅拌、剪切作用，使添加的絮凝剂在煤泥水中快速分散，以达到相互均匀混合的目的。为了保证煤泥水与药剂有充分接触时间，采用了三个静态混合器串联使用。试验证明，多点加药方式比单点加药方式好。单点加药方式不易使絮凝剂得到充分扩散，入料管中的部分煤泥水未接触到絮凝剂而导致絮凝絮团小、易破，而局部的絮凝剂过量又削弱了絮凝剂使用的有效性，不经济。因此，单点加药方式絮凝剂用量大，絮凝却不充分，导致絮团层稀疏，不能有效地过滤上升水流，造成溢流水质量差。同时，絮凝效果差也影响煤泥沉降速度的提高和浓缩机的处理能力。本机采用了三点加药方式，在每个静态混合器的入料端均设有加药漏斗。

——采用下部深层入料并沿水平方向辐射扩散的入料方式。煤泥水从表面入料，固体颗粒需要较长的距离和时间才能沉入压缩区。根据深层过滤的沉降理论，深层入料缩短了固体颗粒的沉降距离，使粗粒很快沉入压缩区，相对降低了池体中、上部煤泥水的浓度，有利于细粒物料的沉降。由于采用下部深层入料，迫使细粒物料进入压缩区的上部，此时，稠密颗粒的相互碰撞大大消减了它们的能量，使细颗粒停留下来而不能上浮，从而提高了底流的浓度，降低了溢流的固体含量。将絮凝状的煤泥水给入下部，会形成一定厚度且较为致密的絮团过滤层，它可对上升水流携带的细粒物料进行有效的过滤。此絮团过滤层必须处于入料的上面才能起到过滤作用，从而获得洁净的溢流水，因此采用了下部深层入料方式。根据沉降原理，固体颗粒的沉淀主要是在水平流中进行的。在入料口的下面设有阻流折射板，使垂直流沿水平方向辐射扩散，防止了高速煤泥水流对压缩区的冲击搅动，有利于压缩区的稳定，有利于提高底流浓度，从而大大提高了浓缩效率、底流固体回收率及处理能力。

——采用较高的耙速及池深。由于高效浓缩机比普通浓缩机处理能力大，煤泥水絮凝后，细粒物料呈絮团状快速沉降，池内形成的絮团过滤层只是随耙子转动，而不被破坏，仍能保持连续稳定的絮团过滤层。采用较高的耙速可及时将沉淀于底部的煤泥刮向中心排料口排出，不易发生压耙事故。在驱动功率一定时，耙子转速高，则驱动力矩减小，耙架不易扭坏。采用较大池深主要有两个原因：一是使高效浓缩机的压缩区有较高的静压，增加在池中沉降浓缩的时间；二是有利于释放絮团内包裹着的水和提高底流的浓度。

——采用中心驱动、自动提耙及机械过载保护。采用中心驱动，其传动装置由行星摆线针轮减速器，蜗轮、蜗杆减速箱及链传动等组成。蜗轮与主轴用导向键连接，耙架用十字头固定在主轴上，结构简单，传动扭矩大，机械性能好。适用于长时间连续地在较高浓度条件下工作。采用液压自动提耙，主轴上端与油缸活塞杆相连。在正常运转时，油缸同耙子同步转动。当耙子阻力增加到一定数值时，由电气控制给出提耙信号；中心驱动电机停止转动，油泵电机开启，油缸活塞杆带动主轴提耙，同时有声、光信号显示，加快排放底流。当耙子提高到上部位置后，油泵电机停止转动，声、光信号消除，耙子自动在上部位置转动。待底流排除部分后，耙子阻力减小，按动按钮用手动降耙，在降耙过程中耙子仍继续转动。当耙子提升到上部运转时，如果负荷运转阻力仍继续增大，由电气控制系统发出信号自动停机，同时发出警报声响作为事故处理。如果电气控制系统电流继电器失灵，负荷仍继续增大到了限定值时，过流继电器跳闸全部停机，并发出警报声再次进行过载保护，以避免发生压耙事故，保证设备安全运行。

b. NZG-18 高效浓缩机

NZG-18 高效浓缩机机械性能良好，在浓缩效率相同条件下，单位面积处理能力比普通浓缩机提高了 1 倍以上，基建投资省，浓缩效果好。

NZG-18 高效浓缩机结构见图 3-16。该机结构与普通耙式浓缩机相比，区别在于入料方式不同。普通浓缩机是从池中心给入煤泥水的，由于入料流速很大，煤泥不能充分沉淀，部分已沉淀的煤泥层受到液流的冲刷而破坏。高效浓缩机改变了入料方式，把煤泥水直接给到浓缩机的布料筒液面下一定深度处。煤泥水进入环形布料筒的中间，由于布料筒设缓冲环，煤泥水流速降低。当煤泥水由布料筒底部排出时又成为辐射水平流，流速变缓，有助于煤泥颗粒的沉降，提高了沉降效果。煤泥水由布料筒底部排出又缩短了煤泥颗粒的沉降距离，增加了煤泥颗粒上浮进入溢流的阻力，使得大部分的煤泥颗粒在重力的作用下沉入池底。NZG-18 高效浓缩机的技术特征见表 3-3。

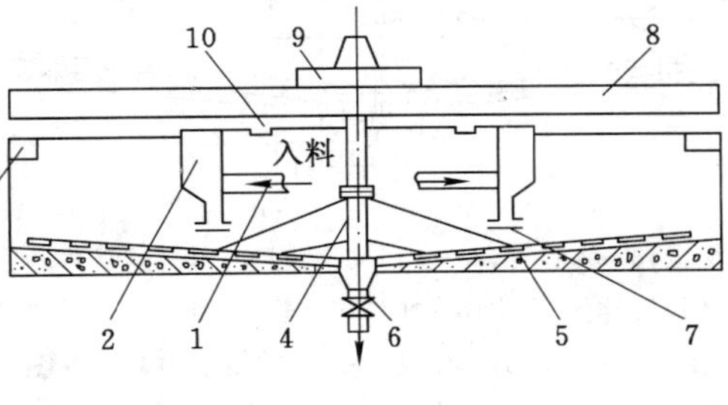

1—入料管；2—布料筒；3—溢流槽；4—传动轴；5—耙子；
6—排料管；7—缓冲环；8—横梁支架；9—传动装置；10—导流槽。

图 3-16　NZG-18 高效浓缩机结构示意图

表 3-3　NZG-18 高效浓缩机技术特征

名　　称	单　　位	规　　格
浓缩池直径	m	18
浓缩池深度	m	4.54
处理能力	$m^3/(m^2 \cdot h)$	2.5
提耙方式		中心自动提耙
耙子转速	r/min	10,8.7,8,6.7
最大提耙高度	mm	200

表 3-3(续)

名称			单位	规格
传动部	电动机	型号		$Y132M_2$-6
		功率	kW	5.5
		转速	r/min	960
	减速器			NGW-72-16

c. XGN 型高效浓缩机

XGN 型高效浓缩机采用中心传动或周边传动并装有倾斜板。XGN-20 型高效浓缩机结构见图 3-17。其工作原理为:经预处理的煤泥水给入特制的搅拌絮凝给料井,形成最佳絮凝条件,使煤泥水到达给料井下部排料口时呈最佳絮凝状态,初步呈现出固液分离,絮团从给料井下部排料口排入距溢流液面 2.5 m 深处,同时借助于水平折流板平稳向四周分散,使大部分絮团很快沉降于池底保持稳定的压缩区。当部分絮团随上升水流浮起时,由于所处位置是在絮团过滤层之下,上浮的絮团会受到絮团过滤层的过滤作用而将上浮的絮团截留在絮团过滤层。处于干扰沉降区上层的极细颗粒,随倾斜板间的层流落在倾斜板面上,形成新的絮团层并沿倾斜板向下滑落,进行第二次干扰沉降。关于倾斜板将在后面介绍。

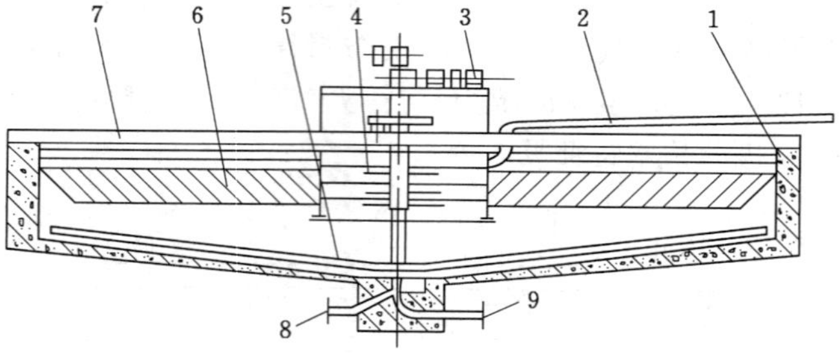

1—浓缩池;2—入料管;3—主传动;4—搅拌絮凝给料井;5—耙架;
6—倾斜板;7—钢梁;8—底流排放管;9—密封高压水胶管。

图 3-17 XGN-20 型高效浓缩机结构示意图

XGN 型高效浓缩机的主要技术特点:采用了较完善的煤泥水预处理工艺及设备。由喷雾泵计量加药,管道搅拌器搅和,缓冲桶进行脱除气泡;采用了特殊的搅拌絮凝给料井,使煤泥水在给料井中形成最佳絮凝状态并达到深层给料沿水平流沉降的目的;由于给料井的上部也有溢流,给料井就与浓缩池构成浓缩机的两个串联的条件,具有双溢流堰效应;此外,在澄清区与干扰沉降区之间设置了倾斜板,大幅度地增加了有效沉淀面积,进一步提高了处理能力和澄清水的质量;同时还实现了工况过程的调节及自动控制。在入料、溢流及底流管路上设置浓度计,以扭矩传感器电信号与浓度的改变量作为负反馈的控制变量,实现浓缩机工况过程的自动调节。耙架的过载提升采用扭矩传感器自动控制提耙。关于倾斜板型高效浓缩机将在后面详细介绍。

d. 高效浓缩机工作时应注意的事项

针对不同的煤泥组成和浓度,应采用合适的絮凝剂种类及用量,一般应先进行实验室试验。

在煤泥水进入浓缩机时不应夹带气泡，因为气泡进入浓缩区内会产生类似浮选的效果，使浓缩区的泥床受到干扰，溢流澄清度会下降。

对于下列几种情况可能不适合采用高效浓缩机：有些煤泥需加大量凝聚剂才能有一定效果，此时必须作加药剂费用与浓缩机基建费用的对比，前者小于后者才是可行的；有些厂浓缩机还有储存功能，用于各种意外情况存放煤泥水，也应采用普通型。

(4) 上吸式耙式浓缩机

一般浓缩机的底流或靠自重，或靠泵抽出，这就要求泵的入口标高必须低于浓缩机底流口标高。而一般选煤厂煤泥水处理常用的浓缩机多布置在主厂房外，有地上式、地下式和半地下式三种。

现因为浓缩机土建费用很高，约为设备费的150%；地上式价格太高，多是小浓缩型机采用（而且常因为主厂房内出口标高所限，无法设计成地上式）；地下式和半地下式的必须设地下泵房，施工难度大，泵房内工人劳动条件差。为了降低浓缩机的造价，改善工作条件，也便于施工，研究人员取消了地下泵房，采用了新的底流排放形式，即上吸式排放。

上吸式排放的特点是不设单独的地下泵房，减少土建投资，将底流泵设在浓缩机上部，具体方法有多种，现介绍其中两种。

① 在浓缩池中心柱内设垂直的底流上吸管，用底流泵上吸。内部布置与常规浓缩机相同，沉淀煤泥由耙架刮至中心柱的底流吸管口，进入中心底流管，用泵抽出，不同的是底流泵安装在浓缩机上部平台上。为防止底流口被堵，在底流管上接有高压水管。有的甚至在底流管下方接有潜水泵，即使底流泵没有吸程也能正常运行。

② 将浓缩机底部布置成W形，通过跟随旋转耙架转动的底流泵吸取环形煤泥槽中的沉淀煤泥。这种浓缩机的特点是在浓缩池中心设有筒状稳流区，煤泥水进入稳流区后，由池底向上回流，再经筒壁上的许多空洞流出稳流区，进入澄清区。这种浓缩机的耙架分为两截，设在两截上的刮板方向相反，故当耙架转动时，池底沉淀的煤泥能从两侧向中间的环形槽集中，然后被随耙架转动的垂直底流软管上吸，通过底流泵后与设在中心柱上方的回转阀相连，在回转阀前的底流管是随耙架旋转的，而回转阀的底流管是固定不动的。

由于这种刮煤泥的刮板运输距离短，仅为常规浓缩机的一半，所以底流排放速度快，适于处理能力大的机型。

但上吸式排放对底流泵要求严格，除扬程、流量、效率外，需要具有上吸和能输送高浓度物料的能力。

以卢基公司制造的浓缩机为例，其基本结构见图3-18。

近年来，浓缩机的发展方向是系列化（各种不同尺寸皆全）、大型化（直径已有200 m）、改进给料方式、研究几何形状和添加凝聚剂以提高效率。

(七) 深锥浓缩机

1. 结构及工作情况

深锥浓缩机是一种高度大于直径、上部圆筒、下部呈倒圆锥（锥角较小）形的澄清、浓缩设备，其特点是在锥体带有搅拌装置，并且圆锥部分较长。它利用在入料中加入絮凝剂和高度所产生的自然压力，获得较澄清的溢流和高浓度底流。

深锥浓缩机不但有澄清带和浓缩带，而且还有一个压缩带。它的圆锥部分充满不断被压紧和浓缩的沉淀物，由于圆筒部分高度大，可依靠沉淀物本身的压力压紧凝聚下来的物

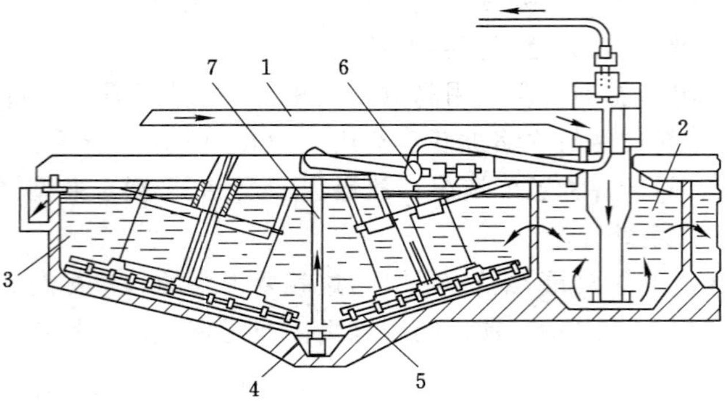

1—入料槽；2—稳流室；3—澄清部分；4—沟槽；5—耙子；6—泵；7—软管。

图 3-18 卢基公司制造的浓缩机

料，同时在沉淀过程中，凝聚物受慢速转动的搅拌器的辅助作用，将水从凝聚体内挤出，进一步提高了沉淀物的浓度。

深锥浓缩机简图如图 3-19 所示。

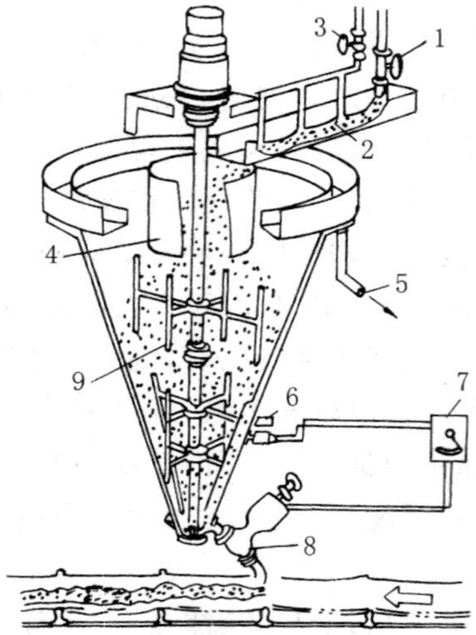

1—入料调节阀；2—给料槽；3—凝聚剂调节阀；4—稳流圈；
5—溢流管；6—测压元件；7—排料调节器；8—排料阀；9—搅拌器。

图 3-19 深锥浓缩机简图

深锥浓缩机工作过程是：煤泥水经入料调节阀给入给料槽，并在这里加入凝聚剂，借助于挡板使凝聚剂与煤浆均匀混合，然后煤浆经稳流圈流入机内。在深锥浓缩机里，由于搅拌器的轻轻搅拌，凝聚剂与煤浆充分接触，在重力作用下，固体颗粒沉淀到底部，经排料控制阀排出。为了保持深锥浓缩机稳定的工作状态，一般均设自动测量和调节装置，对入料量和排料量及凝聚剂用量进行控制。

2. 单位面积处理量

深锥浓缩机单位面积处理量与要求的底流固体含量有关。当要求的底流固体含量为

300 g/L 时，其单位面积处理量约为 8 $m^3/(m^2 \cdot h)$；当要求的底流固体含量为 500～600 g/L 时，其单位面积处理量为 3.5～4 $m^3/(m^2 \cdot h)$。

3. C-10УР 型深锥浓缩机简介

C-10УР 型深锥浓缩机比较新颖，它将煤泥水沿切向方向给入给料装置，且在装置内回转，然后均匀地分配到机内的水平断面上，固体颗粒在重力作用下沉到圆锥部分，形成沉淀层。搅拌器将凝聚的颗粒和胶合体组成的松散层破坏，加速颗粒的沉淀；这时，沉淀物之间的间隙减小了，水从上层渗出，从而增加底流固体含量。底流通过卸料装置排出；澄清水经机体上部边缘溢出，进入溢流槽。

另外，给料圆筒的上端面扣着一个罩子，罩内有一个倒圆锥，锥顶伸入给料圆筒中，这样，两者间的上边缘形成一个环形间隙。罩子侧壁的下部有孔眼。罩子固定在一根长杆上，拧动螺栓可使之上下移动，借以改变环形间隙的大小。这种给料装置能使入料沿圆筒全断面均匀分布，同时可根据凝聚的条件和物料特性控制给料速度，从而调节浓缩机的入料量。

（八）各种自然沉降设备对比

表 3-4 中列出了各种自然沉降设备的构造和性能。

表 3-4　各种自然沉降设备的构造和性能

名　称	入排料方式	主要用途	特　　点
浓缩漏斗	中心入料，周边溢流，底流用阀门靠自重排料	用于少量煤泥水浓缩、脱泥或作为给料缓冲	小型
沉淀塔	中心入料，周边溢流，底流用阀门靠自重排料	主要用于澄清循环水	体积与面积的比值大，高度大，溢流用管道自流，起到循环水定压箱的作用
角锥沉淀池	一边入料，另一端溢流，底流用阀门靠自重排料	用于煤泥分级或澄清循环水	面积大，高度小，多点排底流，溜槽汇集
斗子捞坑	中心或一侧一点入料，另侧或周边溢流，沉淀物用脱水斗子捞出	跳汰机精煤溢流回收和初步脱水，粗煤泥回收和初步脱水	精煤和粗煤泥的回收及初步脱水一并完成，脱水后产品的卸料口位置高，管理工作少
带式沉淀池	一边入料，另一端溢流，沉淀物用刮板输送机刮出	用于粗煤泥分级和初步脱水	设备高度低，粗煤泥的回收及初步脱水一并完成。卸料口位置高，管理工作少
耙式浓缩机	中心入料，周边溢流，底流用泵抽出	澄清循环水，浮选尾矿澄清	沉淀面积较大，底流物的排量和浓度较易控制，有相当的缓冲能力
深锥浓缩机	中心入料，周边溢流，底流靠机械及阀门自重排料	浮选尾矿澄清	沉淀面积小，高度大，入料加适量的絮凝剂后，可获得较清的溢流及高浓度的底流
煤泥沉淀池	一边入料，另一端溢流，沉淀物用机械或人工挖取	高灰分煤泥水澄清，事故放水、生产冒水及滴漏水回收和澄清	缓冲能力较大，占地面积大

二、自然沉降式设备工作面积的计算

（一）煤泥沉淀池的面积计算

1. 水力工作区

水力工作区由澄清水层和浑水层组成（图 3-2），$H_2=1.2\sim1.8$ m。其面积按下式计算：

$$F=\alpha\frac{Q}{v} \tag{3-11}$$

式中 F——池面积，m^2；

Q——入煤泥水量，m^3/s；

v——静水浑液面等速沉降阶段的沉降速度，m/s，由试验确定；

α——系数，取 1.3～1.4。

2. 煤泥储存区

各段所需容积按下式计算：

$$V=\frac{GP}{\delta}\frac{100}{100-M}\frac{Nn}{K} \tag{3-12}$$

式中 V——各段所需容积，m^3；

G——进入池子总煤泥量，t/h；

P——各段所沉积煤泥占总量百分数，%；

δ——煤泥真密度，t/m^3；

N——沉淀池一个循环作业的工作天数，d；

n——沉淀池每天工作小时数，h；

K——沉淀池利用系数，$K=0.8$；

M——沉淀煤泥的含水百分数，第一区取 30%～40%，第二区取 40%～50%。

（二）角锥沉淀池和斗子捞坑的面积计算

所需沉淀面积按下式计算：

$$F=\left(W+\frac{Q}{\delta}\right)\Big/q \tag{3-13}$$

式中 F——所需沉淀面积，m^2；

W——进入设备水量，m^3/h；

Q——进入设备干煤泥量，t/h；

δ——煤泥真密度，g/cm^3；

q——单位沉淀面积的处理量，$m^3/(m^2\cdot h)$。

角锥沉淀池和斗子捞坑的单位沉淀面积处理量参见表 3-5。

表 3-5 角锥沉淀池和斗子捞坑单位沉淀面积处理量

设备名称	入料情况	处理量		分级粒度/mm
		矿浆量/[$m^3/(m^2\cdot h)$]	干煤泥/[$t/(h\cdot m^2)$]	
精煤捞坑	精煤筛下水	15～20	/	0.2
煤泥捞坑	煤泥水	13～15	0.5～0.8	0.2

表 3-5(续)

设备名称	入料情况	处理量		分级粒度/mm
		矿浆量/[$m^3/(m^2 \cdot h)$]	干煤泥/[$t/(h \cdot m^2)$]	
角锥沉淀池	煤泥水	15～20	3～5	0.2
带式沉淀池	煤泥水	5	0.5	0.12

(三) 耙式浓缩机的面积计算

耙式浓缩机的面积按下式计算

$$F=\frac{Q(R_1-R_2)k}{q\varphi} \tag{3-14}$$

式中　F——所需沉淀面积，m^2；

Q——进入设备的干煤泥量，t/h；

R_1——给料煤泥水液固比；

R_2——浓缩产品煤泥的液固比($R_2=3\sim4$ 或按流程计算浓度取值)；

k——煤泥水系统的不均衡系数(取 1.35)；

φ——沉淀面积利用系数(一般取 0.9～0.95)；

q——单位面积处理量(由表 3-6 查取)，$m^3/(m^2 \cdot h)$。

表 3-6　浓缩澄清设备单位面积处理量

设备名称	入料性质	单位面积处理量	
		煤泥水 /[$m^3/(m^2 \cdot h)$]	干煤泥参考值 /[$t/(m^2 \cdot h)$]
耙式浓缩机	煤泥水	2.5～3.5	0.4～0.7
	浮选尾煤(加絮凝剂)	0.8～1.2	
高效型、斜板(管)型耙式浓缩机	煤泥水	3.6～5.0	
	浮选尾煤(加絮凝剂)	1.6～2.4	
深锥浓缩机	浮选尾煤(加絮凝剂)	3.0～5.0	0.5～1.6

当浓缩机的溢流水作澄清水循环使用时，需要澄清水的浓度很低，分级粒度在 0.05 mm 以下，停留时间较长。

沉降速度计算式如下：

$$v_t=\frac{D_1^2(\delta-\rho)g}{1.8\mu} \tag{3-15}$$

式中　D_1——沉淀煤泥颗粒粒度，cm；

δ——煤泥的真密度，g/cm^3；

ρ——水的密度，g/cm^3；

g——重力加速度，cm/s^2；

μ——黏性系数，一般水温 15 ℃时 $\mu=1.140\ 4\times10^{-2}$ g/(cm·s)。

所需的沉淀面积用下式计算：

$$F=\frac{Q}{v_{t}K} \qquad (3\text{-}16)$$

式中 Q——入料量,m^3/h;

K——有效沉淀系数,取 0.9。

三、改善自然沉降式设备工作的措施

(一) 从操作方面考虑

主要是保持煤泥水在规定的处理量范围内使得设备有稳定的流态,这包括三个方面:一是因为自然沉淀是靠颗粒本身的重力,煤泥粒度细,质量轻,受所载介质流动影响大,故应避免产生较强的涡流,方法是稳定的入料方式,避免已沉降的颗粒受入料冲击而重新悬浮;二是全宽溢流,即尽可能降低溢流流速,以免破坏溢流处的平稳流态;三是稳定底流排放量和浓度。

(二) 从构造方面考虑

在介绍各类设备时已做了说明,参见各节。

第三节 倾斜板沉淀设备

一、倾斜板沉淀设备原理和特点

倾斜板沉淀设备是一种高效率的沉淀设备,是根据浅层沉淀理论发展而来的。该设备最初由水处理行业引入,并在选煤厂得到了广泛应用,取得了明显的效果。在浓缩机、沉淀池等煤泥水浓缩、澄清设备中设置倾斜板,作为强化沉降的手段,不仅大幅增加了有效的沉淀面积,还显著改善了煤泥水中细颗粒在沉淀过程中的水力条件。

在设备中加入倾斜板如何能提高沉降效率呢?下面以试管现象来进行分析,见图 3-20。

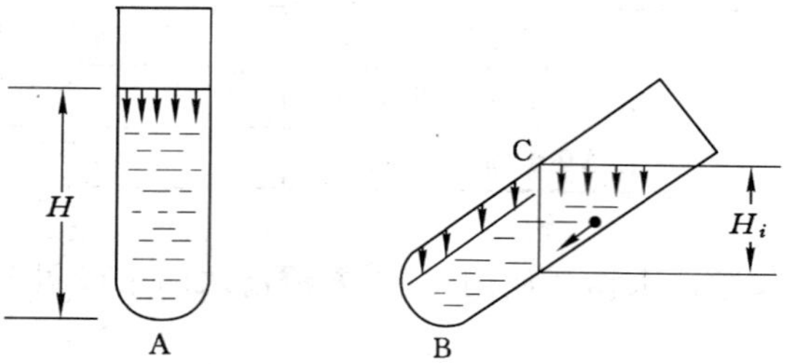

图 3-20 试管沉降示意图

在两个试管中装上同样浓度的煤泥水,其中一个倾斜一定的角度放置(B),另一个直立作对比(A)。A 状态沉淀面积仅仅是试管的断面积(圆),沉降距离为 H;而 B 状态有一倾斜角,沉淀面积变为椭圆,而且在靠近上侧管壁 C 部分的煤泥颗粒由于受重力也同时下沉,因为上侧壁距下侧壁的距离 H_i 较短,所以煤泥能较为迅速地沉淀到下侧管壁上,然后沉淀的煤泥靠自重下滑,缩短了沉降时间。所以 B 比 A 沉淀所需的时间要短。这就是倾斜沉降的基本原理。

倾斜板沉淀设备的处理量可按下面原理进行推导，参见图 3-21。

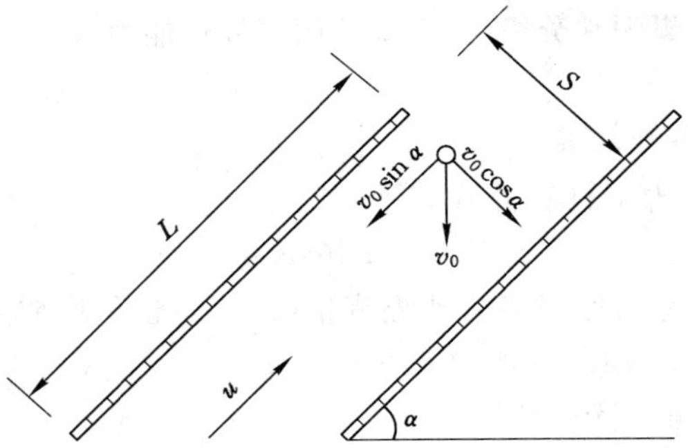

图 3-21 沉淀原理示意图

假设位于倾斜板某处的临界颗粒的自身沉降速度为 v_0，水流沿倾斜板的流速为 u，颗粒的实际运动速度应为两速度的向量和。颗粒一面向下运动，一面向下层板靠拢，其分速度是：

$$v_2 = v_0 \cos\alpha \tag{3-17}$$

颗粒沿倾斜板方向运动分速度为：

$$v_y = u - v_0 \sin\alpha \tag{3-18}$$

式中 α——倾斜板与水平面间夹角，(°)。

上层倾斜板的长度应足以使临界颗粒在沿板长度运行时间内沉降到板面上，因此应存在如下关系：

$$\frac{S}{v_0 \cos\alpha} = \frac{L}{u - v_0 \sin\alpha} \tag{3-19}$$

即

$$Su = Lv_0 \cos\alpha + Sv_0 \sin\alpha \tag{3-20}$$

式中 S——上层与下层倾斜板间垂直距离，cm；

L——上层倾斜板的长度，cm。

设沉淀槽宽度为 B(cm)，并等于倾斜板的宽度，如果上层倾斜板间的空间格数为 N，则当溢流量为 Q_o时，得

$$Q_o = NBSu \tag{3-21}$$

将式(3-20)代入上式，则得

$$Q_o = NBv_0(L\cos\alpha + S\sin\alpha) \quad (\text{mL/s}) \tag{3-22}$$

上式为按溢流体积量计算的处理量公式。当 $\alpha = 90°$时，变成垂直流工作，公式变成：

$$Q_{o1} = NBv_0 S \tag{3-23}$$

式中，NS 即为不加倾斜板的沉淀箱的表面长度，此时箱的表面积 $A_1 = NSB$，而增设倾斜板时表面积是 $A = NB(L\cos\alpha + S\sin\alpha)$，可以看出由于设置了倾斜板，沉降面积增大了 K 倍。

$$K = \frac{NB(L\cos\alpha + S\sin\alpha)}{NSB} \tag{3-24}$$

相应地溢流体积处理量也增加了 K 倍。

二、倾斜板沉淀设备的计算

倾斜板沉淀设备用于煤泥水分级，具有单位面积处理能力大[可达 50～70 $m^3/(h \cdot m^2)$]、占地面积小等优点。

（一）倾斜板沉淀设备处理能力

倾斜板沉淀槽处理能力的计算公式如下：

$$Q=\varphi NLB\cos\alpha v_{st} \tag{3-25}$$

式中 Q——倾斜板沉淀槽的处理能力即溢流量（计算时也可取矿浆给料量），m^3/h；

φ——沉淀面积利用系数，一般取 0.6～0.7；

N——沉淀槽中的倾斜板的层数；

L——倾斜板的长度，m；

B——倾斜板的宽度，m；

α——倾斜板安装倾角，(°)；

v_{st}——在所需分级粒度时，煤粒的干扰沉降速度，其计算式为：

$$v_{st}=588(\delta-1)d^2\times\left(1-\frac{1}{R\delta-1}\right) \tag{3-26}$$

（二）倾斜板沉淀槽主要参数的确定

1. 倾斜板倾角

倾斜板沉淀槽面积实际上是每层倾斜板水平投影的面积之和。倾斜板倾角 α 越小，水平投影越大，这有利于增大沉淀面积。但是为了保证沉淀后的煤泥能顺利下滑自流排出，倾斜板倾角又不能太小，因此一般取 $\alpha=50°\sim60°$，倾斜板倾角由下式计算：

$$\tan\alpha=\frac{2m}{\sqrt{4m^2+1}} \tag{3-27}$$

式中 α——倾斜板倾角，(°)；

m——倾斜板长度与间距之比，$m=\dfrac{L}{S}$；

L——倾斜板长度，mm；

S——倾斜板间距，mm。

研究表明，倾斜板倾角取决于沉淀物与倾斜板之间的滑动摩擦因数，对不同类型的倾斜板，倾斜板倾角有所不同：上升流对沉淀物滑落起阻尼作用，因此要求倾斜板倾角要大；下降流有利于沉淀物的滑落，倾斜板倾角可小些。

2. 倾斜板间距

在沉淀槽中安装倾斜板的层数 N 越多，沉淀面积越大。但两层相隔间距不宜太小，否则造成堵塞和清洗不便，给使用和维修带来困难（阻碍下滑，甚至堵塞），间距过小也影响煤泥的沉淀。两层间的垂直距离一般取 60～80 mm。

3. 倾斜板长度

虽然增加长度可以增加沉淀面积，但设备高度亦随之增加，给设备配置和操作带来不便，在实际中可按具体情况而定，一般取板长 L=1 200～1 500 mm，倾斜板长度可用下式计算：

$$L=v_1T_0=\frac{v_1S}{v_2\cos\alpha} \tag{3-28}$$

式中 L——倾斜板长度，mm；

v_1——溢流水通过倾斜板之间的速度，mm/s，$v_1=\frac{Q}{3.6F}$；

v_2——截流粒度的沉降速度，mm/s，一般取 0.14 mm/s；

T_0——截流粒度沉降时间，s；

S——倾斜板间距，mm；

F——溢流水通过的断面积，m^2。

三、几类倾斜板沉淀设备的特点及适用范围

根据流向不同，几类倾斜板沉淀设备的适用范围和特点也不同，见表 3-7。

表 3-7 倾斜板沉淀设备的适用范围和特点

类 型	特 点	适用范围	说 明
上升流	构造简单，维护方便，溢流易于排放。易下滑的粗粒沉在下部，而细粒却在倾斜板上部	浓度高、沉物量大的场合用	又称异向流，流体流出方向与颗粒沉降方向相反
下降流	倾斜板倾角小，沉淀面积利用率高，澄清水汇集困难，造价高。易下滑的粗粒在上部，细粒在下部，效果好	沉物量小、颗粒较轻的絮状物料沉淀	又称同向流，流体流出方向与颗粒沉降方向相同
横向流	便于对老设备进行改造但倾斜板支撑复杂	浓度高、沉淀物量大的场合	又称侧向流，流体流出方向与颗粒沉降方向垂直

四、ZQN 型倾斜板浓缩机

ZQN 型倾斜板浓缩机主要用于中小型选煤厂煤泥水处理，其结构见图 3-22，主要技术特征见表 3-8。

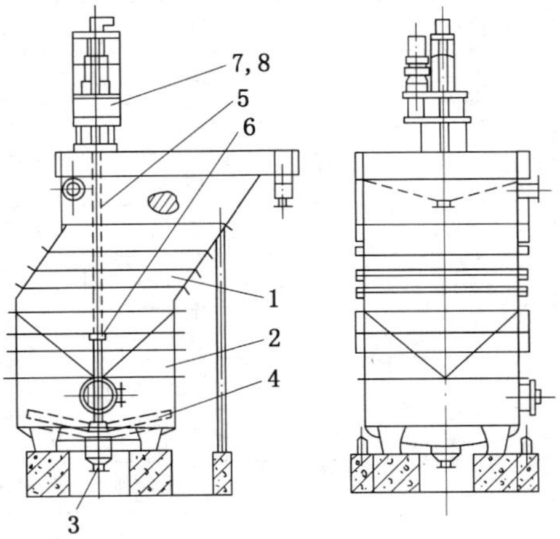

1—上部槽体；2—下部槽体；3—排料漏斗；4—耙子；5—上部轴；
6—支撑轴承；7—传动装置；8—提耙机构。
图 3-22 ZQN 型倾斜板浓缩机结构图

表 3-8　ZQN 型倾斜板浓缩机主要技术特征

名　　称	单位	ZQN150	ZQN200	ZQN300	ZQN500
沉淀面积	m^2	150	200	300	500
倾斜角度	(°)	55	55	55	55
容　　积	m^3	37	60	84	149
耙子转速	r/min	0.29	0.29	0.29	0.29
提耙速度	mm/s	26.6	26.6	26.6	26.6

ZQN 型倾斜板浓缩机与普通浓缩机的主要区别在于其固液分离的方式。在 ZQN 型倾斜板浓缩机中，煤泥水从进料箱的侧边流向倾斜板，并均匀地分布于每组倾斜板上。煤泥水通过上方设置的倾斜板进行固液分离，而澄清水则向上流动。在倾斜板的上部设有溢流槽，清液通过溢流槽排放口流出，进入溢流管道。在溢流槽内设置有控制板，以确保每个溢流槽的溢流量相同。

由于倾斜板之间的间距较小，固体颗粒只需沉降很短的距离就能落到倾斜板上，从而有效避免水流的干扰，顺利向下滑动，并进入下部槽体。在下部槽体中，煤泥继续沉淀和浓缩，最终利用带有刮刀的搅拌器的耙子将沉淀下来的固体物料排出。

ZQN 型倾斜板浓缩机的主要特点：体积小，沉淀面积大，处理能力大，占地面积仅为普通浓缩机的 1/10；采用侧边入料方式和封闭的进料道，使煤泥水均匀分布于倾斜板上，又避免了入料对澄清过程的干扰；溢流槽控制板的高度可调，使每个溢流槽的溢流量均匀；倾斜板长度大，间距小，既增大了沉淀面积，又提高了细粒物料沉淀效果；传动系统简单可靠，实现了慢速转动和自动或手动提耙，安装也方便，仅有 6 个支撑基础墩，可以安放在室内。

普通高效浓缩机加倾斜板的性能见表 3-9。

表 3-9　普通高效浓缩机加倾斜板的性能

名　　称		单位	XGN-12	XGN-20	XGN-15Z	XGN-18Z
浓缩池直径		m	12	20	15	18
浓缩池深度		m	3.6	4.4	4.4	4.4
浓缩池沉淀面积		m^2	113	314	176	254
倾斜板沉淀面积		m^2	244	1 400	800	1 200
倾斜板	垂直高度	m	1.15	1.3	1.15	1.3
	水平距离	m	0.12～0.15			
	倾斜角	(°)	50～65			
	分　布		24 等分			
	材　料		玻璃钢、工程塑料			
耙架转速		r/min	5～20			
最大提耙高度		m	0.4	0.5	0.4	0.5
处理能力(干煤泥)		t/h	30～45	45～65	30～45	40～60
总功率		kW	8.4	9.4	8.4	9.4
总质量		t	20	30	25	27

第四节　水力旋流器

一、水力旋流器的结构和工作原理

水力旋流器是一种在离心力场中进行分级和浓缩的设备。由于水力旋流器中产生的离心力通常要比重力大几十倍乃至上百倍，所以大大加快了固体颗粒在旋流器中的沉降速度，使得沉降分离能够在瞬间完成。因此，水力旋流器在选煤厂中被广泛应用于煤泥水的分级、浓缩环节。随着新型高分子和复合耐磨材料的采用，新型旋流器具有结构简单、质量轻、耐磨、耐腐蚀、不老化、寿命长等优点，正在煤泥水处理中发挥越来越大的作用。

水力旋流器构造简单，本身无运动部件，图 3-23 为一种最常见的水力旋流器。旋流器上部为一空心圆柱体，下部为一空心圆锥体，内部设有溢流管，圆锥体下部是一可更换的底流口。煤泥水在一定压力下由给料口以切线(也有采取摆线、渐开线等方式)方向给入，绕中心轴做螺旋形旋转运动，从而产生惯性离心力，使旋流器中心产生一个空气柱。由于离心力的作用，煤粒在径向产生相对运动，粗粒集中在外沿，并沿锥壁向下从底流口排出；而大部分液体及一部分细粒则由上部溢流口排出。

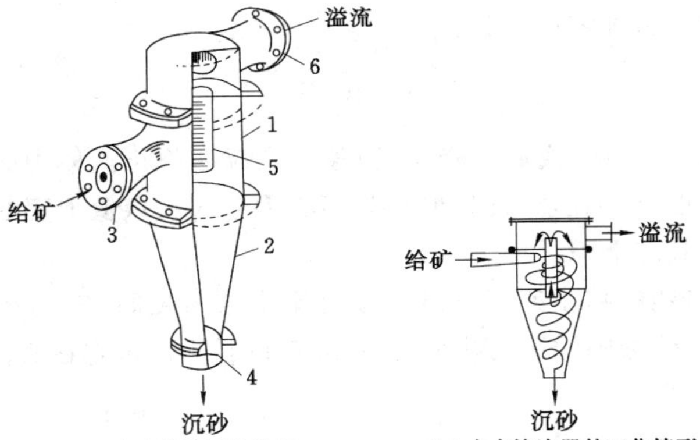

(a) 水力旋流器构造图　　(b) 水力旋流器的工作情形

1—圆柱体；2—锥体；3—给矿管；4—沉砂口；5—溢流管；6—溢流管口。

图 3-23　水力旋流器的结构

由于物料在旋流器中所受离心力大大高于重力，且作用方向垂直于旋转轴向(径向)，略去重力的作用，研究颗粒在旋流器中的运动情况(注：按一般垂直布置方式，这样可以使推导更加简单明了)。

在径向上作用于颗粒上的力有离心力 C 和阻力 R。颗粒所受离心力为(设颗粒为球形)：

$$C=m\frac{v_{\tau}^{2}}{r}=\frac{\pi d^{3}}{6}(\rho_{s}-\rho)\omega^{2}r \tag{3-29}$$

式中　m——圆球颗粒在流体中的有效质量，g，$m=\frac{\pi d^{3}}{6}(\rho_{s}-\rho)$；

ρ_{s}——颗粒密度，g/cm^3；

ρ——水的密度，g/cm^3；

d——圆球颗粒的直径，cm；

v_τ——颗粒在离心力场中某一点的切向速度，cm/s；

ω——颗粒及液体的旋转角速度，1/s；

r——旋转半径，cm。

假设为层流状态，颗粒所受阻力为：

$$R=3\pi\mu d u_p$$

式中 u_p——颗粒在运动流体中的相对速度(在旋流器中即为径向速度)，cm/s；

μ——流体动力黏度，Pa·s。

当达到等速时，离心力与阻力平衡：

$$\frac{\pi d^3}{6}(\rho_s-\rho)\omega^2 r=3\pi\mu d u_p \tag{3-30}$$

由此可求出颗粒的径向速度：

$$u_p=\frac{d^2(\rho_s-\rho)\omega^2 r}{18\mu} \tag{3-31}$$

从上式可以看出，颗粒的径向速度与离心加速度成正比，同一颗粒在同一流体的不同位置上，径向速度是不同的，它随着旋转半径的增大而增大。

上式两边同乘以重力加速度得到：

$$u_p=v_0\frac{a}{g} \tag{3-32}$$

很明显，颗粒的径向速度(离心沉降速度)等于颗粒在静止流体中的沉降速度乘以离心加速度 a 与重力加速度 g 的比值，此比值称为离心因数。在数值上离心沉降速度是重力场中沉降速度与离心因数的乘积。

研究表明：当固体颗粒越小或其密度越接近于煤浆密度时，它的运动轨迹与液流越接近，极细粒子在水力旋流器中的运动几乎与液体质点相同，使得它在底流和溢流之间的分配比例与液体相近。

二、水力旋流器的理论压头

前面提到旋流器正常分级(选)必须有一定的入料速度，它是靠入料压力来实现的，水力旋流器的入料压力(压头)直接影响着分级效率、压头损失和给料泵功率等。与此相应的压头：

$$H=\frac{v_i^{2n}}{2\rho_0 g}\times\left(\frac{D}{D_o}\right)^{2n}-1 \tag{3-33}$$

式中 ρ_0——煤泥水密度，cm；

v_i——入料的切向速度，cm/s；

D_o——溢流口直径，cm；

D——旋流器直径，cm；

n——指数，旋流器工作条件不同，n 值也有所不同，同一旋流器不同断面处也略有差异，一般取 0.5～0.83(由于 n 值小于 1，所以旋流器中回转属半自由涡流运动)。

上式即为入料压头与入料速度的关系，但由于存在运动阻力和压头损失，实际压头应大于计算值。

压头损失理论上计算困难，现在介绍一个经验公式：

$$\Delta H=\frac{CW^2}{1.8D_iD_o} \tag{3-34}$$

式中　ΔH——压头损失，m；

W——入料量，m^3/h；

D_i——入料口当量直径，m；

D_o——溢流口直径，m；

C——系数，与旋流器锥角有关，当 $\theta=20°$时，$C=4.6\times10^{-5}$。

三、水力旋流器的处理量和分级粒度与其他参数的关系

（一）水力旋流器的处理量

水力旋流器的处理量和效果与入料压力、浓度、粒度等因素有关，可以用下式计算：

$$Q=KDD_o\sqrt{gh} \tag{3-35}$$

式中　Q——水力旋流器的处理能力，L/min；

D——水力旋流器的直径，cm；

D_o——水力旋流器溢流口直径，cm；

g——重力加速度，m/s^2；

h——入口压力，kgf/cm^2；

K——与给料管直径 D_f 和旋流器直径 D 的比值有关的系数，见表 3-10。

表 3-10　K 系数表

D_f/D	0.1	0.15	0.2	0.25	0.3
K	0.68	0.78	0.98	1.22	1.56

（二）水力旋流器的分级粒度

水力旋流器的分级粒度根据不同定义，有不同计算方法，这里仅仅给出按水力旋流器溢流中最大粒度（d_{95}）计算分级粒度的公式，即

$$d_{95}=1.5\frac{DD_o\beta_u}{D_uK_dp_0(\rho_s-\rho)} \tag{3-36}$$

式中　d_{95}——溢流中最大粒度，μm；

β_u——入料中固体含量，%；

D_o——溢流口直径，cm；

D_u——底流口直径，cm；

p_0——入口处压力，MPa；

K_d——旋流器直径修正系数（$K_d=0.8+\frac{1.2}{1+0.1D}$），$D$ 为旋流器直径，cm；

ρ_s，ρ——矿浆中固体和水的密度，kg/cm^3。

有关这方面详细论述和其他计算方法请参见有关资料，这里就不详述了。

（三）处理量和分级粒度与其他参数的关系

从式(3-35)可以得出：当旋流器直径增加，其处理量按 D 倍增加，矿浆向心流速减小，

而由于分级粒度 $d \propto D$，则粒度变粗，所以一般进行粗粒分级时多采用大直径旋流器，细粒分级时多采用小直径旋流器，它可以获得大旋流器得不到的细溢流，特别是在细粒级含量较多的场合。但是小直径旋流器容易堵塞，而大直径旋流器使用简单。一般认为，在可以获得相同工艺指标情况下，应该优先选用大直径旋流器。

增加溢流口直径可以使处理量增加，但同时也增加了分级粒度（溢流粒度变粗），分级效率亦有所下降。当需要降低分级粒度时可以采用较小的溢流口直径。

入料口直径（如为矩形断面，按当量圆直径计）变化对处理量影响较大（两者呈正比关系），但入料口直径过大会使入料流速下降，反而有不利影响。入料口直径变化对质量影响较小。

底流口直径增加使底流流量增加，浓度下降，因底流量较入料量小得多，故对处理量影响不大。它与溢流口直径的比值（这是一个重要参数）的改变可以改变底流与溢流的分配比例，可以在一定范围内调节旋流器的分级粒度。

锥角的大小影响矿浆向下流的阻力和分级自由面的高度。一般用作细粒分级或脱水时采用小锥角 10°～15°；而用作粗分级和浓缩时采用大锥角 20°～140°。

柱段高度 H_w 对处理量影响不大，但对分级粒度和分级效率有影响，增加柱段高度可使分级粒度变细。

溢流管插入深度的提高可以使分级粒度变粗，一般接近于柱段高度为宜。

空气柱直径＝（0.6～0.7）×溢流管直径（主要取决于溢流管直径）。

部分水力旋流器的处理能力见表 3-11。

表 3-11　水力旋流器的处理能力

旋流器直径/mm	溢流口直径/mm	处理能力/(m^3/h)			
		入料压力/(kgf/cm^2)			
		0.5	1.0	1.5	2.0
250	50	15	21	26	30
250	62	19	26	32	37
300	62	25	35	42	50
350	75	30	42	52	60
500	110	50	71	80	100

四、影响水力旋流器的主要因素及选择

（一）结构参数的选择

旋流器结构参数主要包括旋流器直径 D、入料口直径 D_f、溢流口直径 D_o、底流口直径 D_u、锥角 α、柱段高度 H_w 和溢流管插入深度 H_o 等。

旋流器直径 D：根据实际所需生产能力和要求的分级粒度（或底流浓度）而定。在作分级旋流器使用时，常用方法是处理能力大而分级粒度粗时，采用大直径旋流器；反之，采用小直径旋流器；而当需要处理量大而要求的分级粒度又细时，应采用小旋流器组。

其他几个参数一般按下面选取：$D_o=(0.1\sim0.3)D$；$D_f=(0.08\sim0.25)D$；$D_u=(0.15\sim0.6)D$；$\alpha=10°\sim40°$；$H_w=(0.6\sim1)D$；溢流口与底流口的比值取 2～3。

（二）操作参数的选择

操作参数主要包括入料压力、入料煤泥粒度组成、入料浓度等。

入料压力是影响旋流器处理能力的重要参数，对分级效率和分级粒度都有一定影响。提高入料压力使入料矿浆流速增加，减小黏度影响，提高分级效果，底流浓度亦有所提高。缺点是磨损加大，故多在分级粒度要求较细时才采用较高压力。一般情况下，生产中均采用低于一个大气压的压力工作。如果要求处理的煤泥水细粒含量很大，要求分级粒度又细时应采用小旋流器组在较高的压力下工作。

入料浓度对分级效率影响较大，浓度高会使旋流器工作效果明显变坏（颗粒间干扰加剧，黏度增加），如要求分级粒度细或分级效率高应采用低浓度入料。

入料煤泥粒度组成影响着产品的浓度，主要是溢流的浓度。

入料浓度和入料煤泥粒度组成的稳定是获得良好技术指标的保证，所以应尽量减少这两者的波动。

五、几种其他形式的水力旋流器

水力旋流器有许多不同的形式，各种设计各具特色，以满足不同应用需求。下面介绍几种极有特色的水力旋流器。

（一）无堵塞水力旋流器

在分级黏性物料时，由于底流浓度过高会使底流排出困难。无堵塞水力旋流器由一个卧式旋流器加上一个装在旋流器里的变速螺旋输送器组成，它将浓缩底流强制排出，空气可由螺旋输送器的空心轴进入旋流器内，且螺旋输送机转速可调（图 3-24）。

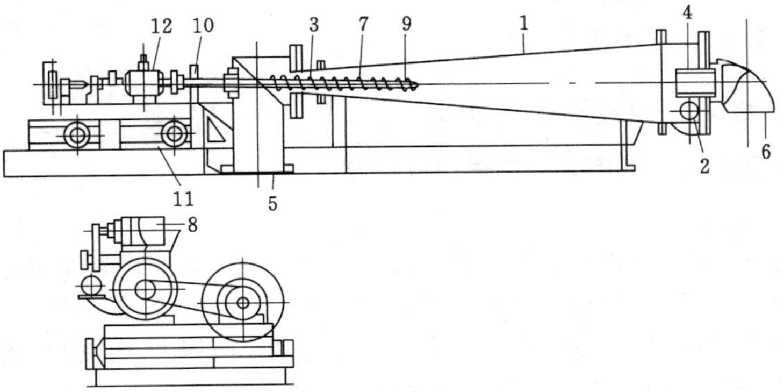

1—主体；2—给矿口；3—排砂口；4—溢流口；5—沉砂排出管；6—溢流排出管；
7—排料螺旋；8—变速电机；9—中空轴；10—旋转接头；11—支架；12—扭矩计。

图 3-24　水平放置的无堵塞水力旋流器

（二）负压水力旋流器

负压水力旋流器（图 3-25）特点是在筒体内部中心线附近形成一部分负压。

从图中可以看出，溢流管的延长部分即导流管采用水封设计，转变成虹吸管，以在旋流器筒体中心线附近形成负压。在底流口处安有鱼尾状调节器，调节器上装有单向阀。

该旋流器的工作情况是煤浆进入旋流器后，与其他旋流器相似，细粒聚集于内旋流向上流动；粗粒经外旋流向下进入底流口的鱼尾状调节器中，当沉淀颗粒的自重克服封闭调节器负压时，即从底流口外排。此时沉积的粗粒使底流口中心线附近无法与大气相通。

负压水力旋流器的优点是指标较稳定，底流浓度高。

（三）筛网水力旋流器

筛网水力旋流器（图 3-26）又称旋流细筛，是水力旋流器与弧形筛结合的一种细粒分级设备，它有着两者的优点，即利用弧形筛分级原理除去难筛的中间粒级，再利用旋流器锥体分级作用分离细粒和粗粒。

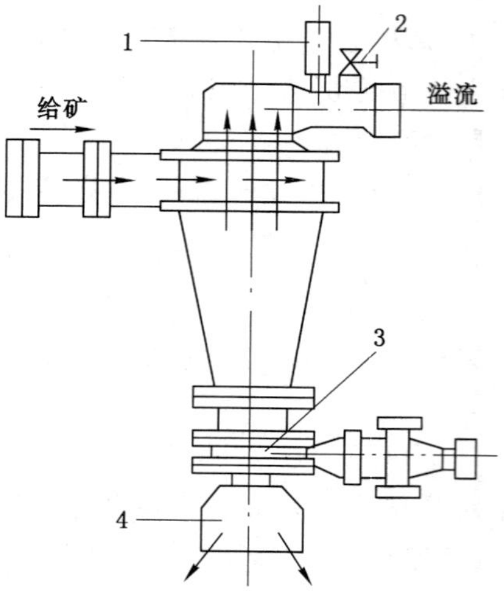

1—真空表；2—虹吸强度调节装置；3—单向阀；4—鱼尾状调节器。

图 3-25 负压水力旋流器

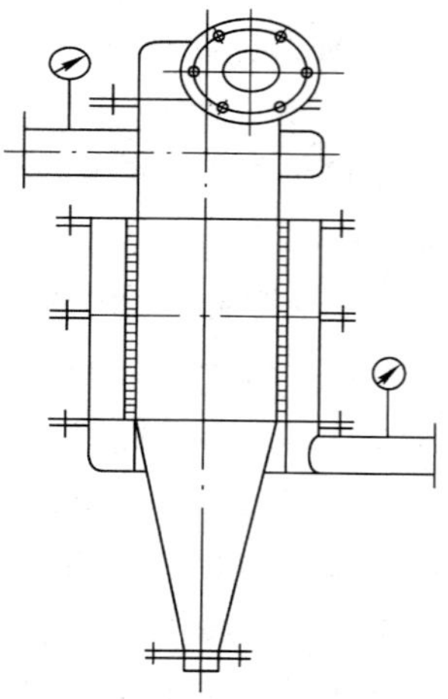

图 3-26 筛网水力旋流器

该设备处理量大，分级粒度细；但影响因素较多，操作较复杂。

六、水力旋流器的布置方式与使用调节方法

（一）给料方式的选择

（1）定压方式：即利用高差让煤泥水自动流入旋流器。该方式节省动力，但需要有较大的高差才能保持入料压力，所以需要较高的厂房高度。

（2）泵入料方式：是目前最常用的方式。该方式占地面积小，管路短，便于维修；但要消耗一定的动力，泵磨损较快，而且煤泥经过泵打也增加了粉碎。

（二）配置

多与其他设备联合组成系统，用于浓缩、分级，为后续作业提供保障。如浮选前分级除去粗粒，减少损失；煤泥筛前作为预浓缩手段，为其提供最佳入料条件；磁铁矿的浓缩和分级，为重介分选和稀介质的回收提供保证。

（三）安装注意事项

水力旋流器多为立式安装，成组配置。如果将底流口直接接到管道上，会使空气柱与大气不能顺利相通，会破坏空气柱的形状，使旋流器内流态不正常，应尽量避免这种情况。溢流管的排料也应通畅。

当采用大直径旋流器时应倾斜安装，减小溢流口与底流口的高差，因为当两者高差较大时，会使底溢流量的比例发生变化，对旋流器工作不利。

当采用小直径旋流器组时，必须设有控制入料粒度上限的措施，否则旋流器极易堵塞，无法正常工作。

（四）底流状态

在正常工作情况下旋流器底流应呈伞状喷出，伞中心有一空气孔，空气在向上流动时带动内层矿浆由溢流管排出。当作浓缩旋流器时，底流可呈绳索状，此时底流浓度高；当作脱水用时，底流可呈大角度伞形，底流浓度低。

（五）旋流器工作状态的调节

影响旋流器工作状态的因素很多，前面已经详细叙述。但是在生产中一些因素是不易调整的，如溢流口、入料口等；一些因素是几乎无法调整的，如入料的粒度组成等；一些因素是可以随时调节的。在实际生产中常用的调节手段有：

（1）采用变频调速器调节给料泵的转速，改变入料量。

（2）更换底流口。现设计的底流口多可以快速更换，有的甚至采用气动调节方式。

（3）从工艺流程中的前面工序入手，改变入料浓度。

现耐磨材料已有多种选择，有聚氨酯、氯丁橡胶、碳化硅、镍铬合金、白口铸铁及铸石等，除底流口仍需时常更换外，其他部件已能数年不换。

第五节　气浮法净化煤泥水

一、气浮法净水的原理和方法

（一）气浮法净水的原理

气浮法净水是通过在水中通入或产生大量微小气泡来实现的。这些高度分散的微小气泡作为载体，能够黏附水中的污染物。气泡与杂质絮粒黏附后，形成的整体密度低于水的密度，从而在浮力的作用下上浮至水面，随后被去除，实现固液分离。气浮法主要用于分离疏水性微细固体悬浮物以及乳化油。

气浮法作为净水的一种手段已在许多行业应用，实践证明气浮法对分离密度近似于水的微细悬浮颗粒、油类、纤维等非常有效。因为当水中欲分离的悬浮物料密度接近于水时，上浮和下沉都很难。如果用沉降法处理，分离时间会很长，而且还有相当数量的微细粒残留于水中。而采用气浮法时，高度分散的微小气泡黏附于欲分离的悬浮物上，形成气絮团，大大降低了悬浮物的视密度，造成整体密度小于水（空气密度仅为水密度的 1/775），使悬浮物的上浮速度远远超过原来的沉降速度，大大缩短了分离时间，达到净化水的目的。

（二）气浮法净水与浮选的区别

在水中添加某些药剂可以选择性地强化污染物的疏水性，从而使其能够附着在气泡上并随之浮起以便被除去，这种方法称为浮选，是目前选煤及选矿中常用的分选细粒矿物的方法之一。

但是气浮法与浮选有较大区别，主要表现在以下三个方面。

（1）要求不同：浮选要求气泡直径较大（1 mm 左右），可采用较简单的布气装置；而气浮法必须制成 0.1 mm 以下的气泡才有用，以溶气法产生气泡为主。

（2）方式不同：浮选是以大气泡为核心，去黏附众多颗粒；而气浮法是以絮粒为核心，以无数气泡黏附于它。

(3) 对象不同：浮选是分选有用矿物的固固分离方法；而气浮法是水处理中的一种固液分离方法。

(三) 气浮法净水的过程

所谓气浮法是一个产生气泡、形成絮团、絮团与水分离的过程，下面简述其工艺过程。

1. 气泡的形成

水中通入空气或减压释放水中溶解的空气都会产生气泡，所形成气泡的大小和强度取决于释放空气时的各种条件和水表面张力的大小。

研究结果表明，欲获得稳定的气泡，应有足够牢固的气泡膜(因为气泡半径越小，泡内所受压强越大，空气分子对气泡膜碰撞也越强烈)；如能降低表面张力系数，气泡半径可进一步缩小。气泡越小，则浮速越低，对水体搅动越小，同体积空气所形成的气泡数也越多，与颗粒碰撞机会也就越多。

2. 絮团的形成

由于颗粒间的架桥与吸附双重作用，颗粒与气泡桥接成疏松、含水率高的絮团状结构。

3. 絮团的上浮

黏附了气泡的絮团在水中上浮时，受到重力 G、浮力 F 和阻力 R 的影响，而絮团的最终沉降行为取决于这三个力合力的大小与方向，见图 3-27。

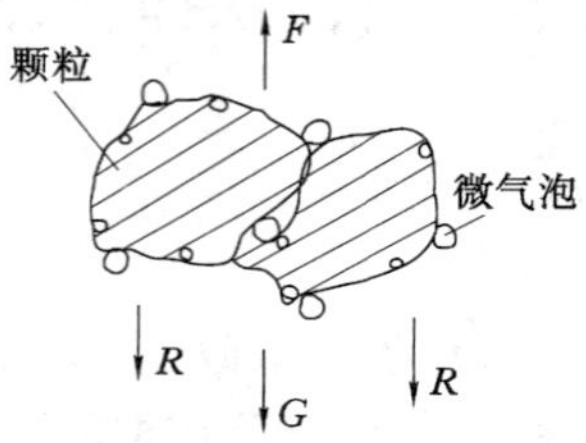

图 3-27　絮团受力分析

从图 3-27 可知，絮团的上浮速度可从牛顿第二定理导出：

$$m\frac{\mathrm{d}u}{\mathrm{d}t}=F-G-R \tag{3-37}$$

式中　m——絮团的质量，g；

u——絮团的上浮速度，cm/s；

t——时间，s。

而其中所受的力可用下面三个式子来表示：

重力：
$$G=\rho_x gV \tag{3-38}$$

浮力：
$$F=\rho gV \tag{3-39}$$

阻力：
$$R=\frac{CA\rho u^2}{2} \tag{3-40}$$

式中　ρ_x——絮团密度，g/cm^3；

ρ——水的密度，g/cm^3；

g——重力加速度，cm/s^2；

V——絮团体积，cm^3；

C——阻力系数，设絮团为球形，直径为 d，此时 C 约为 0.4；

A——在水流方向絮团的投影面积，cm^2。

将式(3-38)、式(3-39)、式(3-40)代入式(3-37)中，可以得到

$$m\frac{\mathrm{d}u}{\mathrm{d}t}=\rho gV-\rho_x gV-\frac{CA\rho u^2}{2} \tag{3-41}$$

在开始的一瞬间之后，絮团即以匀速运动上升，加速度为零，可以从上式解出 u 值：

$$u^2=\frac{2g(\rho-\rho_x)}{C\rho}\frac{V}{A} \tag{3-42}$$

设絮团为球形，直径为 d，此时 C 约为 0.4，在不同 Re 范围内，可分别根据斯托克斯公式、阿连公式和牛顿-雷廷智公式求解。从式(3-42)可见，三相絮团的分离速度 u 取决于水和絮团的密度差以及当量直径。

若絮团能够黏附足够多的微气泡，使密度差加大，三相絮团上浮得更快。加压溶气气浮法就是利用上述原理实现固液分离和水净化的。

（四）气泡与颗粒的黏附方式

在水体中，气泡与颗粒的黏附方式分为以下三种类型。

(1) 颗粒黏附在气泡上：这种黏附气泡尺寸较大，在导入气相的同时，必须进行充分搅拌，增加两者的黏附概率。另外颗粒应有较弱的疏水性，才能增强与气泡的黏着力。

(2) 微泡黏附在颗粒上：已溶气体在溶液突然减压时大量析出，黏附在悬浮颗粒表面上。

(3) 微泡黏附于絮凝体内：这是由絮凝体的网捕、包卷和架桥作用所致。

（五）气浮法的分类

按气泡产生方法不同，将气浮法分为充气气浮、电解气浮、生物气浮、化学气浮及溶气气浮五类。

(1) 充气气浮：该方法主要通过使用多孔材料制成的布气装置直接向气浮池中通入压缩空气，或借助水泵吸入管吸入空气，也可采用水-气喷射器等向水中充气。形成的气泡直径约为 1 mm。

(2) 电解气浮：当水电解及有机物电解氧化时，在电极上会有气体析出，借助于电极析出的微小气泡黏附疏水性杂质微粒，达到固液分离的目的。电解产生的气泡很小，氢气泡直径为 0.01～0.03 mm，氧气泡直径为 0.02～0.06 mm。

(3) 生物气浮：生物气浮是依靠微生物在新陈代谢过程中所放出的气体与水黏附后上浮的。

(4) 化学气浮：化学气浮是在水中加入化学药剂，利用化学反应产生气体，从而实现固液分离的方法。

生物及化学气浮两种方法易受各种条件限制，可靠性差。

(5) 溶气气浮：该方法的原理是将空气在一定压力下溶解于水中，使水处于过饱和状态。当压力突然降低时，溶解在水中的空气会迅速以微小气泡的形式析出。这些气泡会与水中的污染物或悬浮物相结合，使其浮起，从而实现固液分离。这种方法产生的气泡直径约为 0.08 mm，并且可以人为控制气泡与水的接触时间，使净水效果更好。

根据气泡从水中析出时所处的压力不同，溶气气浮又可分为两种：一是溶气真空气浮——空气在常压或加压下溶于水，而在负压下析出，其缺点是气浮池构造复杂，运行维护

较困难，实际应用不广；二是加压溶气气浮——在加压下溶于水而在常压下析出，这种方式易于实现，效果较好，应用较广，下面重点加以介绍。

（六）加压溶气气浮法特点及流程

1. 加压溶气气浮法的特点

加压溶气气浮法简称气浮法(DAF)，是目前应用比较广泛的一种，它的特点如下：

(1) 在加压情况下，空气溶解度大，供气浮的气泡数量可以满足要求，确保了气浮效果。

(2) 溶入水中的气体骤然减压释放，产生的气泡尺寸小，粒度均匀，密集度大，而且上浮稳定，对液体搅动小，较适于细微颗粒的固液分离。

(3) 工艺过程及设备简单，维修管理方便。其中，部分回流式效果稳定，耗能少。

2. 加压溶气气浮法的基本流程

加压溶气气浮分三种基本流程，即全部入料水加压、部分入料水加压和部分净水回流加压。

(1) 全部入料水加压流程

全部入料水加压流程如图 3-28 所示。全部入料水由泵加压至 3～4 atm(1 atm＝1.013×10^5 Pa)，并在压力管上通入一定量的压缩空气后，水气混合物进入溶气罐，并继续在压力条件下停留一段时间进行气水混合和溶解，然后通过减压阀进入常压气浮池进行气浮。以上是常规流程，由于受动力消耗的限制，溶气压力不能太高，故该流程有气体饱和度偏低和气泡大小不均的缺点。

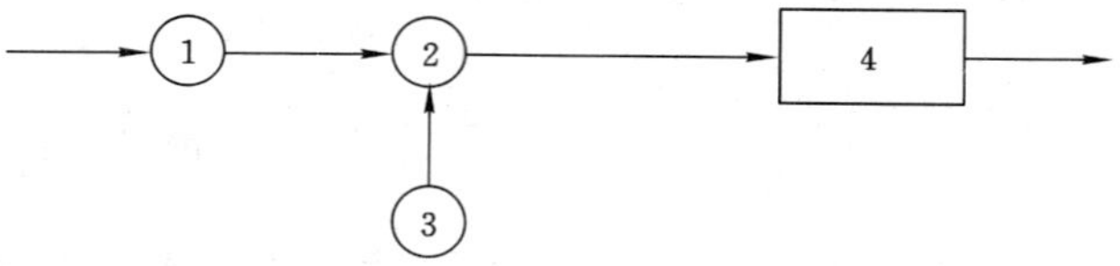

1—进水泵；2—溶气罐；3—空压机；4—气浮池。

图 3-28　全部入料水加压流程

(2) 部分入料水加压和部分净水回流加压流程

在部分入料水加压和部分净水回流加压流程中，由于用于加压溶气的水量一般只占总水量的 30%～50%和 10%～20%，这样在电耗相同情况下，溶气压力可大大提高，因而形成的气泡分散度更高、更均匀。

部分入料水加压流程见图 3-29。

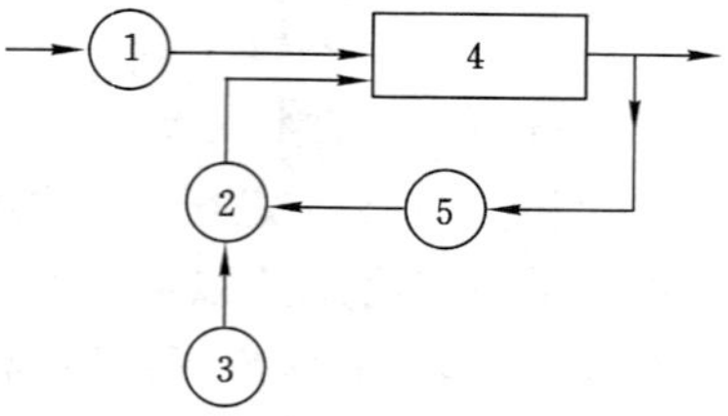

1—进水泵；2—溶气罐；3—空压机；4—气浮池；5—溶气水加压泵。

图 3-29　部分入料水加压流程

（七）主要影响因素

气浮法影响因素较多，主要有以下几方面：

(1) 微气泡的大小、数量、质量和稳定性是气浮法的关键，必须有合适的释放阀。

(2) 入料浓度直接影响净化水浓度，入料浓度增加，净化水浓度也增加，单位处理能力也有所降低。

(3) 入料粒度影响。气浮法比较适合处理细粒煤泥水。

(4) 合适的药剂用量。

二、气浮法净水的系统设备及基本参数

（一）主要设备

气浮法净水的主要设备分为三个主要系统：压力溶气系统（加压泵、溶气罐、空压机等），溶气释放系统（减压阀等），气浮分离系统（气浮池等），下面分别加以介绍。

1. 压力溶气系统

溶气过程是指水-气体系中发生的气体传递过程。气体与液体接触时，气体溶解在液体中，两相经过长时间的接触后，溶解度趋于极限值，达到平衡。溶于液体的气体作为溶质必然产生一定分压，分压大小表示该溶质返回气相的能力大小，当溶质产生的分压与气相中该组分的分压相等时，溶解过程中止。所以，决定气体溶于液体中程度的关键在于该气体分压的大小，只要其分压大于它在溶液中产生的分压，气体传递过程就会继续。

该系统常用设备有：

空压机——用于供气，可以使泵的压力损失减少，供气稳定，效率高；也有采用高压泵而取消空压机的。

加压泵——用于输送入料水和对水气混合加压，让加压空气按亨利定律溶于水中。

溶气罐——为一密封钢罐，为防止短路使水气充分接触，罐内设隔板若干；罐顶设排气阀，起自动稳压作用；罐底设放空阀，用于放空。

2. 溶气释放系统

溶气释放系统用来控制出罐后微泡的直径、数量及稳定时间。对释放减压装置的要求是无论压力高低都能释气完全；溶气释放在瞬间完成；释放气泡微小、均匀、稳定；供气及时。

3. 气浮分离系统

气浮分离系统主要是气浮池，具有多种布置形式和排渣方法。

(1) 气浮池的布置形式及特点

平流式气浮池（图 3-30）：采用较多的一种，优点是池浅，造价低，构造简单，管理方便。但占地多，配套困难，容积利用率不高。

竖流式气浮池（图 3-31）：占地小，固、液上浮分离在水流上分配合理。但池身高，造价高，容积利用率低，水流衔接较困难。

气浮-反应一体式气浮池（图 3-32）：能满足后续处理构筑物高程要求，节约占地面积。有涡流反应和孔室旋流反应几种不同形式。

气浮-沉淀一体式气浮池（图 3-33）：采用高效同向斜流管，先除去易沉物，再用气浮法。结构紧凑，占地小，去除率高。

(2) 排渣方式及设备选择

排渣方式分溢渣和刮渣两种，前者靠池水位升高或浮渣积聚后渣面升高而将渣溢出，可

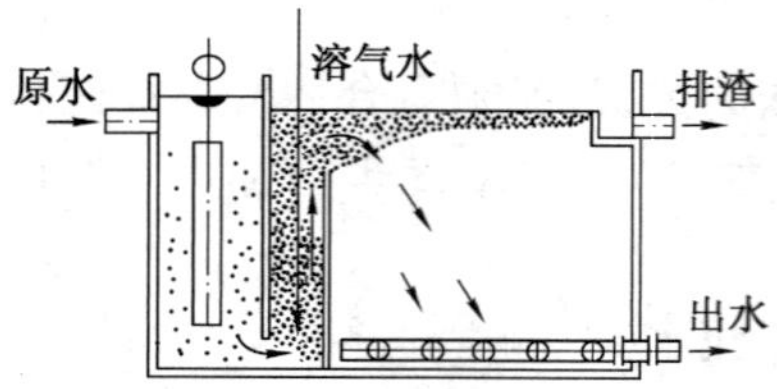

图 3-30 平流式气浮池

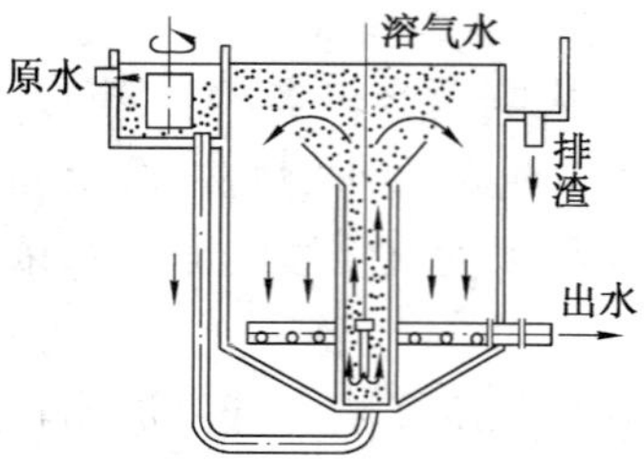

图 3-31 竖流式气浮池

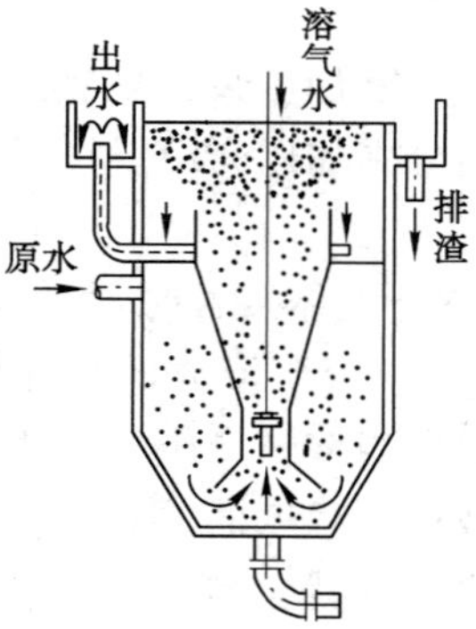

图 3-32 气浮-反应一体式气浮池

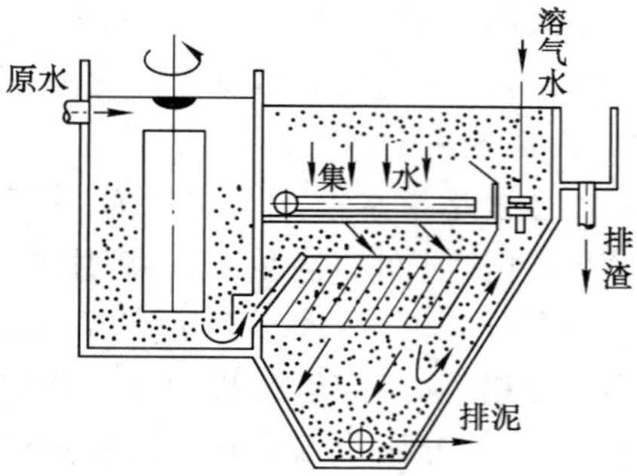

图 3-33 气浮-沉淀一体式气浮池

连续或间断。优点是对浮渣层干扰小，出水水质受排渣影响小。但缺点是溢渣浓度低，水量流失大，对浮渣量大的情况不适用。后者利用机械手段进行定期刮渣，优缺点与前者相反。

由于刮渣失水少，可灵活改变刮渣次数，操作简便，所以现多采用。

（二）基本参数

1. 微泡的直径

在气浮过程中需要形成大量微细而均匀的气泡作为载体，因此气浮效果的好坏很大程度上取决于空气在水中的溶解度，以及气泡的分离程度和稳定性。实践证明，气泡量越大，分散度越高，与固体颗粒黏附的机会也越多。

气泡的数量、大小及均匀性直接与溶气压力有关。压力越高，空气在水中的溶解度也越大，气泡分散度越高，也越均匀。空气在水中的溶解度还与时间有关，时间越长，溶解度越大。

从水中析出的微泡大小可由下式计算：

$$d=\frac{2\sigma}{p_1-p_2} \tag{3-43}$$

式中 d——微泡的最小直径，cm；

σ——气泡表面张力，dyn/cm；

p_1-p_2——气浮时降压前后的压力差，dyn/cm^2。

2. 所需空气量

所需的空气量按下式计算：

$$Q_g=Qa\Psi \tag{3-44}$$

式中　Q——计算处理废水量，m^3/h；

Ψ——水温校正系数，通常取 1.1～1.3；

a——某溶气压力下的空气溶解度，L/m^3，$a=(1.2\sim1.25)K_T p$；

p——空气所受的绝对压力，mmHg；

K_T——溶解系数，随温度变化，见表 3-12。

表 3-12　不同温度下的 K_T 值

温度/℃	1	10	20	30	40	50
K_T值	0.038	0.029	0.024	0.021	0.018	0.016

3. 溶气罐的直径和高度

溶气罐的作用是在一定压力下进行气水混合，使溶解空气达到饱和状态。一般采用圆柱体，直径可按过流密度 L 来确定，其计算式如下：

$$D=\sqrt{\frac{4Q}{\pi L}} \tag{3-45}$$

式中　Q——计算处理废水量，m^3/h；

L——过流密度，$m^3/(m^2\cdot h)$，一般空罐取 40～60 $m^3/(m^2\cdot h)$；填料罐选 60～160 $m^3/(m^2\cdot h)$。

溶气罐的高度可取直径的 3～4 倍。

4. 气浮池计算

以较简单的平流式为例，参见图 3-34。

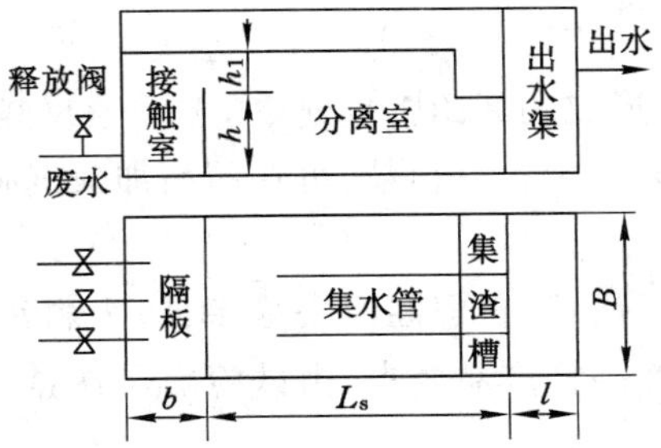

图 3-34　平流式气浮池

(1) 接触室：在室内气泡与絮团实现接触和捕捉。其表面积为 A_c，计算式如下：

$$A_c=\frac{Q}{v_c} \tag{3-46}$$

式中　v_c——接触室水流上升速度，m/h，一般取 15～20 mm/s 为宜。

一般接触室可按停留时间大于 60 s 考虑。

(2) 分离室：使带气絮团与水分离，并上浮至水面。其表面积为 A_s，计算式如下：

$$A_s=\frac{Q}{v_s} \tag{3-47}$$

式中　v_s——分离速度(分离室向下平均流速)，m/h，一般取 1～3 mm/s 为宜。

(3) 长、宽尺寸：对矩形池分离室长宽比一般取 1.5～3。

出水渠宽度与气浮室宽度相等，长度一般为接触室宽度的 2～3 倍。

(4) 气浮室净容积 V，计算式如下：

$$V=(A_c+A_s)H \tag{3-48}$$

式中　H——平均水深，m。

H 值可按气絮团在池中的停留时间 t 进行校核（t＝15～30 min），或按池的表面负荷 q[$m^3/(m^2 \cdot h)$]来校核[对煤泥水 q 取 4～8 $m^3/(m^2 \cdot h)$为宜]。

三、加压溶气气浮法净化煤泥水的工艺及影响因素

（一）加压溶气气浮法净化煤泥水的工艺

其工艺过程为：煤泥水由泵加压输送至溶气罐，在管路中加入凝聚剂和表面活性剂，使之充分混合。同时用压缩机向溶气罐中按一定比例溶入空气，然后溶有空气的煤泥水经释放阀送入气浮池完成分离过程。浮渣刮入收集槽进一步处理，净化水复用或外排。

其工艺流程见图 3-35。

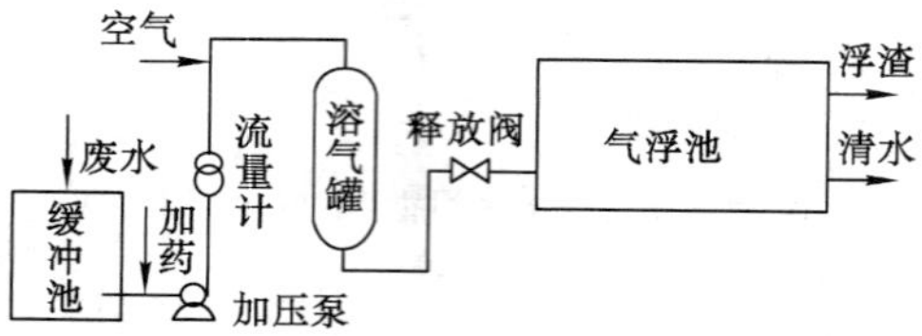

图 3-35　气浮法净化煤泥水工艺流程图

（二）加压溶气气浮法净化煤泥水的主要影响因素

1. 入料粒度

试验结果表明，粒度越粗形成的絮团密度越高，上浮速度越慢，单位处理量下降。因此处理极细粒效果更好。如果来料中含有粗粒，可在前面加入沉降装置予以除去。

2. 入料浓度

入料浓度低，出水水质好，用药少，但固体去除率低；入料浓度高，出水水质差，用药多，固体去除率高。一般根据最终外排产品要求，由试验确定临界入料浓度。

3. 煤泥水成分

煤泥水成分复杂，每个选煤厂原煤性质均存在差异，所以其他影响因素如 pH 值、各类药剂的选择和用量均需由试验确定。

第六节　机械分级设备

近年来，除了依赖自然沉降和离心力沉降方法外，还大力发展了利用机械手段对煤泥进行分级（湿法分级）的方法，主要采用特殊筛分技术，出现了弧形筛、高频振动细筛和电磁振动细筛、曲面振动筛等细粒的高效分级设备。

一、弧形筛

将一弧形筛面，按横切料流方向排列，矿浆正切给到筛面上，在离心力和重力作用下，细

粒和水透筛排出，粗粒在筛面上滑动而进入筛上溜槽。分级粒度一般为筛缝宽度的一半。

弧形筛无可动部件，结构简单，效率高，泄水量大，而且维护量较小。普通弧形筛外形见图 3-36。

现在其基础上已发展多种变形机。

（一）可翻转型弧形筛

因筛条边棱一侧受矿浆流腐蚀而磨损后，会大大降低透筛效率，此时将筛面调转 180°使用，则能提高效率，延长使用寿命。

可翻转型弧形筛常见形式见图 3-37。

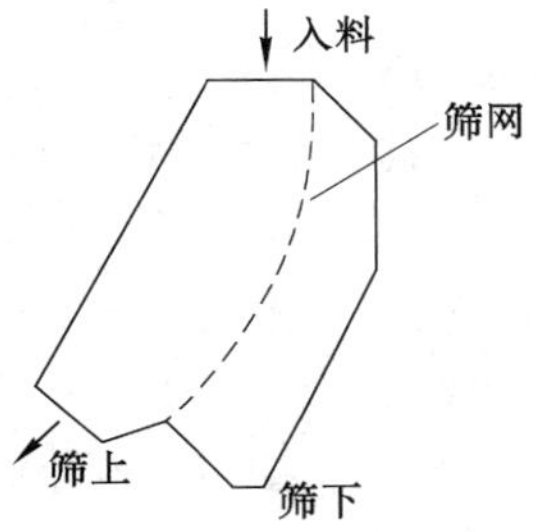

图 3-36　普通弧形筛示意图

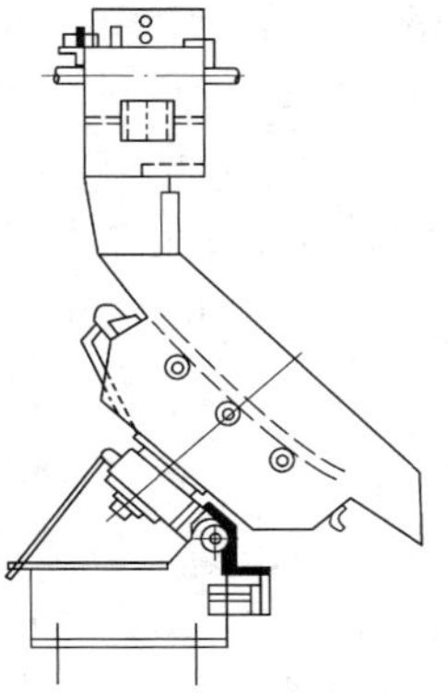

图 3-37　可翻转型弧形筛

（二）击振弧形筛

在弧形筛加一击振装置，目的是通过振动清理筛面，使堵塞筛孔的物料进入产品，提高筛面利用率。资料表明，在邻近筛孔的颗粒含量较高时，该筛的筛分效率依然较高。

击振弧形筛的一种击振形式见图 3-38。

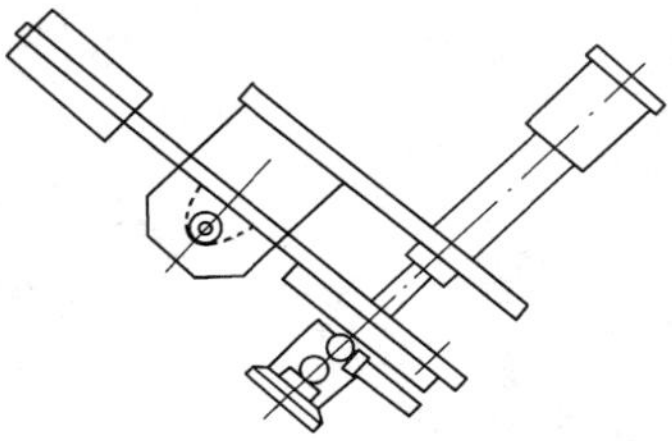

图 3-38　击振弧形筛的击振形式

该击振装置是一套独立机构，装在筛箱后部，其中一个气动活塞通过一根杆将打击传到筛面后部，以防止筛面堵塞。为了适应不同使用条件，击振强度可通过调节气压来改变，而击振频率可通过调节自动定时装置予以控制。

这种筛子的筛缝最小可达 0.05 mm，其处理能力较高。

二、高频振动细筛（高频筛）

高频振动细筛是一种以高频率、高振动强度为特征的振动筛，适用于 0.5 mm 以下细粒物料的湿式分级与固液分离。产品有圆振动与直线振动两种类型，高频圆振动筛在 50～60 Hz

频率下工作，使用高开孔率的“三明治”筛网，可在 0.2 mm 的粒级对细粒矿物进行精确筛分。高频直线振动筛的频率相对较低，在 20～25 Hz 之间，使用不锈钢或聚氨酯楔形条缝筛面，靠筛上形成滤层截取细粒从而实现分级或固液分离，适用于粗煤泥回收或浮选尾矿的预脱水。

高频振动细筛的种类很多，其特点都是高频率(一般为 3 000 r/min)和低振幅。因为高频振动可破坏矿浆表面张力和细粒黏附于粗粒上的黏附力，降低细粒物料之间因分子引力和静电引起的团聚力，有利于物料松散和分层，增加细粒透筛机会。由于高速振荡增加了物料与筛面的接触，增加了透筛概率，并可减少筛孔的堵塞。

高频振动细筛一般都采用多层复合筛网，这种复合筛网能增加筛网的强度，延长使用寿命；能减少筛网的实际尺寸；还有一个好处，即两层筛网间有轻微的相互振动，防止筛孔堵塞。

（一）高频圆振动筛

该筛机是适用于在薄料层中进行并且以精确筛分为基础的煤泥筛分分级设备，该筛子具有 33.3 Hz 的高频率和大于 5g 的振动强度。高频小振幅的振动参数有利于细颗粒的分级脱水，高振动强度强化了物料的抛掷运动和与筛面相遇时的碰撞，使水和小颗粒能够顺利透筛。其筛面采用被称为“三明治”筛网的复层筛面，由三层不同网孔、不同丝径的不锈钢丝布组成，其开孔率达 36%，防堵孔效果好，为细颗粒分级脱水创造了条件。

GPS 型高频圆振动筛由筛箱、振动器、支撑装置、传动装置、倾角调节装置、电动机和机架等组成，其结构如图 3-39 所示，其技术特征见表 3-13。该筛分设备基于圆振动筛的原理进行工作，采用振动器在筛面以上的布局，其振动轨迹具有图 3-40 的特点。筛上物料的振动轨迹在入料端沿椭圆长轴向前，有利于物料迅速散开；而在排料端则方向相反，这有助于减缓物料速度，延长物料在筛面上的停留时间，从而增强分级、脱水效果。该振动器的结构与 ZK 型直线筛相似，基于 30～40 Hz 频率和 $K=5g \sim 6g$ 的工况，采用高精度大游隙轴承(4E52615)，以控制轴承噪声与温升。筛框为整体焊接结构，采取严格的焊接工艺，简化了制造工艺，减轻了质量。此外，该筛分设备使用张紧式叠层筛面，体轻，装卸方便，开孔率高，防堵效果好，工作寿命可达 500 h。采用卧置圆柱形剪切橡胶弹簧，筛箱呈悬挂式工作，工作平稳，共振振幅小。GPS 型高频圆振动筛在某厂对 −0.8 mm 物料的应用效果见表 3-14。

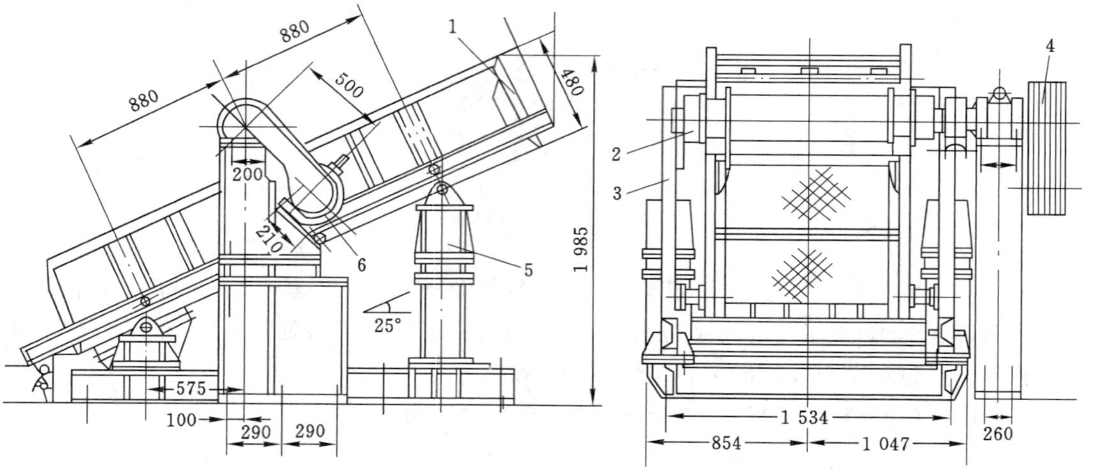

1—筛箱；2—振动器；3—支撑装置；4—传动装置；5—倾角调节装置；6—电动机和机架。

图 3-39　GPS 型高频圆振动筛

表 3-13 GPS1025 型高频圆振动筛的技术特征

项 目		单 位	数 值
用途			煤泥、尾矿分级脱水
入料浓度		g/L	300～400
筛面规格(宽×长)		mm	1 000×2 500
工作面积		m^2	2.5
筛孔尺寸		mm	0.1
筛面层数			1
工作频率		Hz	30～42
振幅		mm	0.5～2
筛面倾角		(°)	20～25
处理能力		t 干煤泥/h	6～8
电动机	型 号		Y132S-2
	功 率	kW	5.5
	转 数	r/min	2 920
外形尺寸(长×宽×高)		mm	3 149×2 163×1 985
质量		kg	1 286
单支点工作动负荷		N	1 000±50

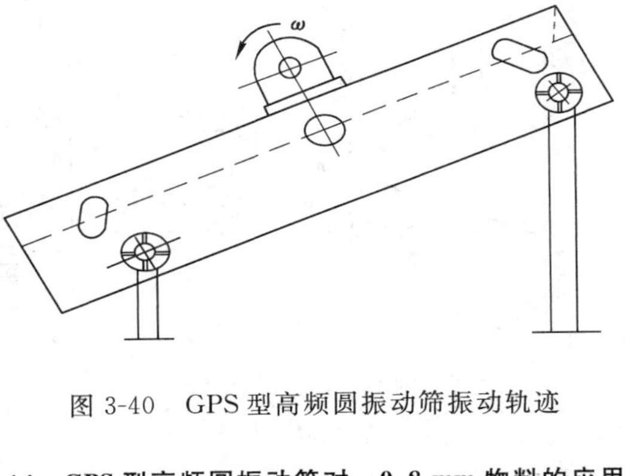

图 3-40 GPS 型高频圆振动筛振动轨迹

表 3-14 GPS 型高频圆振动筛对－0.8 mm 物料的应用效果

筛孔尺寸/mm	振动参数			入 料			工艺效果		
	频率/Hz	振幅/mm	振动强度	体积/(m^3/h)	干煤泥量/(t/h)	浓度/(g/L)	筛上物水分/%	筛下水浓度/%	脱水效率/%
0.05	33.33	1.12	5g	14.9	5.97	400	29.3	10.7	62.5

(二) 高频直线振动筛

高频直线振动筛适用于选煤厂粗煤泥回收。图 3-41 是高频直线振动筛工作原理图。矿浆通过给料箱靠重力沿切向均匀、定压给入筛子的弧形段，在弧形筛条的剪切和振动作用下，部分细粒和液体得以透筛脱除，弧形段被称为筛子的预脱水区，可脱除入料中 1/3 的水分。筛上固液混合物沿筛面进入与直线段的结合部后，运动速度突然下降，使矿浆出现聚集，形成“水池”。在筛面的高频振动作用下，矿浆中的固体颗粒加速沉降。由于细粒先接触筛面并不断透筛，筛面上逐渐形成一个粗粒阻隔细粒的滤层，该滤层较薄，且滤层以上的液体和微细颗粒仍不断透过滤层，从而实现与固体的分离。

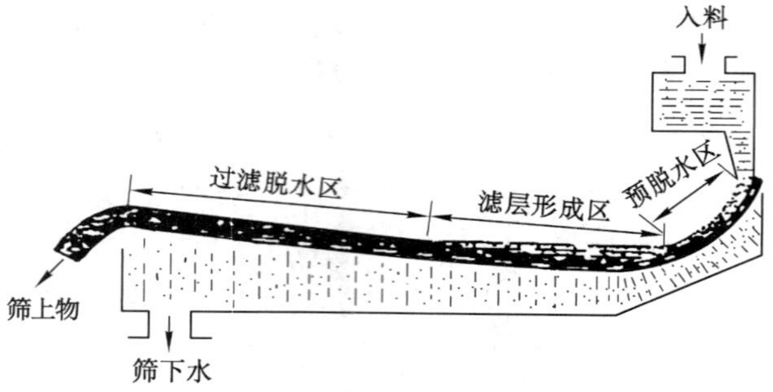

图 3-41　高频直线振动筛工作原理

由于筛面对物料的抛掷运动，滤层不断沿筛面向前输送，进入过滤脱水区。在过滤脱水区，“水池”中的液体、细粒继续沉降并透筛脱除。由于排料端设置的堰板阻挡作用，筛上料层加厚。高频率、高振动强度的抛掷运动使料层逐渐垒实，料层中的游离水分进一步被脱除。参数试验研究表明，振动强度 K 变化对高频筛工艺效果的影响比频率变化更为显著。振动强度 K 与物料速度和料层厚度的关系如图 3-42 所示。

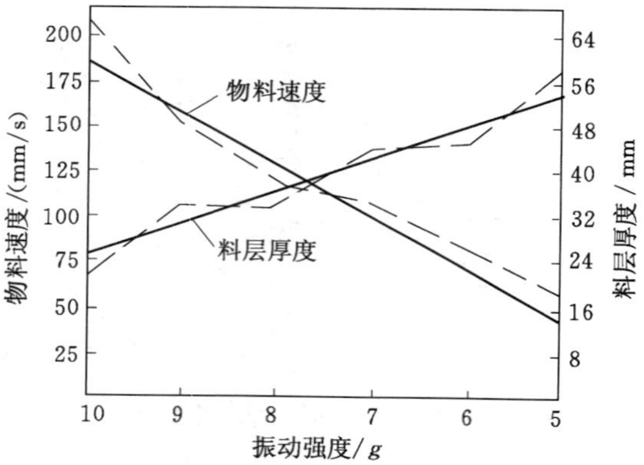

图 3-42　筛上物料速度和料层厚度与振动强度间的关系

GZ 型高频振动筛(图 3-43)和 GZT 型高频振动筛(图 3-44)均由筛箱、振动器、支撑装置、电机架、防护罩、给料箱、底架、电动机等组成。电动机与振动器传动轴间用挠性联轴器相连。

GZ 型高频振动筛与 GZT 型高频振动筛设有专门的给料箱，它是一个独立的箱形结构，与浓缩旋流器底流口相接，起着沿弧形筛全宽定位、定压、均匀给料的作用。两种高频直线振动筛均按自同步原理工作，振动器由双电机分别驱动，两传动轴间无强迫联系。振动器均为块偏心式，GZ 型振动器为单元组合式，相邻振动器间用传动轴相连，振动器轴承用润滑脂润滑；GZT 型振动器为箱式，由双管体构成，偏心块外置，箱内装有稀油，用于润滑轴承。筛面由弧形段和负倾角直线段组成，弧形段按细粒煤泥所需的向心加速度确定合理的

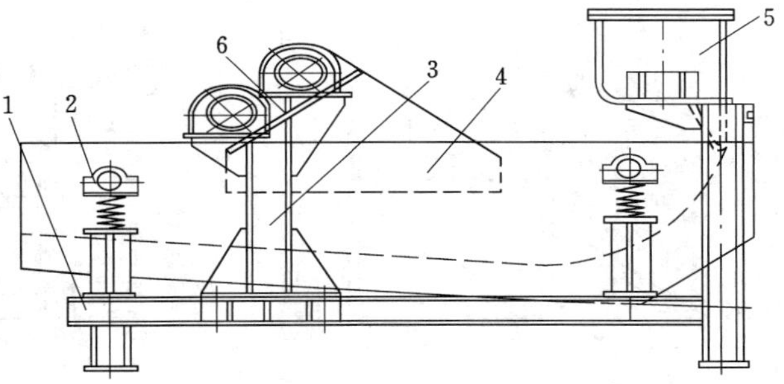

1—底架；2—支撑装置；3—电机架；4—筛箱；5—给料箱；6—振动装置。

图 3-43　GZ 型高频振动筛

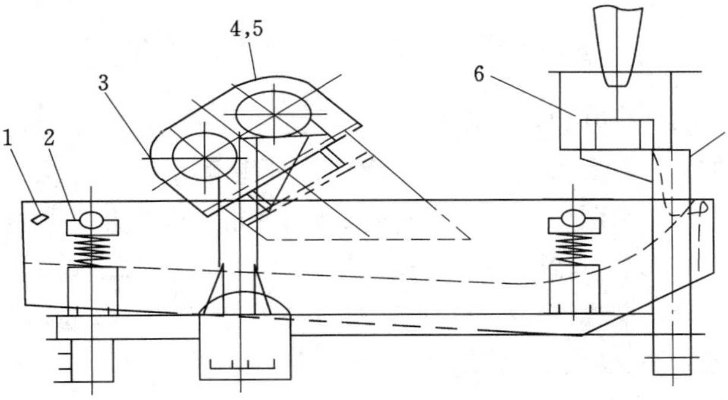

1—筛箱；2—支撑装置；3—电机架；4—振动器；5—防护罩；6—给料箱；7—底架。

图 3-44　GZT 型高频振动筛

曲率半径，直线段负倾角为 5°，整机安装角还可根据需要在一定范围内调整。筛面为楔形条缝筛板，条缝与物料运动方向垂直，缝隙尺寸一般为 0.3～0.5 mm，可根据需要配用。排料端设有溢流堰板，其高度可按需要调整。

影响高频直线振动筛工艺效果的主要因素是入料浓度和入料中－120 网目（－0.125 mm）含量。入料浓度应在 50%左右为好，不应低于 40%。入料中－120 网目含量在 50%以下时，筛子工艺效果较好，筛上料层厚，产品水分低，一般在 23%左右；入料中－120 网目含量超过 60%时，需调高溢流堰板，控制料层厚度，产品水分一般在 26%左右。高频直线振动筛亦可用于精确筛分，包括螺旋分选机、分级旋流器及粗煤泥分选设备产品的脱水，此时筛上保持薄料层，并加喷水强化分级、脱泥效果。

（三）高频振动叠层细筛

高频振动叠层细筛由筛箱、筛下物集料器、筛上物集料器、机架、给料箱、检修操作台、激振排、振动电机等组成，其结构如图 3-45 所示。

高频振动叠层细筛由两台运动方向相反的振动电机带动筛框做直线运动，矿浆进入均料器后，均匀分成多路，再经给矿管分别进入多个给矿器。给矿器把矿浆均匀地洒在筛面上端，筛面上的物料由于连续受到高频率、小振幅的振动，在倾斜的筛面上做连续的跳动，使物料分散，细粒物料在均匀的过程中透过筛孔成为筛下产品，而大于筛孔的物料在倾斜的筛面

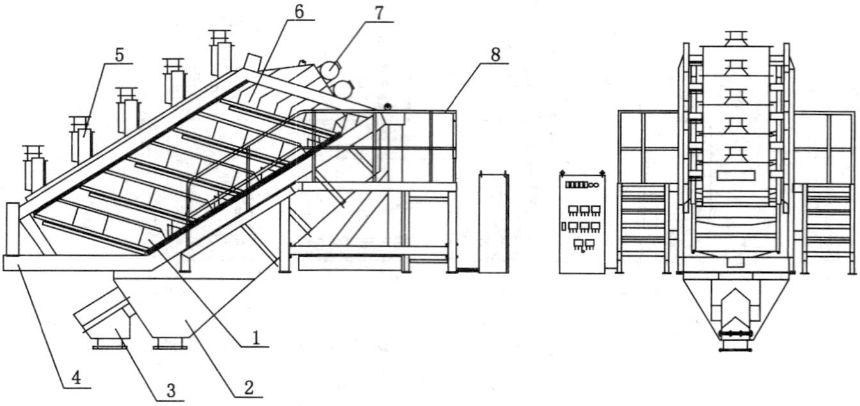

1—筛箱；2—筛下物集料器；3—筛上物集料器；4—机架；5—给料箱；6—检修操作台；7—激振排；8—振动电机。

图 3-45　D5FG1216 型高频振动叠层细筛结构图

上连续向前跳跃，最后脱离筛网成为筛上产品。

高频振动叠层细筛筛箱呈多层布置，一般整体喷涂耐磨聚氨酯涂层。筛网网面受筛箱及激振排的复合高频振动作用，每层筛箱单独给料，布料均匀，筛上物与筛下物单独出料，互不干涉。筛机通过两次减振，一次是筛箱组合与机架之间的主振橡胶弹簧，另一次是位于机架与基础之间的若干减振橡胶弹簧，减振橡胶弹簧与机架通过地脚螺栓连接，机架不会移动，因此筛机对基础动载荷很小，安装时不用特制基础。

（四）国外较有代表性的高频振动细筛

1. 德瑞克高频振动细筛

如图 3-46 所示，该筛机的特点是高频振动（3 000～3 600 r/min），低振幅（0.3～0.4 mm）；三层筛网；采用分矿器三路给矿，提高分选能力；筛面更换方便。但结构较复杂，维修困难。

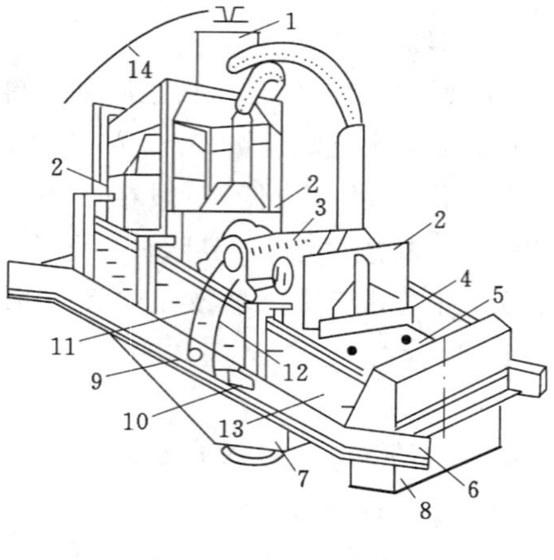

1—矿浆分配器；2—给矿器；3—振动电机；4—振动筛框；5—筛网；6—刚性筛架；7—筛下料斗；8—筛上料斗；9—喷油嘴；10—集油瓶；11—电机润滑进油管；12—出油管；13—快速松脱螺栓；14—排气软管。

图 3-46　德瑞克高频振动细筛

2. 赫默高频振动细筛

如图 3-47 所示，该筛机的特点是由电激振器的交变磁场产生高频振动，且振动强度可调；为多段筛面，物料与筛面呈直角运动，故分离效率高，振幅和筛面倾角也是可调的；有一套能向筛网通低压、大电流的装置，在筛分黏性潮湿物料时，可向筛网通电（筛网横向张紧条是由导电的铝或铜制成），使筛网发热，减少湿料的黏结，避免筛网堵塞；由于电激振器是通过激振棒直接带动筛网振动的，无运动部件，所以功耗小。

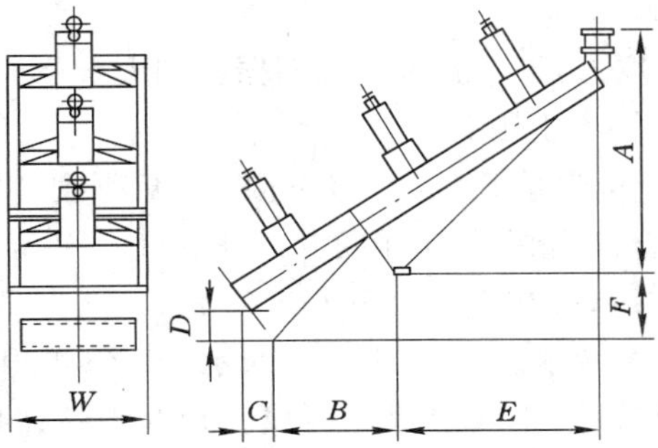

图 3-47　赫默 38 型高频振动细筛

3. DGS 高频振动细筛

如图 3-48 所示，该筛机的特点是筛面倾角大（45°～60°），采用尼龙筛箅，构造简单，振幅可调。

4. Symons V 细筛

如图 3-49 所示，该筛机的特点是采用新的筛分原理，即采用控制漫射给矿和矿浆垂直流动方式，同时筛子进行回转运动，将离心力与重力结合。物料给到筛筒上端带叶片的矿浆分配盘上，分配盘随筛筒旋转。物料以极薄层向外漫射到安装在转筒上的筛网上，转筒在本身转动的同时，沿循环轨迹做旋回运动，每转 1 周旋回 14 次。旋回动作由内齿轮传递，并产生约 1 000 次的脉动。物料在下落过程中与筛网间断接触，筛下粒级产品透筛，筛上产品沿螺旋线给至底部。可通过调整筛筒的传动来控制筛分。

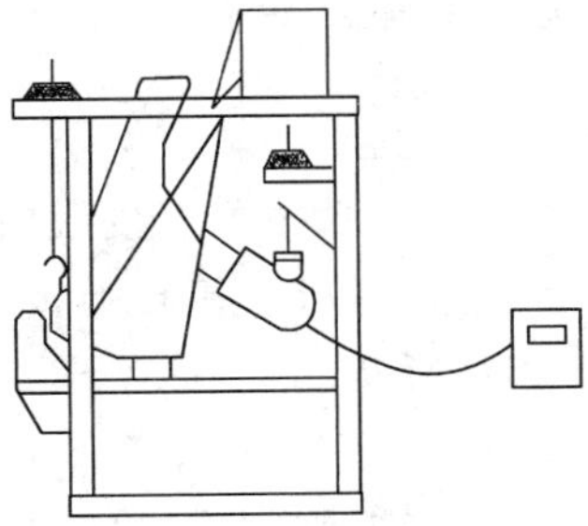

图 3-48　DGS 型高频振动细筛

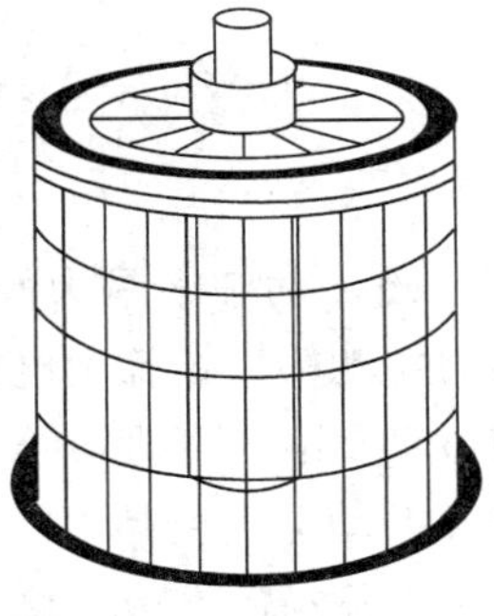

图 3-49　Symons V 细筛

三、电磁振动细筛

电磁振动细筛是振动原理与结构形式都不同于通常振动筛的细粒分级筛。电磁振动细筛最主要的特点是筛网振动而筛框不动，置于筛框外侧的电磁激振器与置于筛网下面的振动臂组成共振状态的振动系统。振动臂激振筛网，筛网的振幅经弦振原理而放大。物料在筛上的运动状态分为三个区：

第一区为泄水区，入料浓度较低，筛网振幅大，泄去大量水分。

第二区为分级脱水区，矿浆浓度高，形成缓慢流动层，粗粒升到上层，细粒移至下层通过筛网透出。可加喷水提高效率。

第三区为挤压脱水区，筛网振动减弱，物料移动靠矿浆层间的推挤，颗粒间“非自由水”受挤压进一步脱水。

电磁振动细筛振动强度大，加上弦振后筛网振幅加大，避免了堵塞现象。其影响因素是透筛量，一般以 2 t/(h・m^2)为上限。

电磁振动细筛具有质量轻、能耗低、分级下限低、无动载等优点。该类筛机振次高，为 3 000 r/min，采用多层复合筛网，分级下限可达 0.1 mm。

（一）国产 DZS 型电磁振动细筛结构和工作原理

DZS 型电磁振动细筛结构示意图如图 3-50 所示。DZS 型电磁振动细筛由筛箱、筛网电磁振动器、倾角调整机架和筛网张紧装置等组成。筛框为整体焊接件，结构简单、质量轻。机架下设有减振橡胶弹簧，基础动载荷极小。筛网由复层筛网加托网组成。复层筛网由两层不锈钢丝网黏合而成，上层为工作筛网，下层网孔径比上层大些，钢丝直径也略大些；托网则起承载和弦振作用，丝径和网孔都更大，以保证筛面的强度和刚度。工作时的冲击振动和弦振有利于物料透筛和防止堵塞筛孔。筛箱与特制机架相连，机架设有调节杆，便于调整筛面倾角。筛箱可密闭，在干式作业时可实现封闭作业。

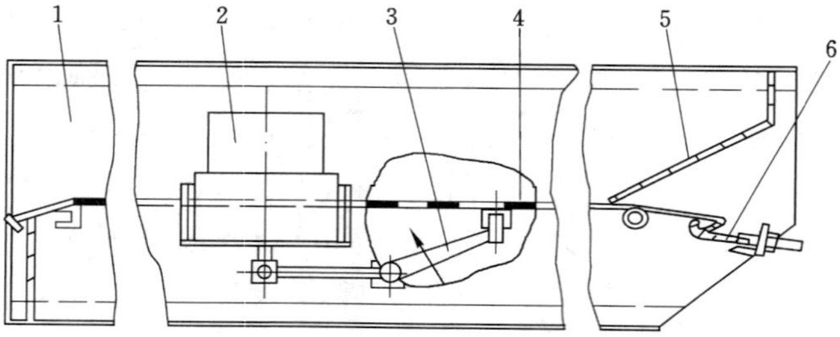

1—筛箱；2—振动器；3—击臂；4—筛网；5—受料板；6—筛网张紧装置。

图 3-50　DZS 型电磁振动细筛结构示意图

DZS 型电磁振动细筛是大倾角、使用不锈钢丝网状筛面，由激振器直接激振筛面而筛箱并不振动的振动筛。该筛由电磁振动器做振源，通过具有橡胶铰链（扭转弹簧）的连杆系统实现筛网振动；由于振动系统在近共振状态下工作，产品耗能少。振动器工作原理见图 3-51。电磁振动器由壳体 2、固定在壳体上的铁心 3、线圈 4、衔铁 5、弹簧 6 及连杆 7 组成。壳体固定在筛箱的倒板外侧，线圈套在铁心上，弹簧一端与衔铁相连，另一端固定于壳体，铁心与衔铁之间留有气隙 δ。交流电经半波整流后通入线圈，使衔铁以电源频率振动，该振动经杆系驱动轴 9 以 O 点为轴心做扭转振动，使得振动臂上的橡胶帽不断“拍击”筛面，形成对筛面的激振。通过调整电流大小，可根据需要调整振幅。筛面由不锈钢丝复合筛网加托网组成，并沿筛子纵向张紧，中间呈悬空状态，每台筛子沿筛长布置若干个振动器，每个单独激振筛面使筛面产生弦振，由于各点弦振作用，筛面实际的振幅比激振点大。

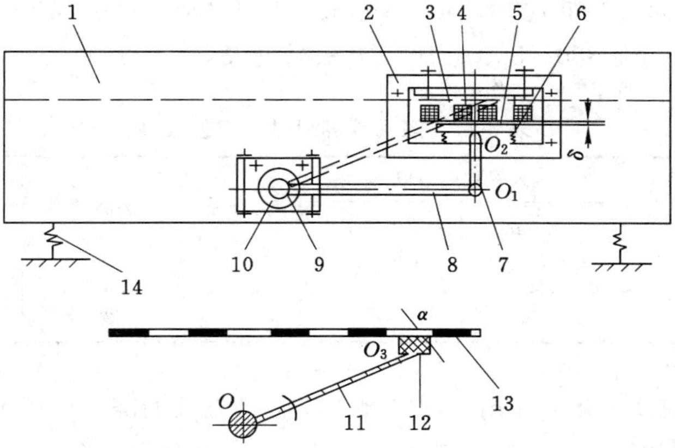

1—筛箱(侧板);2—振动器壳体;3—电磁铁心;4—线圈;5—衔铁;6—弹簧;7—连杆;
8—杠杆;9—轴;10—橡胶扭转弹簧;11—振动臂;12—橡胶帽;13—筛网;14—隔振弹簧。

图 3-51　筛面激振原理示意图(筛箱内侧)

电磁筛具有参数强的优点,为通常振动筛所不及,其频率为 50 Hz,振幅受电磁铁气隙限制不能过大,一般气隙为 0.75 mm,经杆系扩大 1.1 倍,实际 O_3 点位移为 0.825 mm。振动强度 $K=8.31g$,为细粒分级创造了条件。

(二) 国产 DZS 型电磁振动细筛应用情况

DZS 型电磁振动细筛已在多个选煤厂使用,因各地区选煤厂煤泥的粒度与特性相差甚多,主要分为四种情况。

(1) +0.25 mm 粒度级含量大于 40%,<0.045 mm 粒度级细泥含量小于 10%。入料浓度为 250～700 g/L,能够达到分级粒度<0.1 mm 的效果,见表 3-15。

表 3-15　煤泥粒度较粗时的工艺效果

入料	处理量(干)/(t/h)	网孔尺寸/mm	入料浓度/(g/L)	产品水分/%	分级粒度/mm	实际产率/%	理论产率/%
重介排矸磁选尾矿	6.0	0.15	250	—	0.05	89	69
重介旋流器磁选尾矿		0.5	500	29	0.105	75	20
浮选尾矿		0.3	710	32	0.03	81	50

(2) 煤泥粒度较细,其中>0.25 mm 含量占 10%～30%,<0.045 mm 粒度级含量占 10%～30%时,入料浓度应控制在 350～600 g/L 之间,实际分级粒度亦在 0.1 mm 左右,工艺效果见表 3-16。

表 3-16　煤泥粒度较细时的工艺效果

入料性质	网孔尺寸/mm	入料粒度组成		浓度/(g/L)	实际产率/%	理论产率/%	分级粒度/mm
		>0.25 mm 级含量/%	<0.045 mm 级含量/%				
混合跳汰	0.2	15.75	18.46	390	46	18	0.13

（3）煤泥粒度细，灰分低，其中>0.25 mm 含量小 10%，<0.045 mm 高灰细泥占 30%以上，入料浓度应控制在 300～500 g/L，工艺效果见表 3-17。

表 3-17　煤泥粒度细时的工艺效果

入料	网孔尺寸 /mm	入料粒度组成		浓度 /(g/L)	实际产率 /%	理论产率 /%	分级粒度 /mm
		>0.25 mm 级含量/%	<0.045 mm 级含量/%				
混合跳汰	0.15	2.36	48	450	32.78	9.32	0.1

（4）电磁振动细筛的降灰作用。DZS 型电磁振动细筛的降灰作用不仅在于高灰细泥的筛除，而且同一级别的筛上产品灰分都比入料低，表 3-18 列举了 3 个厂的试验结果，可以看出，0.075 mm 以上粒级的降灰作用都较明显。

表 3-18　电磁振动细筛对不同入料的降灰效果

粒度等级 /mm	浮选尾煤 入料浓度：536 g/L		旋流器底流 入料浓度：390 g/L		浓缩机底流 入料浓度：405 g/L	
	入料灰分 /%	筛上物灰分 /%	入料灰分 /%	筛上物灰分 /%	入料灰分 /%	筛上物灰分 /%
>0.5	11.43	7.56	—	—	2.97	2.24
0.5～0.25	12.42	9.97	20.29	15.99	2.78	2.10
0.25～0.15	18.62	14.95	14.04	10.33	4.13	2.92
0.15～0.075	41.40	30.27	14.54	10.55	10.30	5.47
0.075～0.045	52.21	47.21	18.91	17.54	17.80	11.28
<0.045	55.45	53.00	20.91	20.22	23.85	17.27
合计	29.53	20.67	17.03	13.12	12.19	4.34

四、曲面振动筛

曲面振动筛是入料端装有弧形筛面的自同步直线振动筛，适用于煤泥的分级、脱水作业。入料矿浆给入弧形筛后，靠切向力和振动力进行预脱水，预脱水后的筛上物在筛面抛掷作用下进入由叠层不锈钢丝网（上层 60 网目、下层 20 网目）组成的水平直线段筛面，靠强振动作用和高开孔率筛面，继续脱除细颗粒及水分直至作业完成。QZK 型曲面振动筛由筛箱、振动器、支撑装置、挠性联轴器、电机和电机座等组成。其振动器、支撑装置、筛箱、挠性联轴器都和 ZK 型直线筛相同。曲面振动筛的曲率半径按离心力大于振动力设计，取 $R \leqslant 550$ mm。筛子的振动参数具有高频、小振幅的特点，振动强度 $K=4.3g \sim 4.8g$，较适合煤泥的脱水。表 3-19 列出了曲面振动筛技术特征。曲面振动筛现已在选煤厂广泛应用。表 3-20 和表 3-21 是 GZK1233 型曲面振动筛在某厂的应用效果。

表 3-19　曲面振动筛技术特征

参　数	单位	数值		
		QZK1233	QZK1533	QZK1833
筛箱规格(长×宽)	mm	1 200×3 300	1 500×3 300	1 800×3 300
筛面面积	m^2	3.7	4.9	5.9
筛孔尺寸	mm	0.2		
入料粒度	mm	<1		
入料浓度	%	20～40		
频率	Hz	24.3		20.88
振幅	mm	1.5～2.2	1.5～2.0	1.5～2.5
抛掷角	(°)	45		
筛面倾角	(°)	0～－2.5		
电机功率	kW	2×3.0		2×4.0
外形尺寸(长×宽×高)	mm	3 545×2 080×1 180	3 545×2 400×1 280	3 545×2 750×1 380
质量	kg	2 100	3 100	3 800

表 3-20　入料、筛上和筛下产品的粒度组成

粒级/mm	入料/%	筛上/%	筛下/%
>0.9	12.78	23.92	2.66
0.9～0.5	18.83	27.66	5.76
0.5～0.28	22.03	29.63	11.60
0.28～0.18	16.43	13.85	18.01
0.18～0.112	14.05	3.10	25.47
<0.112	15.88	1.84	36.50
合计	100.00	100.00	100.00

表 3-21　工艺指标检测结果

序号	筛孔/mm	工作参数			入料			工艺效果		
		频率/Hz	振幅/mm	筛面倾角/(°)	体积/(m^3/h)	干煤泥量/(t/h)	浓度/%	筛上物水分/%	筛下水浓度/%	脱水效率/%
1	0.23	24.3	2.0	0	45	7.34	16.3	31.25	4.4	71.09
2					40	7.78	19.45	25.6	8.0	60.5
3					25	9.15	36.6	30.40	11.27	61.34
4					30	9.08	30.29	29.31	14.0	67.61

第七节　水力分级、浓缩设备工艺效果评定

选煤厂煤泥水分级和浓缩作业是生产工艺过程的中间环节，其工作效果的好坏，将影响其他作业的效果。从本质上讲，水力分级和浓缩作业基本原理相同，所以其评定方法也基本相同。但由于它们的工艺要求不同，故对其评价的侧重点也就不同。通常，对于分级设备应重点考察粒度的变化，而浓缩作业应重点考察浓度的变化。

对于分级、浓缩设备效果的评定可以通过直观的定性分析和判断，即通过观察和手感来分析分级或浓缩后各产物在粒度和浓度上的变化。但这只能提供一个大致的效果，不能够给出精确、可比较的数值，而且要求具有一定经验才能进行，所以应该采用评定指标的方法来评价水力分级、浓缩设备的工艺效果。

当采用评定指标评价时，必须在选取评定指标时考虑实际的水力分级和浓缩作业的混杂现象，所采用的指标应具有单一性、通用性和简便性。

单一性：指评定指标数值的变化能反映该作业数、质量变化的整个过程，从不同角度进行计算时，能得到相同结果。

通用性：指评定指标的计算方法能用于不同选煤厂和不同的煤泥水处理设备，具有可比性，且比较方便。

简便性：即计算评定指标时所用的原始数据易于取得，计算、绘图较为简单。

一、水力分级设备工艺效果评定指标及方法

水力分级设备和筛分设备的分级方式存在显著不同。筛分设备是通过筛孔的大小来控制分级粒度的，而水力分级设备则是通过调整煤泥水在沉淀设备中的停留时间来控制分级粒度的。水力分级设备和筛分设备在分级效率方面是相似的，同时均考虑了产物中合格粒度和非合格粒度的含量。具体而言，在将煤泥水分成底流和溢流两个产品时，底流中大于分级粒度的颗粒和溢流中小于分级粒度的颗粒被视为合格粒度；而底流中小于分级粒度的颗粒和溢流中大于分级粒度的颗粒则被称为混杂的非合格粒度。

（一）评定指标

根据《选煤厂水力分级设备工艺效果评定方法》(MT/T 738—1997)，采用分级效率作为评定水力分级设备工艺效果的综合指标，并以通过粒度为辅助评定指标。

1. 分级效率

分级效率按下式计算：

$$\eta_f=\frac{(\alpha-\theta)(\beta-\alpha)100}{\alpha(\beta-\theta)(100-\alpha)}\times 100\% \tag{3-49}$$

式中　η_f——分级效率，有效数字取到小数点后一位，%；

α——入料中小于规定粒度含量，%；

β——溢流中小于规定粒度含量，%；

θ——底流中小于规定粒度含量，%。

上式也叫汉考克公式，它是由美国学者汉考克于 1918 年首先提出的。在我国一般称总效率公式，该公式的主要优点是能综合反映分级作业的全过程，符合评定工作的目的性、精确性、单一性、对比性和简便性等原则。

分级作业的目的是按一定粒度界限即规定粒度，从溢流中回收细粒物料，从底流中回收粗粒物料，二者分离越彻底越好，但实际上两产物中粗细粒相互混杂是不可避免的。效率公式反映了上述的混杂状况，符合评定作业的目的性。此外该公式具有单值性，故在评定过程中，从溢流和从底流计算两个分离效率中任何一个，都可综合代表整个作业分离的全过程。另外，汉考克效率公式能够比较令人满意地表示产品数量和质量指标，指标变化范围也比较适当。该公式对选煤厂任意两组分的分离设备均能适应，所需原始数据均可通过对各分级作业的测定得到。

2. 通过粒度(d_{95})

通过粒度作为辅助评定指标，用以检查分级作业的实际分级粒度，它以溢流中 95% 固体物数量通过的标准套筛筛孔的大小来表示。

(二) 规定粒度的确定方法

为了计算分级效率，必须首先正确确定分级粒度，以便划分入料、溢流及底流中的细粒含量(α、β、θ)。正确划分分级粒度是计算效率指标的前提。规定粒度一般由分级作业的工艺要求确定。

在生产实践中，水力分级设备溢流去浮选作入料时，一般以重选下限或浮选上限(一般为 0.5 mm)为规定粒度。应该理解，只有在规定粒度的前提下求出的分级效率才是真正有效的指标。它不仅符合目的性，而且统一了指标，有利于对比。这点是极为重要的。

(三) 评定指标 η_f、d_{95} 的计算方法

例 3-1　某选煤厂水力分级设备的检查资料如表 3-22 所示，试计算其分级效率 η_f(溢流去浮选，即规定粒度按 0.5 mm 计算)，确定其通过粒度 d_{95}。

表 3-22　煤泥小筛分试验报告表

粒度		各级含量/%		
网目	mm	入料	底流	溢流
>1.0	>1.0	5.6	28.5	0
1～20	1.0～0.8	3.0	2.2	0
20～40	0.8～0.5	5.4	14.6	0
40～60	0.5～0.25	4.2	8.4	1.0
60～80	0.25～0.18	4.6	5.8	1.5
80～120	0.18～0.125	8.4	6.6	7.2
<120	<0.125	68.8	33.9	90.3
合计		100.0	100.0	100.0

1. 分级效率 η_f的计算

规定粒度按 0.5 mm 计，则

$$\alpha=\frac{100.0-(5.6+3.0+5.4)}{100}=86.0\%$$

$$\beta=\frac{100.0-0}{100}=100\%$$

$$\theta=\frac{100-(28.5+2.2+14.6)}{100}=54.7\%$$

$$\eta_f=\frac{(86-54.7)\times(100-86)\times100}{86\times(100-54.7)\times(100-86)}\times100\%=80.3\%$$

2. 通过粒度 d_{95} 的确定

d_{95}是以溢流中 95%的固体量通过标准套筛筛孔的大小来表示的，相应值可以从粒度累积曲线上查得(图 3-52)，由图可知 95%的相应粒度为 0.152 5 mm，计算结果填入表 3-23。

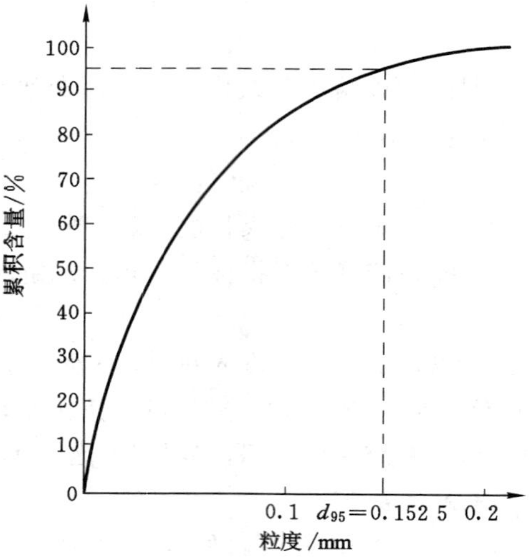

图 3-52　溢流粒度特性曲线

表 3-23　分级设备工艺效果试验结果

规定粒度/mm	细粒含量/%			分级效率 η_f/%	通过粒度 d_{95}/mm
	入料 α	溢流 β	底流 θ		
0.5	86.0	100.0	54.7	80.3	0.152 5

二、浓缩设备工艺效果评定指标及方法

浓缩作业要求将煤泥水中的煤泥尽可能多地沉降下来，溢流中只含有一些来不及沉下去的细颗粒。因此，底流中的固体回收率越高越好，溢流中的水回收率也越高越好，但不同浓缩作业有时还有特殊要求。

(一) 评定指标

按照《选煤厂浓缩设备工艺效果评价方法》(MT/T 851—2011)规定，采用浓缩效率 η_n 作为综合评定浓缩作业的指标，将底流固体回收率 ε_d 作为浓缩作业工艺效果的辅助评定指标。

1. 浓缩效率

$$\eta_n=\frac{(a-b)(c-a)100}{a(c-b)(100-a)}\times100\% \tag{3-50}$$

式中　a、b、c——入料、溢流、底流的质量浓度，%。

浓缩效率的含义：浓缩效率指由于浓缩作用使底流中增加的固体物数量占入料中固体

物数量的百分率，按下式计算：

$$\eta_n=\frac{T_o}{T_r}\times100\% \tag{3-51}$$

式中　T_o——由于浓缩作用而进入底流的固体物增量；

T_r——入料中固体物数量。

2. 底流固体回收率

$$\varepsilon_d=\frac{c(a-b)}{a(c-b)}\times100\% \tag{3-52}$$

式中　a、b、c——含义和上式相同。在计算 η_n 和 ε_d 时，有效数字取到小数点后第一位。

底流固体回收率的含义：表示经底流回收的固体数量占入料固体数量的百分率，即

$$\varepsilon_d=\frac{T_d}{T_r}\times100\% \tag{3-53}$$

式中　T_d——底流回收的固体数量。

从浓缩设备的工艺性质可知，从溢流角度而言，回收的水量越多，溢流浓度降低越多，则浓缩效率 η_n 值越高，浓缩效果越好。从底流角度而言，底流中固体回收率越大，底流中水量排出率越低，则浓缩效率 η_n 值越高。

有必要指出的是，底流去浮选的煤泥浓缩设备效率一般较低，不太符合一般浓缩作业效率的范围，这似乎是式(3-53)的不足，但实际上该种设备工作情况就是如此，尤其是在浓缩底流大排放的操作条件下，浓缩产品中固液的组分相混杂程度是很高的。因此，效率普遍低是符合实际情况的，一样具有可比性。

回收率 ε_d 表示从底流中回收的固体值。这一指标虽然反映浓缩作业的主要性能，但不能直接表现溢流水量及其实质，如当大量排放底流时，其值会很高，但这不一定符合作业总要求。例如，将入料全部从底流排出时(实际未起浓缩作用)，ε_d 会达到 100%，显然这是不合理的。所以不能单以 ε_d 作为浓缩效率评定指标，只有当底流浓度适当时，ε_d 值才较大为好，因为这表明回收的煤泥量较多，这时作为评价浓缩作业好坏的指标是合理的，所以应采用 ε_d 值配合浓缩效率 η_n 来综合评定浓缩设备的工艺效果。

(二) 评定指标的计算实例

进行浓缩效率计算时，最好采用直接测出的质量浓度(%)，这就可以避免测定煤泥的真密度，煤泥的质量浓度 C 按下式计算：

$$C=\frac{Q}{Q'}\times100\% \tag{3-54}$$

式中　Q——煤泥水在 75 ℃时达到干燥状态的固体质量，g；

Q'——煤泥水总质量，g。

当原始的浓度数据是固体含量(g/L)时，则应事先换算成质量浓度 C，换算公式为：

$$C=\frac{g}{\left(1\,000-\frac{g}{\delta}\right)+g}\times100\% \tag{3-55}$$

式中　C——质量浓度，%；

g——固体含量，g/L；

δ——煤泥真密度，g/cm³。

例 3-2 某选煤厂测定的尾煤浓缩机的各项指标为：入料浓度 39.6 g/L，溢流浓度 10 g/L，底流浓度 538 g/L，煤泥真密度 1.7 g/cm³，试计算浓缩效果。

计算前先进行浓度的换算：

入料浓度 $a=\dfrac{39.6}{1\ 000-\dfrac{39.6}{1.7}+39.6}\times 100\%=3.9\%$

溢流浓度 $b=\dfrac{10}{1\ 000-\dfrac{10}{1.7}+10}\times 100\%=1.0\%$

底流浓度 $c=\dfrac{538}{1\ 000-\dfrac{538}{1.7}+538}\times 100\%=44\%$

浓缩效率 $\eta_n=\dfrac{(3.9-1)\times(44-3.9)\times 100}{3.9\times(44-1)\times(100-3.9)}\times 100\%=72.2\%$

底流固体回收率 $\varepsilon_d=\dfrac{44\times(3.9-1)}{3.9\times(44-1)}\times 100\%=76.1\%$

将计算结果填入表 3-24 中。

表 3-24 浓缩设备工艺效果试验报告

型号规格	用途	浓缩面积 /m^2	浓度/%			浓缩效率 η_n/%	底流固体回收率 ε_d/%
			入料 α	溢流 β	底流 θ		
ϕ24	尾煤浓缩	445	3.9	1.0	44.0	72.2	76.1

第四章　煤泥水处理药剂

利用加入化学药剂，使煤泥水中的悬浮物以较大颗粒或松散絮团的形式沉降分离的方法叫混凝处理，它是目前煤泥水深度澄清的主要手段之一。采用无机混凝剂，如氯化钙、明矾、石灰等进行的混凝处理一般称为凝聚；用高分子化合物，如聚丙烯酰胺等作混凝剂进行的混凝处理一般称为絮凝。进行这样的区分主要是因为二者的作用机理、沉降过程和应用场合有较大的差异。在工程实际中，凝聚和絮凝在很多情况下是混用的。就选煤厂生产实践而言，以前主要是絮凝剂使用为主，现在越来越多地采用凝聚与絮凝的联合作用。就目前的煤泥水处理系统而言，一般只有采用适当的凝聚或絮凝技术，即添加高效的凝聚剂或絮凝剂，否则很难经济、有效地实现煤泥水的闭路循环，满足环境保护对煤泥水处理的要求。

此外，对于经过分级或浓缩得到的产物，采用助滤剂可以有效提高在生产实际中广泛使用的过滤机和压滤机的脱水效果，这也是一种经济且有效的助滤方法。

混凝或助滤的机理虽然相对复杂，但其应用过程非常简单。通常只需少量的凝聚剂、絮凝剂或助滤剂即可达到显著的处理效果，因而在选煤厂得到了广泛的重视，应用范围也在不断扩展。

本章将重点介绍与混凝和助滤相关的原理、混凝剂和助滤剂的选择与使用方法，并提供一些实际应用实例。此外，还将介绍一些特殊的混凝处理和助滤方法以及该领域的一些新进展，以便为读者提供最新的技术信息和应用指导。

第一节　凝聚和絮团

一、胶体分散体系

胶体分散体系是指一种或几种物质（分散相）均匀分散在另一种物质（分散介质）中而构成的体系。不同的分散体系范例参见表 4-1。

表 4-1　各种分散体系

分散体系名称	分散相	分散介质	实　例
气体混合物	气	气	空气
气溶胶	液	气	雾、喷洒曝气设备
气溶胶	固	气	烟、尘
泡沫	气	液	泡沫
乳浊液	液	液	浮选油、石油废水、焦油废水等
悬浮液、溶胶	固	液	煤泥水、尾矿水
固泡沫	气	固	土壤、泡沫混凝土

表 4-1(续)

分散体系名称	分散相	分散介质	实　例
凝胶	液	固	煤泥、活性污泥、铝矾絮凝剂
固溶胶	固	固	合金、骨架钢、有色玻璃等
真溶液	分子、离子	液	非电解质溶液、电解质水溶液
高分子胶体溶液	高分子化合物	液	淀粉溶液、聚丙烯酰胺溶液等

煤泥水悬浮液可以认为是一个胶体分散体系。虽然通常指的胶体分散体系的组成微粒粒度在 1～100 μm 之间,但由于煤泥水中的悬浮物黏度相对较大,其粒度上限可扩大到 100 μm 以上,我们可以近似把煤泥水作为胶体分散体系处理。

二、胶体分散体系的稳定性

胶体分散体系具有多相性、高度分散性和聚集不稳定性三个基本性质。从热力学角度看,由于胶体分散体系界面自由能很大,分散颗粒有自动趋于聚集状态的倾向,所以它是一个热力学不稳定体系。但实际上一般胶体分散体系是相当稳定的。在静置状态下,胶体溶液的沉降速度可以慢到难以觉察。就选煤厂的生产过程而言,煤泥水中的微细颗粒,几乎均匀地分布在煤泥水体系中,其自然沉降速度是可以忽略不计的,这主要是由胶体分散体系具有高度的稳定性所致。这种稳定性可分为动力学稳定性和聚集稳定性两类。

(一) 动力学稳定性

动力学稳定性可视为颗粒对抗重力的能力。分散相的每个颗粒均受到两个相反力的作用,即引起沉降的重力和阻碍沉降的扩散力(布朗运动)。扩散力比值与颗粒的分散度有关,粒度越大,所受扩散力的影响越小,沉降速度越快。

(二) 聚集稳定性

聚集稳定性是体系保持其颗粒分散性的能力,它是胶体分散体系保持稳定性状态的主要原因,一般用胶体颗粒表面双电层现象和溶剂化作用等来解释。

1. 胶体颗粒表面双电层

在溶液中,二相界面处存在的离子双电层和电位突变,是胶体溶液和悬浮液最主要的特征。介质和分散相物质的介电性质之差形成溶液中选择性离子吸附的特殊分子力,或分散相物质本身的表面分子离解等,这是产生双电层的原因。

通常以氢氧化铁或氢氧化铝溶液作为例子来进行分析,图 4-1 为氢氧化铁胶团结构示意图。

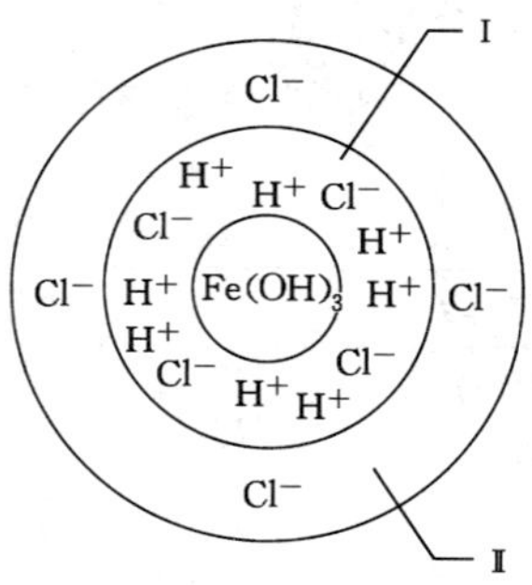

Ⅰ—密实层;Ⅱ—扩散层。

图 4-1　氢氧化铁胶团结构示意图

颗粒和其密实离子层一起构成胶粒,和双电层一起形成胶团。这样形成的胶团结构有以下特点:

(1) H^+ 离子吸附在 $Fe(OH)_3$ 表面上;

(2) 被结合在密实层中的反离子 Cl^- 减少颗粒的电荷,但不能完全中和,胶粒电荷的符号由过量的 H^+ 离子决定;

(3) 扩散层中的反离子 Cl^- 能中和胶体的正电荷,并使胶团变为中性。

$Fe(OH)_3$的胶团结构应写成：

$$\{[Fe(OH)_3]_m nH^+(n-x)Cl^-\}^+ xCl^-$$

对于水解的$Al_2(SO_4)_3$所形成的氢氧化铝胶团，可以写成：

$$\{[Al(OH)_3]_m nH^+ \frac{1}{2}(n-x)SO_4^{2-}\}^+ \frac{1}{2}xSO_4^{2-}$$

因为实际的胶团结构非常复杂，另外由于Al^{3+}和Fe^{3+}水解产物的聚合作用和能够与许多离子形成络合物的能力，所以实际上这些结构式只有相对的意义。

颗粒的ξ电位值决定其趋向凝聚的性质，它常作为凝聚过程进行完全程度的主要指标。它与离子扩散层厚度密切相关，扩散层越厚，ξ电位越高；扩散层压缩变薄，ξ电位变低；ξ电位为零时，称为等电状态。此时，胶团结构则变成：

$$\{[Fe(OH)_3]_m nH^+ nCl^-\}$$

$$\{[H_2SiO_3]_m nSiO_3^{2-} nH^+\}$$

根据分散相物质和周围电解质的亲和力程度，电解质可以分成无关电解质和关联电解质。关联电解质的电位决定了离子能够提高热力学电位。同时，与之成对的符号相反的离子可以引起扩散层压缩，从而降低ξ电位。通常情况下，当关联电解质浓度很小时，φ_0和ξ都会增加；而当浓度增高时，ξ电位会逐渐下降，直到符号变化至相反为止。

无关电解质不影响φ_0值，但可压缩双电层，降低ξ电位。

当反离子吸附性增加时，ξ电位会显著降低。和其他离子相比，尺寸较小的H^+离子能够较容易地通过固相表面。OH^-离子由于其较大的偶极矩而易于吸收。因此，介质的pH值对电位和符号影响很大。

介质pH值下降会导致正电溶胶的电荷增加，并会减少负电溶胶的电荷。介质pH值对两性化合物的水溶液影响特别大，在pH值为4.5～6.5的弱酸介质中，过量的氢离子使它们不能按酸性离解而表现为碱性：

$$Al(OH)_3 \Leftrightarrow Al(OH)_2^+ + OH^-$$

电位离子是$Al(OH)_2^+$。

在pH<4.5的介质中，电位离子是铝的阳离子：

$$Al(OH)_2^+ + OH^- \Leftrightarrow Al^{3+} + 3OH^-$$

在pH=7.5～8的弱碱性介质中，由于OH^-过量使氢氧化铝按碱性离解：

$$Al(OH)_3 \Leftrightarrow Al(OH)_2O^- + H^+$$

此时，电位离子是$Al(OH)_2O^-$，颗粒呈负电性。

当pH值更高时，则按下式分解：

$$Al(OH)_2O^- + H^+ \Leftrightarrow AlO_2^- + H^+ + H_2O$$

介质温度对ξ电位的影响是双重的，其最终影响取决于二者之中较大者。当温度升高时会增加反离子运动的强度，并可能导致扩散层厚度和ξ电位的增加；但同时也会使电位决定离子的吸附减少，导致ξ电位的下降。

煤泥水悬浮液中常见的黏土、煤泥颗粒一般带负电荷，而在水中凝聚剂水解过程中所形成的铝或铁的氢氧化物带正电荷，由此可以解释在煤泥水絮凝处理时，加一点无机絮凝剂，会大大提高澄清效果的原因。

另外还需要注意的是，当煤泥水中悬浮液颗粒是聚集体，也就是说，是由更细的若干颗粒组成，但没有统一电荷时，则它们的表面性质由每个更细颗粒的局部性质来决定。此时这些颗粒的某一部分的 ξ 电位降低，并不意味整个聚集体稳定性的丧失。

由以上所述可知，胶体颗粒的稳定性主要取决于胶体颗粒彼此间的静电作用力。但实际上胶体体系的聚集稳定性还与另外一些因素有关，这主要是指溶剂化作用和结构力学因素。

2. 颗粒表面的溶剂化作用

溶剂化作用也叫水化作用，水化作用对亲水和疏水溶胶的影响差别很大，疏水溶胶某种程度的水化可用被吸附离子或分子的水化作用解释。在电荷降低以后，水化层就不再妨碍颗粒附着作用。而亲水表面的胶体，即使在消除电荷后也会保持其稳定性。从这几点看，水化层的存在比双电层的存在对胶体是更为重要的稳定因素。

三、胶体微细粒稳定性理论

（一）DLVO 理论

目前解释凝聚剂对微细颗粒的凝聚作用的过程和机理多采用胶体的稳定性理论，而解释得比较完善的是 DLVO 理论。它是由 Derjaguin、Landao、Verwey、Overbeek 四人在 20 世纪 40 年代提出的。该理论以溶胶粒子间的范德瓦耳斯引力和静电斥力为基础，二者合力的大小和方向决定胶体体系的稳定性。通常认为胶粒之间的作用力主要是多分子间的范德瓦耳斯引力和静电斥力。范德瓦耳斯引力指的是颗粒间的相互作用力，它是色散力、极性力和诱导偶极力之和，其大小和粒子间距的六次方成反比。胶体颗粒间的静电斥力是由于它周围的双电层在颗粒接近时相互作用产生的。两个颗粒间的静电斥力是它们间距指数的函数。除颗粒尺寸和形状之外，颗粒的表面电势和扩散层厚度也将影响静电斥力的大小。

有的资料上用胶粒间的位能来说明胶体的稳定性，即溶胶粒子之间的位能 V 为吸引位能 V_A 和相斥位能 V_R 之和，即

$$V=V_A+V_R \tag{4-1}$$

假设溶胶粒子为球形，根据胶体颗粒间的范德瓦耳斯引力和静电斥力的计算公式计算出吸引位能 V_A 和相斥位能 V_R，然后以位能 V 对胶体颗粒间距离 H 作图，得出图 4-2，图 4-2 称为综合位能曲线。

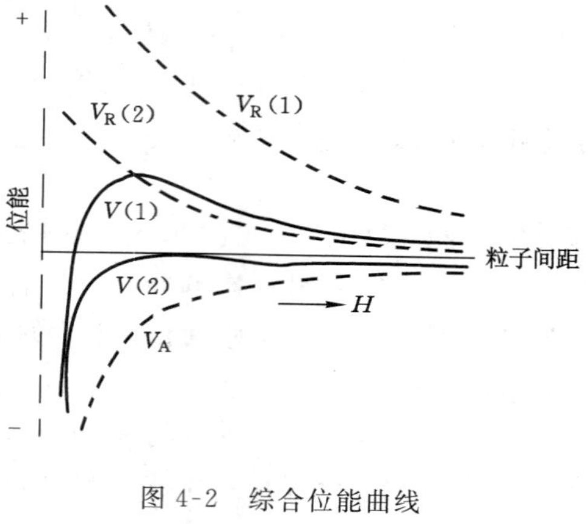

图 4-2　综合位能曲线

如图 4-2 所示，V_A 仅在很短距离内起作用，V_R 的作用距离稍大些。当 $H\to 0$ 时，$V_A\to$ 无

穷大，吸引力随粒子的接近迅速增加。V_R随距离的接近而升高。它的增加接近于一个常数，当粒子间距离较远时，V_A和V_R均为零，当粒子逐渐接近时，首先起作用的是相斥位能V_R。如粒子能克服V_R并进一步靠拢，直到某一距离时V_A才起作用。粒子越接近，V_A影响越大。曲线形状决定V_A和V_R的相对大小。V(1)是斥力大于引力，表示胶体体系能保持稳定；V(2)表示在任何距离下，斥力都不能克服粒子之间的引力，因此胶体体系处于不稳定状态，粒子将相互聚集，最终产生沉淀。

在曲线V(1)上的最高点叫斥力势垒，只有粒子的势能超过这一点才能聚沉，所以它的高低标志着溶胶稳定性的大小。曲线V(2)上没有势垒，表明在任何情况下的粒子都将产生聚沉。当势垒远高于粒子热运动的动能时，不加混凝剂或不采用别的手段，胶体体系将永远保持稳定状态。

（二）扩展的DLVO理论

经典的DLVO理论可以解释一些矿物粒子在水中的凝聚行为，但由于煤泥水颗粒表面的水化及药剂使用，经典的DLVO理论不能圆满解释煤泥水中颗粒间的凝聚与分散行为，甚至得出完全相反的结果。近二十年来，在胶体分散体系与稳定性的研究中，人们已经发现，经典的DLVO理论无法充分解释胶体粒子间的凝聚行为。这主要是因为，亲水胶体颗粒之间存在水化斥力，疏水胶体颗粒之间存在疏水力，而大分子化合物则会产生空间斥力。这些因素共同影响颗粒的相互作用和稳定性。因此，科学家们提出了扩展的DLVO理论，以更全面地解释胶体粒子间的相互作用。

扩展的DLVO理论就是在胶体分散体系中，考虑各种可能存在的相互作用力，在粒子间相互作用的DLVO理论的势能曲线上，加上其他相互作用项，即粒子间相互作用总能量由式(4-2)给出；

$$V_T = V_A + V_R + V_{HR} + V_{HA} + V_{SR} + V_{MA} \tag{4-2}$$

式中，V_{HR}为水化相互作用排斥能；V_{HA}为疏水相互作用吸引能；V_{SR}为空间稳定化作用能；V_{MA}为磁吸引势能。

对于亲水体系：

$$V_T = V_A + V_R + V_{HR} \tag{4-3}$$

对于疏水体系：

$$V_T = V_A + V_R + V_{HA} \tag{4-4}$$

V_{SR}和V_{MA}则取决于体系性质，若有这两项作用时，则分别加到相应体系的计算式中。

为了用扩展的DLVO理论讨论煤泥水体系中粒子间的凝聚行为，需要求出体系中可能存在的各种相互作用力，主要是水化力和疏水力。

四、无机电解质的聚沉作用

根据DLVO理论，无机电解质凝聚剂的凝聚机理主要是浓缩凝聚和中和凝聚。浓缩凝聚主要是由于双电层受到压缩，导致胶粒之间的相互排斥力减弱，从而使胶粒失去稳定性，进而发生凝聚现象；而中和凝聚是在双电层受到压缩的同时，电位φ_0下降，从而进一步降低了胶粒的稳定性。

强电荷颗粒和高的电解质浓度通常显示为浓缩凝聚。根据胶团的构造，我们知道凝聚离子的电荷只有跟溶胶粒子所带电荷相反时，才会发生聚沉。所以对于带负电荷颗粒的溶胶，阳离子是凝聚离子，对于带正电荷颗粒的溶胶，阴离子是凝聚离子，离子的化合价越高，其凝聚能力就越大。

另外，同价离子的大小对聚沉能力也有一定影响，尤其是一价离子，彼此差别较明显，如将各离子按其聚沉能力的顺序排列。一价正离子的顺序为：$H^+ > Cs^+ > Rb^+ > NH_4^+ > K^+ > Na^+ > Li^+$。一价负离子可排列为：$F^- > IO_3^- > Cl^- > Br^- > I^- > CNS^-$。同价离子聚沉能力的次序称为感胶次序，与水合离子半径从小到大的次序大致相同，这可能是水合离子半径越小越易靠近胶体粒子的缘故。

一般认为，多价离子的凝聚通常以中和凝聚为主，而一价离子的凝聚以浓缩凝聚为主。

在凝聚过程中，离子的凝聚能力和它的可吸附性直接有关。实践证明，离子凝聚作用随可吸附性的增加而增加，凝聚离子达到所吸附程度相应的电解度浓度越小，溶胶颗粒的电荷降低就越厉害，由此可以解释某些具有高的可吸附性的凝聚剂有较强的凝聚作用。

此外，伴同离子的性质与颗粒表面伴同离子的吸附、离子间的相互作用或者伴同离子同分散介质分子的相互作用有关，且均会影响凝聚效果。

实际的凝聚过程十分复杂，这主要是因为影响因素太多，现有的理论只能部分地对这一过程进行解释。

第二节　煤泥水处理药剂种类及作用机理

一、高分子絮凝剂

（一）高分子絮凝剂的分类、结构和性质

一般将高分子絮凝剂分为无机高分子絮凝剂和有机高分子絮凝剂两大类，有机高分子絮凝剂又可分为天然型和合成型两类，下面分别加以介绍。

1. 无机高分子絮凝剂

常见的无机高分子絮凝剂有活性硅酸、腐殖酸钠和碱式氯化铝等，其中碱式氯化铝在选煤厂中应用较多。

活性硅酸是以水玻璃为原料，用酸处理后形成的凝胶，反应过程包括分子脱水及形成硅氧键：

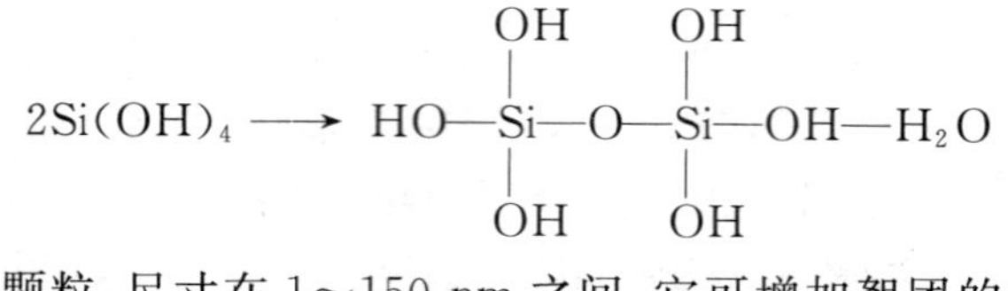

活性硅酸为球形颗粒，尺寸在 1～150 nm 之间，它可增加絮团的密实性及强度，加速沉降及形成密实的沉淀物。

碱式氯化铝可由三氯化铝和烧碱通过简单的中和反应得到：

$$2AlCl_3 + nNaOH \longrightarrow Al_2(OH)_nCl_{6-n} + nNaCl$$

由于碱式氯化铝具有很强的电荷中和能力，絮凝效果好，且生产原料来源广泛，在煤泥水处理中使用越来越多，尤其是它可以利用高铝煤矸石、燃料炉渣等作为原料，成为煤矸石综合利用的出路之一。

2. 天然高分子絮凝剂

天然高分子絮凝剂主要包括各种淀粉及其残渣、藻类、动植物胶类等。这类絮凝剂的使用效果一般比无机电解质要好，但淀粉是粮食制品，大量用于工业生产中是不合理的。我国野生植物种类多，数量大，所以从野生植物中寻找代用品，开辟天然絮凝剂的新来源，在我国有广阔的前景。

梧桐、榆树、野棉花和仙人掌等都可以作为天然高分子絮凝剂的生产原料，原料不同，提取的方法也不同。如梧桐等木材，可切成薄片，然后用冷水浸取，得到的溶胶含大量相对分子质量为 9×10^7 左右的多糖类化合物，就是所需的絮凝剂。

3. 合成高分子絮凝剂

通常，合成高分子絮凝剂都是水溶性的高分子化合物，包括聚合电解质和非离子聚合物两大类，根据分子键上活性基团所带电荷符号又可将聚合电解质分为三类。① 阴离子型：在水中电离成一般的阳离子和大得多的阴离子团；② 阳离子型：在水中电离成一般的阴离子和大得多的阳离子团；③ 双离子型：在水中电离出大量的阴、阳离子团。

下面以聚丙烯酰胺及衍生物为例，介绍不同离子型絮凝剂。

(1) 非离子型

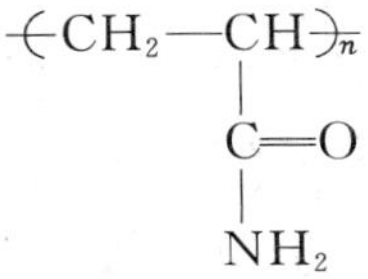

(2) 阳离子型

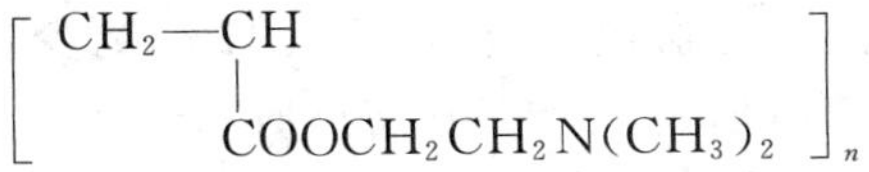

(3) 阴离子型

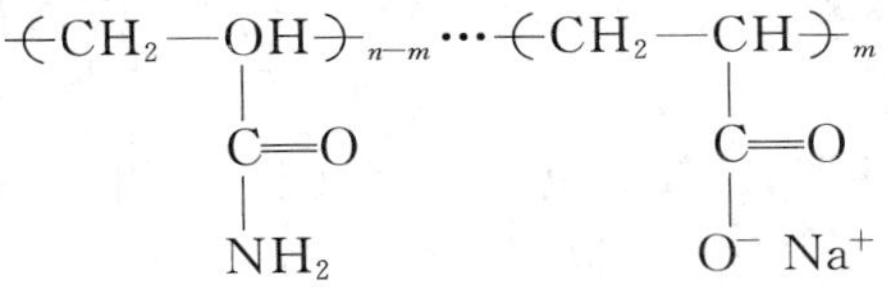

(4) 双离子型

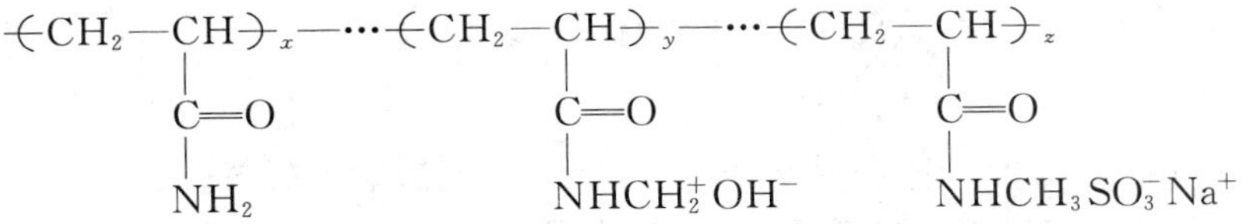

煤泥水处理用得最多的是非离子型聚丙烯酰胺(PAM，又称 3 号絮凝剂)和它们的衍生物阴离子型部分水解体的聚丙烯酰胺(PHP)。它们都是无色、无味、能溶于水、腐蚀性和毒性小的絮凝剂。目前，阳离子型絮凝剂也开始较多地被使用。

聚丙烯酰胺的制取目前主要采用催化剂水合法：

$$\underset{\text{丙烯腈}}{CH_2=CHCN}+H_2O\xrightarrow{\text{催化剂}}\underset{\text{丙烯酰胺}}{CH_2=CHCONH_2}$$

$$n(CH_2=CHCONH_2)\xrightarrow{\text{引发剂}}(CH_2-CHCONH_2)_n$$

n 为聚合度，为高分子聚合物的结构单元数目。目前生产的非离子型聚丙烯酰胺产品，其相对分子质量在 300 万～1 000 万之间，由此可知 n 的数值在几万和几十万之间，絮凝剂相对分子质量高，有利于絮凝作用，但相对分子质量过大，溶解性也降低，所以相对分子质量也不能太高。

(5) 改性反应

通常通过改性反应来增强聚丙烯酰胺的作用或适应不同的用途，常见的改性反应有以下几种。

① 水解反应：这是将聚丙烯酰胺用碱处理后得到部分水解产品，即阴离子型聚丙烯酰胺(PHP)。

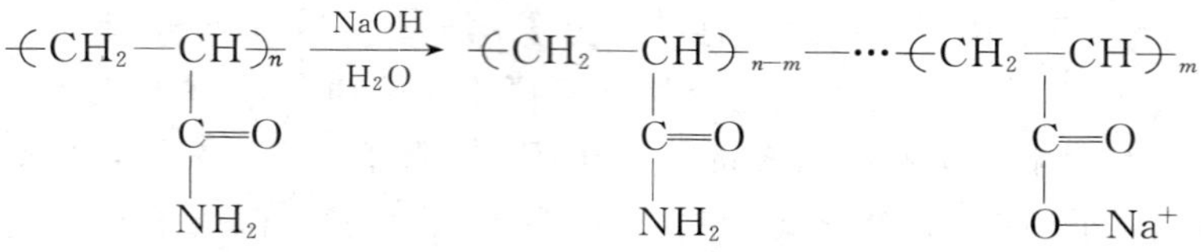

这里 m 为 PHP 分子中酰胺基发生水解被羧钠基取代的数值，m/n 称为水解度。

在碱性或中性溶液中，这类化合物能产生电离：

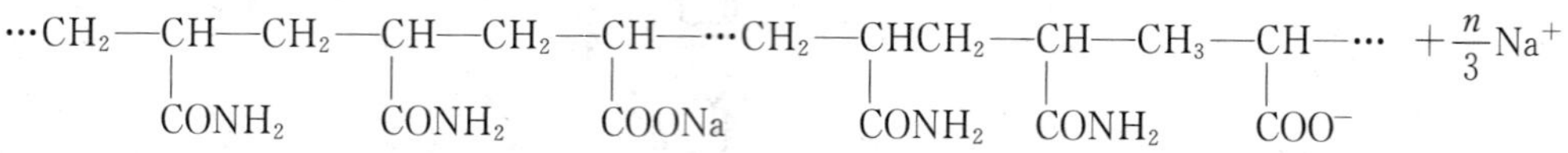

由于—COO⁻ 和—COO⁻ 之间的斥力，从而使蜷曲状分子能伸展开。水解度对分子蜷曲状况的影响较大。如水解度小于 30%，分子链上—COO⁻ 基团较少，此时尚不足以使大分子展开，因而絮凝效率受到一定影响，虽然—COOH 解离少，电负性弱，同带负电的煤粒表面的静斥力小，但架桥作用不如大于 30% 水解度时好。

如水解度大于 30%，由于—COO⁻ 基团增多，高分子能伸展得很好，但同时负电性也增强。又因—COO⁻ 基团的增多，它和带负电煤粒表面的斥力增强，甚至阻止了架桥作用的产生。

水解度在 30% 的聚丙烯酰胺，其电负性既有助于分子的展开，又有利于架桥作用的产生。最后需说明，在酸性溶液中，聚丙烯酰胺可生成：

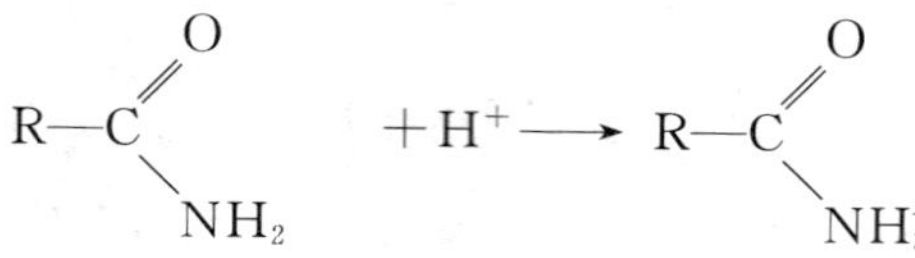

该离子也易和—COO⁻ 作用，使分子发生蜷曲，从而影响絮凝效能。

表 4-2 是不同水解度聚丙烯酰胺对瘦煤、浓度 78 g/L、pH=7.5、药剂用量 3 g/m³ 的煤泥水的澄清试验结果，图 4-3 是相关的特性曲线。

表 4-2　不同水解度聚丙烯酰胺对煤泥水的澄清试验结果

改性加 NaOH 量/(g/kg)	所得阴离子产品的水解度/%	絮凝沉降速度/(cm/min)
25	5	58
50	10	66
75	15	72
100	20	84

表 4-2(续)

改性加 NaOH 量/(g/kg)	所得阴离子产品的水解度/%	絮凝沉降速度/(cm/min)
125	25	96
150	30	115
175	35	105
200	40	88

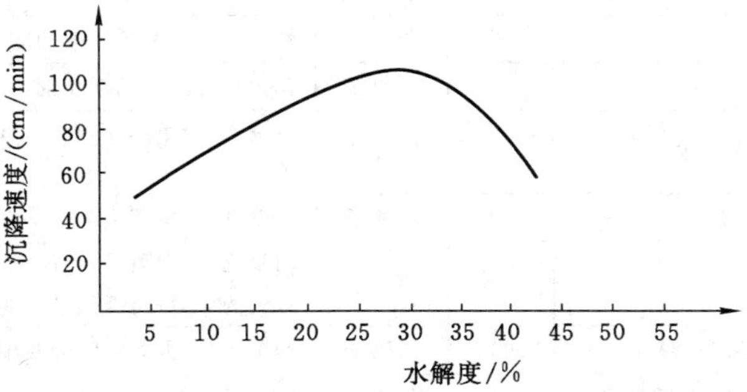

图 4-3　絮凝剂水解度与煤泥水沉降速度特性曲线

由表 4-2 及图 4-3 可知，当水解中加碱量为絮凝剂质量(干基)的 15%时，所得水解度为 30%的阴离子型絮凝剂产品对煤泥水的澄清效果最佳，加碱量过多或过少时，其水解后产品的澄清效果均会降低。

② 胺甲基反应：这是生成阳离子型聚丙烯酰胺的改性反应，反应产物为季铵盐类阳离子型聚丙烯酰胺系列高分子絮凝剂。阳离子型絮凝剂因稳定性较差，相对分子质量较低，一般很少单独使用。但它对泥、砂等带负电荷的细粒有特殊絮凝效果。据一些试验研究报告，当和阴离子型絮凝剂配合使用时，可在煤泥水中形成更大絮团，进而加快沉降速度，且所得上层清水的透光率和下层煤泥水的沉降体积都是比较令人满意的。

③ GCAM 接枝共聚絮凝剂

该类絮凝剂是在微晶纤维素的骨架上接枝高相对分子质量的聚丙烯酰胺，从而使它的相对分子质量比一般的聚丙烯酰胺大为提高。又由于分子结构由线状增加了空间支链，絮凝性能得到了显著提升。这种改进不但加快了沉降速度，使溢流水变清，而且还可以适当减少添加剂的用量。该产品还可以用部分价廉的天然高分子物质代替聚丙烯酰胺单体进行接枝共聚，从而降低成本。这是一种很有前途的新型絮凝剂。

絮凝剂的种类繁多，目前已有各种各样的共聚絮凝剂。如聚丙烯酰胺和环氧乙烷，乙二胺和乙醛的反应物，聚丙烯酰胺的羟甲基衍生物等，另外还有缩合型高分子絮凝剂，如聚酰胺聚氧化乙烯等。

目前世界上很多国家都采用絮凝剂来实现工业废水的澄清和脱水，不同国家生产絮凝剂的品种很多，表 4-3 列出的是一些主要的工业合成有机絮凝剂。

表 4-3 主要的工业合成有机絮凝剂

名　　称	分子式	离子类型	性能说明
聚(乙烯胺)	①	阳离子	均聚物;带电密度为 pH 的函数
聚(2-羟基丙基-1-*N*-甲基氯化铵)	②	阳离子	均聚物;带电密度为 pH 的函数
聚(2-羟基丙基-1,1-*N*-二甲基氯化铵)	③	阳离子	均聚物;强阳离子,pH 表现不灵敏且氯化稳定;有较大的代表性
聚(苯乙烯磺酸钠)(PSS)	④	阴离子	强阴离子,pH 表现不灵敏的絮凝物中一些重要的均聚物
聚丙烯酰胺(PAM)	⑤	非离子	最重要的非离子型絮凝剂,主要组分以共聚态存在
聚(氧丙环)(PED)	⑥	非离子	作为特殊用途的有效的非离子型絮凝剂
聚(乙烯吡咯烷酮)	⑦	非离子	作为特殊用途的絮凝剂
聚[*N*-(二甲基氨甲基)-丙烯酰胺]	⑧	阳离子	溶液均匀;带电密度为 pH 的函数;有很大的工业价值
聚(2-乙烯咪唑啉酸式硫酸盐)	⑨	阳离子	均聚物;带电密度为 pH 的函数(脒结构)
聚(己二烯二甲基氯化铵)	⑩	阳离子	均聚物;强阳离子,pH 表现不灵敏且氯化稳定;有较大的代表性;丙烯酰胺的共聚物也很重要
聚(*N*,*N*-二甲基氨乙基丙烯酸酯)	⑪	阳离子	均聚物;同丙烯酰胺的共聚物更有价值
聚[*N*-(二甲基氨丙基)一甲基丙烯酰胺]	⑫	阳离子	阳离子性稳定的丙烯酰胺水解衍生物
聚(丙烯酸钠或丙烯酸铵)	⑬	阴离子	均聚物或大量阴离子与丙烯酰胺的组合物

注：

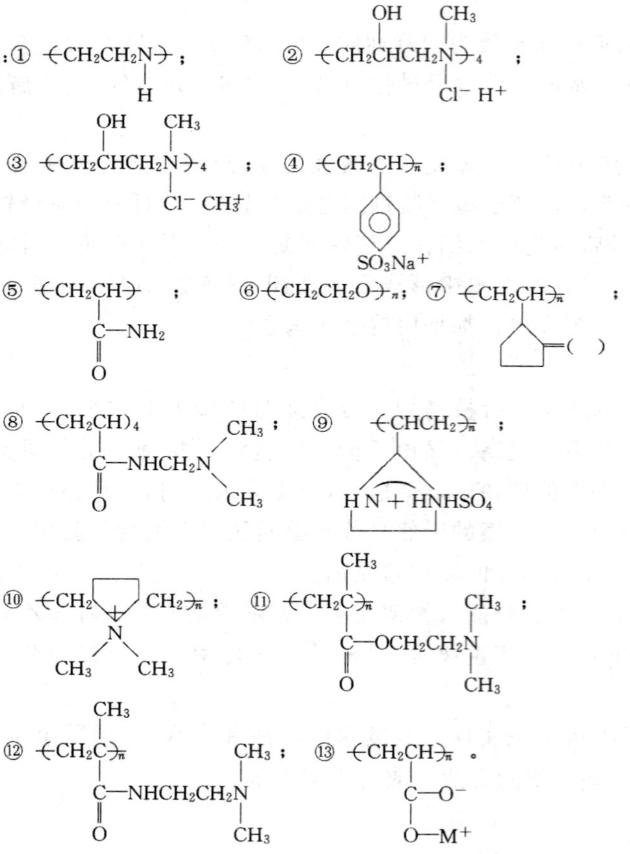

（二）高分子絮凝剂的作用机理

一般认为高分子絮凝剂的作用有以下几种形式：架桥作用、电性中和作用、吸附作用、网捕絮凝作用。下面主要以选煤厂用得最多的聚合铝和聚丙烯酰胺为例，分别介绍无机和有机高分子絮凝剂的作用机理。

1. 无机高分子絮凝剂的作用机理

聚合铝是由碱式氯化铝通过水解反应的产物，其絮凝作用机理较复杂。其中既有吸附和电性中和作用，又有网捕和吸附桥联作用。下面简要地分析一下它的作用机理。

$AlCl_3$在水中可以发生水解反应，生成碱式氯化铝，用 $Al(OH) \cdot Cl_{3x-y}$的通式表示。当 $pH<4$ 时，以 Al^{3+} 的形式存在，或以 $Al(H_2O)_n^{3+}$ 的形式存在，一般 $n=6 \sim 10$。当 $4<pH<6$ 时，有部分 Al^{3+} 发生不同的水解反应，生成$[Al_2(OH)]^{5+}$等离子。当 $pH>8.5$ 时，则生成$[Al(OH)_4]^-$或$[Al_8(OH)_{25}]^-$等形式的离子。在 $pH<4$ 时，铝为稳定的单核络合物。随 pH 值的增高，一部分配位水发生水解，在两个 OH^- 离子之间发生“架桥聚合”，生成二聚体$[Al_2(OH)_2(OH)_8]^{4-}$、三聚体$[Al_2(OH)_4(OH)_{10}]^{8-}$等。

由上可知，在不同的 pH 值条件下，碱式氯化铝以不同形态存在，在酸性范围内大多荷正电，当 pH 值大于 8.5 时，则荷负电；当 $pH<4$ 时，以 Al^{3+} 形态存在；pH 在 6～7.5 范围内时，铝盐几乎全部以沉淀状态的聚合体形式存在，此时它们具有较大的吸附架桥性能。

氯化铝的水解产物一般为胶体微细颗粒，它们作为晶核析出时，能将胶体颗粒作为吸附质或晶核予以捕获而共同沉降下来。此时胶粒不一定脱稳，但却能被卷带网罗除去。沉淀物对胶体和微细颗粒的网捕速度与溶质的过饱和浓度成正比。煤泥水中颗粒表面多带负电荷，所以沉降物带正电荷时，能大大加快网捕速度。一般来说，欲被除去胶粒越多，网捕速度也相应越快。

聚合铝能发生羟基“架桥反应”，生成多核络合物，它们相对分子质量大，能同时吸附多个悬浮颗粒，这些颗粒通过大分子的“架桥作用”可形成松散絮团。在煤泥水处理中，如将聚合铝和高分子絮凝剂联合使用，可进一步提高絮凝剂使用效果。

2. 合成高分子絮凝剂的作用机理

（1）高分子絮凝剂的吸附架桥作用

一般认为，高分子的絮凝作用主要是由于其在吸附悬浮粒子后，高分子化合物本身的链段可以进行旋转和运动。这种运动类似于“痉挛”作用，将固体粒子聚集在一起而产生沉淀。高分子化合物在粒子间起着一种架桥作用，所以被称为“吸附桥联作用”。图 4-4 为聚丙烯酰胺的絮凝架桥作用示意图。

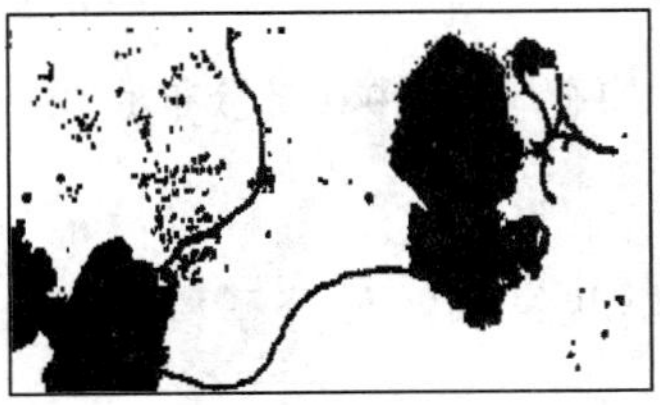

(a) 煤泥絮凝二值图像

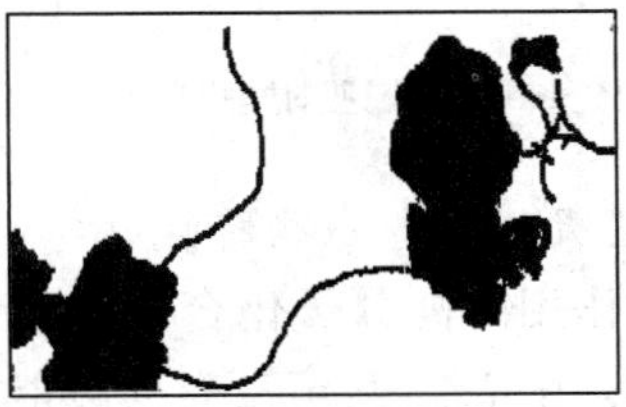

(b) 滤波后的二值图像

图 4-4　聚丙烯酰胺的絮凝架桥作用示意图

架桥的作用力是范德瓦耳斯引力、静电引力、氢键力和化学键力。至于何种力占主导地位，则需根据具体的高聚物-胶体体系而定。

高聚物的吸附模式和小分子的吸附模式有很大差别，这主要是因为高聚物是长链状的，链上带有若干活性的基团。链越长，活性基团越多，其可能的吸附构型数目也越多。此外吸附构型还与基团在分子链上的位置、溶剂的吸附能力以及和其他高聚物分子间的竞争吸附作用有关。

高聚物的吸附特点主要有下列几点：

① 如高聚物在吸附颗粒表面生成络合物，此时的吸附力以化学键力为主。

② 阳离子聚电解质能够克服静电斥力，被吸附在负电荷固体表面上，这不完全是高聚物分子的熵效应，还和其他的作用力（如范德瓦耳斯引力、氢键力）等有关。

③ 氢键力导致高聚物在颗粒表面的吸附，通常是牢固的，因为 1 mol 的氢键力虽然很弱，但如果一个分子的链上有很多氢键力，其总和就会很可观。

④ 微量的 Ca^{2+} 或其他二价阳离子吸附于胶体颗粒表面后，对高聚物分子往往起“结合点”作用。

⑤ 吸附过程往往是不可逆的。

⑥ 吸附量随相对分子质量的增大而减少。

⑦ 高聚物和溶剂间存在竞争吸附。

（2）高聚物电解质的电性中和作用

高聚物电解质是那些同时具有高聚物性质和电解质性质的高聚物，如聚丙烯酰胺的水解产物在絮凝时，当聚电解质上所带电荷符号和胶体颗粒上的相反时，除桥联作用外，还有电性中和和压缩颗粒双电层作用。因此，在这种情况下，尽管相对分子质量相同，带电荷的要比不带电荷的絮凝效率高。Gregory 提出镶嵌引力概念来解释这一絮凝现象，他认为胶体颗粒表面上可以吸附带相反电荷的聚电解质，以整个颗粒来看，表面电荷似乎被中和了，但实际上，表面上的电荷依然不均匀地分布着，只是有些地方为正电荷，可和另一胶体表面上全部的负电荷相吸引。在这种过程中，颗粒的双电层受到压缩，引力势的作用加强。从而导致絮凝沉淀，图 4-5 为这一现象的示意图。

图 4-5 镶嵌吸附模型（聚阳离子在负电荷胶体颗粒上的分布示意图）

3. 高聚物絮凝作用的一些特点

（1）起絮凝作用的高分子化合物通常都是链状结构。如分子构型是交联的，或者有支链结构，其絮凝作用就差，甚至没有絮凝能力。

（2）任何絮凝剂都有一个最佳用量，此时的絮凝效果最好，超过此值絮凝效果就会下降。如果超过很多，反而发生絮凝保护作用，即产生反作用。这是因为胶体颗粒表面必须保留足够的空间位置，以供另一个胶体颗粒的链环或链尾来“搭桥”，否则无法进行絮凝。研究表明，最佳用量大约为固体粒子表面吸附高分子化合物达到饱和时的一半吸附量，因为这时高分子在固体颗粒上架桥的概率最大，这一结论和絮凝过程的微观动力学研究的结论是一致的。

(3) 一般絮凝剂相对分子质量越大，其"架桥"作用越强，絮凝效率越高，如图 4-6 所示。但相对分子质量也不能太大，过大的相对分子质量不仅溶解困难，大分子运动迟缓，而且吸附的固体粒子空间距离太远，不易聚集，达不到絮凝效果。

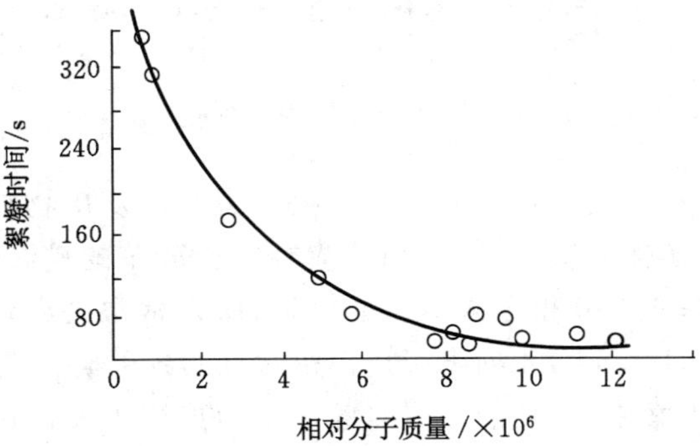

图 4-6　2 mL 0.025%的不同相对分子质量的聚苯乙烯磺酸钠加到100 mL 10%的蒙脱土悬浮体内相对分子质量与絮凝时间的关系

(4) 高分子化合物的基团性质和絮凝有关。有良好絮凝作用的高分子化合物至少应是含有能吸附于固体表面的基团，同时这种基团还能溶解于水中。所以基团的性质对絮凝效果有十分重要的影响，常见的有—COONa，—$CONH_2$，—OH，—SO_3Na 等。这些基团的特点是亲水性很强，在固体表面能吸附。此外溶液和固体表面性质对吸附力的影响也很大。

(5) 高分子絮凝剂同天然水中的物质及水中的悬浮物，或在它之前投加的水解混凝剂的离子之间会相互发生化学作用，它们可能是络合反应。

(6) 絮凝过程是否迅速、彻底取决于絮凝剂的大小和结构、被絮凝物的性质以及与絮凝剂的混合条件、搅拌速度、强度等。此外，容器类型、絮凝剂浓度、加入药剂的速度等也对絮凝效果产生影响。由于这些因素之间的相互作用极为复杂，因此很难用简单的数字关系来表述它们对絮凝过程的综合影响。

(7) 絮凝效果的好坏和絮团本身的物理性质有很大关系，絮团的大小、密度、强度等都对絮凝效果有影响，特别是絮团中水和气的含量，直接影响到絮团的沉降速度。

试验表明，絮团越紧，沉降速度越快；粒度越细，沉降速度越慢。煤泥水中悬浮物形成的絮团是一个气-液-固三相聚合体，絮团中网捕了相当数量的气泡，这也是造成絮团松弛的重要原因。

(三) 几种特殊的絮凝方法

1. 选择性絮凝

选择性絮凝是指在一个含有两种或两种以上悬浮组分的稳定悬浮液中，加入某种高分子絮凝剂，由于两种组分的表面活性不同，这种高分子絮凝剂在不同组分之间会产生有选择的吸附作用，通过"搭配"生成絮凝物而沉降，而另一种或几种组分仍然分散在悬浮液中不受影响，从而达到使两种以上组分分离的目的，这种作用称为选择性絮凝(也叫优先絮凝)。能够起这种作用的絮凝剂叫作选择性絮凝剂。选择性絮凝和上述均相絮凝过程不同，它属于异相絮凝。图 4-7 为选择性絮凝工艺各阶段情况。

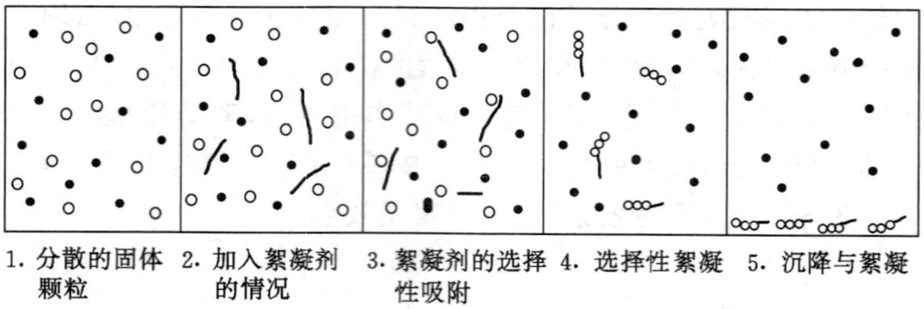

图 4-7　选择性絮凝工艺中各阶段情况

选择性絮凝是一种具有广泛应用前景的特殊处理方法。从矿物加工的角度看，它适合于处理小到几微米的原生矿泥及次生矿泥、细粒或极细粒嵌布的矿石或低品位的矿渣。这些矿石或矿泥，用一般方法很难获得令人满意的效果，所以常常丢弃，但这些矿泥中的有用矿物含量有时高达20%以上。表 4-4 列出了选矿中常见的各种矿物混合物的选择性絮凝分离方案，在所有这些研究方案中，成功的多属实验室模拟或半工业性试验，只有少数获得工业上的应用。其中比较成熟的有铁矿、铜矿、钾盐矿、磷酸盐矿、黏土矿、铝土矿和煤等。

表 4-4　各种矿物混合物的选择性絮凝分离

矿物混合物		絮凝剂	辅助剂	分离方法
被絮凝	被分散			
赤铁矿	石英	淀粉，石青粉，腐殖酸钠	NaOH，Na_2SiO_3，$(NaPO_3)_6$	(1)
硅酸盐	赤铁矿	弱强水解聚丙烯酰胺	NaF，NaCl，$(NaPO_3)_6$	(1)
TiO_2 杂质	高岭土	聚丙烯酰胺	Na_2SiO_3，NaCl，$(NaPO_3)_6$	(1)
磷酸盐矿物	石英、黏土	阴离子淀粉	NaOH	(1)
黄铁矿	石英	聚丙烯酰胺(聚丙烯腈)	NaOH	(1)
闪锌矿	石英	聚丙烯酰胺(聚丙烯腈)		(1)
菱锌矿	石英	聚丙烯酰胺(聚丙烯腈)		(1)
氧化镁、碳酸盐	脉石	聚丙烯酰胺(聚丙烯腈)	硫酸铝	(1)
滑石、褐铁矿	细粒黄铁矿	聚乙烯氧化物	起泡剂	(2)
脉石	铬铁矿	羧甲基纤维素	NaOH，Na_2SiO_3	(3)
方铅矿	石英	水解聚丙烯酰胺		(4)
方铅矿	方解石	弱水解聚丙烯酰胺	Na_2S，Na_2SiO_3	(4)
方解石	石英	水解聚丙烯酰胺		(4)
方解石	金红石	强水解聚丙烯酰胺	$(NaPO_3)_6$	(4)
铝土矿	石英	强水解聚丙烯酰胺	$(NaPO_3)_6$	(4)
煤	页岩	聚丙烯酰胺	$(NaPO_3)_6+Ca^{2+}$	(4)
重晶石	萤石、石英	玉米淀粉	Na_2SiO_3	(4)
硅孔雀石	石英	纤维素黄药	NaOH，Na_2S，NaCl	(4)
硅孔雀石	石英	非离子型聚丙烯酰胺	$(NaPO_3)_6$，NaCl	(4)
氧化铜、硫化铜矿物	白云石、石英、方解石	聚丙烯酰胺-双乙羟基乙二醛	$(NaPO_3)_6$，NaCl	(4)
钛铁矿	长石	水解聚丙烯酰胺	NaF	(4)
褐铁矿	石英、黏土	水解聚丙烯酰胺	NaOH，$(NaPO_3)_6$	(4)
锡石	石英	水解聚丙烯酰胺	$CuSO_4$，$Pb(NO_3)_2$	(4)

注：(1) 絮凝脱泥浮选：用分散法，赤铁矿絮凝下沉，脱出脉石，阳离子捕收剂浮选夹杂脉石。(2) 选择性絮凝后，用浮选法浮去被絮凝的无用脉石矿物，然后再用浮选分离呈分散状的有用矿物，如絮凝黏土，用浮选将黏土絮团浮去，然后进行钾盐浮选。(3) 絮凝脉石，然后浮选有用矿物。如铬铁矿在 pH＝11.5 时用羧甲基纤维素絮凝脉石，油酸浮铁矿。(4) 在浮选前进行粗细粒分级，粗粒浮选，细粒选择性絮凝。

选择性絮凝作用是基于高分子絮凝剂在不同矿物表面上的选择性吸附。由于目前对固相界面上高分子絮凝剂吸附机理了解得仍然不充分，因此，对选用何种选择性絮凝剂难以作出理论上的判断。如 PAM 在氧化物上是氢键吸附的，但在硫化物或盐类矿物上又如何？不同矿物对不同的絮凝剂，有不同的吸附机理。矿物表面一旦改性，结果又会有所不同，这些只能通过试验研究来了解，很难用理论方法来预测。这也是限制选择性絮凝工艺广泛应用的一个主要因素。

此外，在选择性絮凝工艺研究中，要注意体系的 pH 值和离子化程度等问题，要使体系具有适当的稳定性，并要能较好地和所加的选择性絮凝剂配合。

2. 油团聚

油团聚也叫造粒分选、造粒法或油团选、油团絮、疏水絮凝法。它可以看作是以烃类化合物作絮凝剂的选择性分选。该法是在煤泥水中加入疏水性矿物油，表面疏水性颗粒选择性地被油润湿包围、碰撞，在油的表面张力和油桥引力作用下形成团粒浮出。实际上，所谓油团聚是指通过高速剪切处理含一定数量烃类油的煤浆，通常在这一过程中需要在煤浆中添加一定数量的乳化剂和调整剂，这样可以大大减少烃类油用量和缩短团聚时间。煤浆经连续不断地剪切一段时间后，煤就形成了松散煤油团，这种煤油团会越来越大，最后变成结实的团粒，尾矿留在悬浮液中。形成的颗粒只需简单筛分就可分离出来，也可用沉降过滤式离心机回收。

该方法适用于煤的深度精选、脱灰、脱硫等，同时还可用于今后细粒或极细粒含量高的煤泥分选与脱水工艺。该方法有很高的脱水性能，比较适合于极细粒粉煤（$<50\ \mu m$）的分选（对于$>50\ \mu m$ 的煤来说，通常采用泡沫浮选），因为这类极细颗粒的煤泥，采用目前的工艺设备难以有效处理。而采用油团聚的方法可以得到较好的效果。该技术对氧化煤也比较有效。油团聚法的主要缺点是油耗较大（1%左右）。

二、助滤剂

（一）概述

浮选精煤、尾煤和煤泥的脱水是目前煤泥水处理和浮选作业的重要环节，当过滤物料中微细颗粒含量高时，易发生过滤介质堵塞、滤饼透气性差、过滤速度降低、滤饼水分提高和滤液浓度增加等问题。另外，由于煤泥表面水化和孔隙率非常发达，会吸附大量的水在它的表面，较难脱除。产品水分高带来大量的无效运输，更为严重的是在北方寒冷季节，高水分细粒煤会发生冻结，造成装卸困难。如何提高细粒物料脱水效果，一直是煤泥水处理研究中的重要课题。近年来，国内外都开展了助滤剂的研究和应用，实践证明在过滤物料中添加某些助滤剂，是一种比较成功的提高过滤效果的方法，它具有简单、价廉等一系列优点。

所谓助滤剂是指在过滤物料中添加的能提高过滤速度或者降低滤饼水分的化学药剂。有些助滤剂能提高过滤效率，增加滤饼产率，有些则能降低滤饼水分，还有些同时起这两方面作用。使用助滤剂最大的好处是原有的过滤设备和流程不需作改动或只需局部改动，从而强化现有工艺流程，它是一个很有潜力和前途的发展方向。细粒物料脱水问题日渐尖锐，而现有的过滤技术满足不了日益急迫的工业需求，在现阶段注重助滤剂的研究和推广应用具有非常现实的意义。

助滤剂的作用和滤饼水分的存在形式有关，而滤饼残余水分通常有以下几种形式：

(1) 表面水——颗粒表面水化水及颗粒间的结合水。颗粒表面水化水是指以水化膜形式覆盖在颗粒表面的水分。颗粒间的结合水是指两个或多个颗粒接触时在颗粒间缝隙和毛细管内的水分。

(2) 毛细水——包含于颗粒表面的细小缝隙和毛细管内的水分。

(3) 内部吸附水——吸附在颗粒内部微孔或毛细管内的水分,又称为内在水分。由于毛细管的吸附作用,采用热力干燥也难蒸发这部分水。

(4) 化合水——和煤中矿物质以化合方式结合的水,如高岭土($Al_2O_3 \cdot 2SiO_2 \cdot 2H_2O$)中的结晶水,这部分水通常在 200 ℃以上才能分解。

一般过滤和压滤技术只能脱除部分表面水和毛细水,这主要取决于煤泥表面的疏水程度、孔隙率大小、过滤压力和时间长短等。而内部吸附水和化合水则不能用过滤或压滤法脱除。

(二) 助滤剂的类型及作用机理

助滤剂产品品种较多,通常可分为四大类。

1. 无机盐类助滤剂

无机盐类助滤剂是电解质物质,在水中离解后电离出大量离子,离子能够中和分散在水中颗粒的电性。带电颗粒同极性水分子吸附作用(水化)较强,脱水时也就相应困难,颗粒由于失去电性,同极性分子的作用力也就减弱,脱水也就比较容易。当脱水物质是颗粒细、电性强的胶体粒子时,在分散体系中很容易形成胶团,成为高黏度的极难脱水的稳定体系,电解质能中和胶团的电性,破坏其形成的稳定体系。

2. 表面活性剂类助滤剂

凡是能在较低浓度下,使体系的表面状态发生明显变化的物质,叫作表面活性剂。表面活性剂一般都是线型分子,其分子链具有一定长度(太短了则没有表面活性剂的性质),是杂极性结构的化合物,即由两种不同性质的"基团"组成,一是亲水基团,它和水分子的作用较强;二是亲油基团,又叫憎水基团,它和水分子不易接近,却容易和"油"接近,所以它可以分散在气-水界面上,使水的表面张力降低。就煤泥过滤而言,它可以使滤饼中的水分排出增多,从而改善脱水效果。

表面活性剂类助滤剂从结构上可分为两部分:非极性基和极性基。非极性基一般分为脂肪烷和芳香烷两类。而极性基种类繁多,其亲水性大小也不一样,按基团性质可分为阴离子型、阳离子型。此外,还有非离子型表面活性剂助滤剂、两性表面活性剂助滤剂和有机硅表面活性剂等。

目前关于该类助滤剂作用机理说法不一,通常认为它是通过降低滤液表面张力和增大固-液界面的接触角来强化物料脱水的。此外滤液通道可以被比喻为一束束不同直径的平衡毛细管。为了排出毛细管中的水,毛细管两端要有一压差 Δp,因此,过滤压力要大于滤液的表面张力和其他因素所引起的毛细压力。如 R. J. Wakemen 所述,滤饼中曲折无规则的孔隙可以视为一束束大小不一的毛细管,作用于弯曲的二相界面上的"附加压力"将阻碍滤液在颗粒间的自由流动。当弯曲面为球形时(简化),附加压力为:

$$\Delta p=\frac{2\sigma}{r}\cos\theta \qquad (4\text{-}5)$$

由于添加该类助滤剂后,表面张力 σ 下降,接触角 θ 增加,Δp 减少,所以有利于滤饼脱水。

但也有人认为降低气液表面张力$\sigma_{气液}$和改善滤饼并无直接关系，其根据是，实际上有些表面活性剂降低$\sigma_{气液}$值较大，但脱水效果并不好，甚至会增加产品水分；有些降低$\sigma_{气液}$相同，但滤饼水分却不同。所以，他们的结论是表面活性剂类助滤剂的脱水效果取决于降低固液表面张力和固-气表面张力大小，只不过这二者不能直接测出。

有人认为，表面活性剂的吸附提高了煤的表面疏水性，改变了表面能，有利于颗粒团聚，改善了毛细结构和滤饼的渗透性，使空气置换滤饼颗粒间呈现摆振状态的水分比较容易。

还有人则从固-液界面黏着功$W_{SL}=\sigma(1+\cos\theta)$来解释，认为在确定这类助滤剂作用时，固液接触角$\theta$很重要。他们认为在滤饼脱水的最后阶段，在滤饼的毛细管中，固、液、气处于三相平衡时，流动空气要排挤水，取代水的位置，就必须克服固-液界面黏着功。对于亲水表面，$\theta=0$，水将润湿该表面，水同该表面充分黏附，气体不易取代固体表面的水，黏着功W_{SL}大。但如果当$\theta>0$，且θ越大，固体表面被水润湿的程度也越低，疏水性越强，水同固体表面的黏附也越弱，黏着功W_{SL}越小，空气越易取代水，表面活性剂类助滤剂的极性端和亲水的固体表面吸附，而非极性端（如链烃）朝水，则使得颗粒表面的疏水性增强，接触角的增大会使固体表面同水的作用减弱，过滤时气体易取代水的位置，使得脱水又多又快。所以根据这种观点，助滤剂改善固体颗粒表面疏水性的作用大小将决定助滤剂效果，即决定滤饼水分的大小。而它的效果又同该种助滤剂分子结构、官能团种类及在水中的溶解度有关。

根据以上观点，通常认为选择的表面活性剂类助滤剂应具有如下特点：

（1）助滤剂中非极性基应尽量大，即非极性基要强。

（2）助滤剂分子吸附在固体颗粒表面时要能产生较大的接触角，使颗粒表面疏水性得以改善。

表面活性剂类助滤剂偏重降低滤饼水分，但同时亦可提高脱水速度，适合于较粗物料的脱水。细粒煤和煤泥水以及浮选尾煤相对来说还是较粗的分散体系，所以使用此类助滤剂具有潜在效果，尤其是阳离子型。但有人认为，采用表面活性剂，当滤液返回浮选过程时，可能会影响到洗水产生泡沫和浮选的选择性，有时可能抵消一部分浮选药剂的作用效果。因此表面活性剂用作助滤剂的褒贬应当综合评价。

3. 高分子絮凝剂类助滤剂

和高分子絮凝剂一样，这类助滤剂是水溶性的。这些高分子类型的助滤剂分子吸附在过滤颗粒表面，通过药剂的吸附-架桥作用形式，形成“胶粒-高分子-胶粒”的絮凝体；“架桥”使过滤物料，尤其是细颗粒絮凝成大絮团，改变过滤物料的结构，形成粒度大、透气性好、多孔隙、有利于快速脱水的滤饼结构，从而解决微细颗粒堵塞过滤介质、透过介质进入溶液、影响滤饼透气性、降低过滤速度、增加滤饼水分和滤液浓度的问题。同时因毛细管径增大，毛细压力下降，过滤速度提高。此外，对于水解体的高相对分子质量或低相对分子质量的絮凝剂（聚电解质），还存在有吸附-电中和作用。聚电解质吸附了带异性电荷的颗粒之后，引起电性中和，导致颗粒聚集。低相对分子质量的絮凝剂主要起这种作用。该类助滤剂偏重增加滤饼产率，在提高速度的同时，滤饼水分也能降低一部分。对于细粒含量高的物料，该类助滤剂更能表现出优越于前面两者的性能，因为前面两种难以疏松细粒形成的致密滤饼结构。

絮凝剂类助滤剂的结构和性能决定助滤效果。能使分散颗粒形成絮团的絮凝剂并不一定都有助滤效果，助滤效果好坏主要取决于形成絮团的结构是否符合过滤的要求。一般认为，由于亲水性官能团的存在和卷带作用，絮团内部包裹水分，絮团越大包裹水分越多。对不同的过滤过程，所要求的絮团结构是不同的。如对浓缩机来说要求絮团大、沉降快，这有利于加大设备处理能力。而对于离心机来说则要求絮团强度大，以免在剪切力下絮团破坏，影响固液分离效果。对过滤机来说，对絮团也有特殊要求，强度太大过滤时不破坏，絮团中的水就释放不出来，致使滤饼水分增高；强度太小，当药剂和过滤物料经搅拌作用混合后，在流槽和管道中受液流的冲击和输送所产生的剪切作用，会使絮团破坏，分离出大量单体微细粒子，在过滤时堵塞滤饼微孔，使滤液通过滤饼和介质的速率降低，滤饼水分增大。同样絮团大小也有影响，过大，沉降速度过快，易在流槽中沉积，且大的絮团结构疏松，本身含水量也大，滤饼水分也大；当然过小也不好，此时助滤效果不明显，因此一般认为高相对分子质量絮凝剂适合于浓缩澄清，而中等相对分子质量絮凝剂才适宜作助滤剂。对过滤机来说，理想絮团应有如下特点：

(1) 有一定抗剪切强度，在搅拌和泵送时不会被大量破坏。

(2) 形成滤饼时，絮团内包裹的水分能释放出来。

(3) 粒度小而均匀，大多较细微粒子被捕获到絮团中去。

这样的絮团能防止过滤介质堵塞，形成通气性好、有利于脱水的滤饼结构。

絮凝剂类助滤剂选用时倾向于用相对分子质量较低的。因为相对分子质量太高形成絮团较大，结构中夹带水，虽可提高滤饼产率，但滤饼的水分较高。低相对分子质量的助滤剂产生絮团较小，抗剪切较高，具有均匀孔状结构，有助于迅速脱水。

目前使用的絮凝剂类助滤剂多数为聚丙烯酰胺和它的衍生物(如水解体)。高分子型助滤剂除了它们的架桥作用外，其极性基团还可以中和过滤物料表面的电荷，破坏颗粒形成的稳定体系，减轻过滤颗粒对水分子的吸引力，起到部分无机盐助滤剂的作用。此外，极性基团间的排斥力使絮凝剂类助滤剂分子能充分伸展，增强了吸附能力，故效果较佳。

有人曾经用 8 种不同极性和不同相对分子质量的高分子絮凝剂对煤泥进行了助滤试验，结果表明随着助滤剂用量的增加，成饼时间呈线性下降，滤饼的厚度和水分呈线性增加。

表面活性剂类助滤剂效果较好，偏重降低水分，但使用成本较高；而高分子絮凝剂类助滤剂成本较低，提高滤饼产率。综合这几方面因素，在保证产品水分的前提下，应尽量选用高分子絮凝剂类助滤剂，尤其是过滤物料粒度细时尤其如此。

国内已商品化的絮凝剂主要有聚丙烯酰胺和聚丙烯酸两大类。但在产品质量和研制方面与国外先进水平相比还有一定差距，主要是品种较少、产量较低、成本较高、性能(如安全性、适应性等)较差，没有形成专门的研制、生产和应用评价等一整套的科学管理体系。国内众多选煤厂正需要效能价格比较优越的助滤剂，但目前采用表面活性剂和絮凝剂作助滤剂的选煤厂还不多。原因在于目前所见到的助滤剂的品种有限，很难适应不同工艺和煤质条件的脱水要求。试验研究表明，对某种煤样而言，如果选用恰当的药剂组合，是可以收到良好助滤效果的。此外，助滤剂的性能价格比也有待进一步提高。另外，基础理论研究不够，尚未能用基础理论来指导生产和设计。对有些助滤剂的助滤机理研究不深入，对高分子絮凝剂的助滤机理的认识，大多还停留在高分子架桥絮凝改善滤饼结构的简单解释上，对表面活性剂在脱水中的作用方式了解甚少，虽然表面活性剂有助于过滤脱水，而且具有经济和技术方面的重要性，但对决定其作用方式的基本表面化学现象并未完全弄清楚，因此妨碍了对新型助滤剂的研制与开发。细粒煤泥过滤时的条件对化学药剂在细粒煤过滤脱水中的作用有待系统化和理论化。如果只通过改变单一的或者少量的几个条件对药剂的助滤作用进行分析，常常得出一些不具普遍性的甚至于偶然的结论来，由此得出的结论不具说服力，也不能很好地指导实践。化学药剂间的协同作用也是一个值得深入研究的课题。这些都是造成我国助滤剂生产和应用技术发展缓慢的重要原因。

4. 固体颗粒型助滤剂

固体颗粒型助滤剂最早见于1876年的英国专利，其方法是将硅藻土粉碎后加入待过滤的悬浮液中，后来又出现了石棉、木质纤维和塑料填料的应用，它们既可作为预涂层以改善过滤介质的性能，也可直接加入矿浆中，提高颗粒平均粒径，从而增加滤饼疏松性，改善滤饼脱落情况。总的来说，粗粒滤料在选煤厂很少使用，主要是因为它们影响煤炭质量。

固体颗粒型助滤剂是靠物理或机械作用来改善滤饼结构和过滤过程的。理想情况下，良好的固体颗粒型助滤剂应具备以下特点：

(1) 惰性，不影响悬浮液化学性质；

(2) 不溶解；

(3) 不可压缩，以保持高的孔隙率；

(4) 颗粒多孔，形状不规则，具有较好的渗透能力和较小的液体阻力；

(5) 来源广泛，价廉，无毒。

在矿物加工中使用的该类助滤剂有硅藻土、珍珠岩、纤维素、石棉、炭等。在煤泥水过滤中有时为了改变细粒物料滤饼致密、透气性差、过滤速度慢等现象，常从煤泥水处理工艺的其他环节分出一部分较粗颗粒，进行“掺粗”，来提高过滤效果，这些掺粗粒实际上就是固体颗粒型助滤剂。

(三) 助滤剂使用效果评价

助滤剂的类型不同，相对分子质量、分子结构也各有差异，因而助滤效果也不相同。对不同的煤泥性质，应根据实际情况，通过不同种类、相对分子质量和分子结构的助滤剂试验，依照滤饼水分和滤饼产率两个指标综合评定，选出最适宜的助滤剂类型、结构和添加量。

具体的试验方法和评定标准可参照《选煤厂真空过滤机用助滤剂使用性能测定方法》(MT 261—1991)。用添加助滤剂前后的处理量差值 ΔQ 和全水分差值 ΔM_t 来评价助滤剂效果。按此标准，试验所用的滤扇过滤装置如图4-8所示。

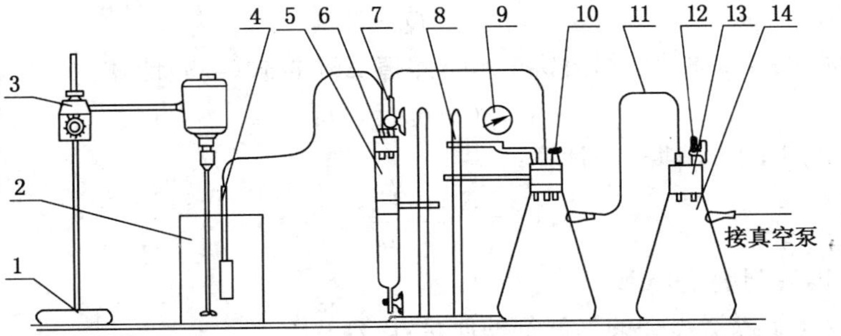

1、8—支架；2—滤槽；3—电动搅拌器；4—滤扇；5—滤液计量管；6、13—橡皮塞；7—三通活塞；9—真空表；10—调节阀；11—橡胶管；12—二通活塞；14—吸滤瓶。

图4-8　滤扇过滤装置示意图

1. 测定步骤

(1) 接通真空泵，用二通活塞和调节阀调整到规定的真空度$(4\pm0.1)\times10^4$ Pa。

(2) 用吸量管按每次试验要求的剂量吸取助滤剂溶液，注入事先缩取好的煤浆试样中。

(3) 将装有煤浆试样的量筒上、下翻转5次后立即将煤浆试样移入滤槽中，开启电动搅拌器以400 r/min的速度搅拌30 s。

(4) 将滤扇垂直浸入滤槽中，其深度离槽底约40 mm，再打开真空系统的三通活塞进行过滤，同时按动秒表。

(5) 过滤周期为2 min：滤扇浸入煤浆40 s(滤饼形成期)后取出，将滤扇倒置60 s(脱水干燥期)，再立即将连接滤扇的三通活塞由真空转向与大气相通后卸饼，卸饼期为20 s。

(6) 从滤布小心取下完整滤饼，将它放入用电子天平预先称量的搪瓷盆中，称出滤饼的质量，然后按九点均布方法采样，并按照GB/T 211—2017测定滤饼全水分(M_{t1})，算出干滤饼的质量(G_1)。

(7) 按(1)～(6)测定步骤，不加助滤剂，测出滤饼全水分(M_{t2})并算出干滤饼的质量(G_2)。

2. 测定结果计算

(1) 加助滤剂单位处理量按式(4-6)计算：

$$Q_1=\frac{60G_1}{A\cdot T} \tag{4-6}$$

式中 Q_1——加助滤剂单位处理量，kg/(m^2·h)；

G_1——加助滤剂干滤饼的质量，kg；

A——过滤面积，m^2；

T——过滤周期，min。

(2) 不加助滤剂单位处理量按式(4-7)计算：

$$Q_2=\frac{60G_2}{A\cdot T} \tag{4-7}$$

式中 Q_2——不加助滤剂单位处理量，kg/(m^2·h)；

G_2——不加助滤剂干滤饼的质量，kg。

(3) 单位处理量差值ΔQ按式(4-8)计算：

$$\Delta Q=Q_1-Q_2 \tag{4-8}$$

(4) 加助滤剂和不加助滤剂滤饼全水分差值ΔM_t按式(4-9)计算：

$$\Delta M_t=M_{t1}-M_{t2} \tag{4-9}$$

(5) 助滤剂剂量按式(4-10)计算：

$$V_1=\frac{G_3\cdot G_4\times10^{-4}}{c_1} \tag{4-10}$$

式中 V_1——助滤剂剂量，mL；

G_3——1 t干煤所需加的助滤剂的质量，g/t；

G_4——试验用干煤的质量，g；

c_1——助滤剂的浓度，g/100 mL。

3. 精密度计算

(1) 两次平行测定的单位处理量的绝对允许差不应超过4.3 kg/(m^2·h)。

(2) 两次平行测定的滤饼全水分绝对允许差不应超过 0.6%。

4. 测定结果整理

(1) 以单位处理量差值 ΔQ 为纵坐标、助滤剂剂量 G_3 为横坐标，绘制助滤剂使用性能曲线[图 4-9(a)]。

(2) 以滤饼全水分差值 ΔM_t 为纵坐标、助滤剂剂量 G_3 为横坐标，绘制助滤剂使用性能曲线[图 4-9(b)]。

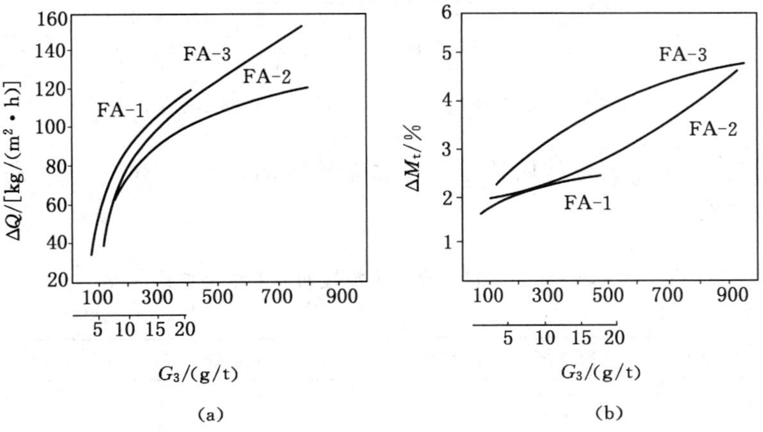

图 4-9　助滤剂使用性能曲线

第三节　煤泥水处理药剂的选择与使用

一、絮凝剂用量的影响因素及选择

絮凝剂用量大小是很重要的，当用量不足时，悬浮物不能失水脱稳，絮凝效果不好；用量过大时，不仅造成浪费，而且颗粒因超荷现象导致新的稳定（胶体保护作用），所以絮凝剂的用量有一最佳值，过小过大都不好。

絮凝剂最佳用量带有工艺特征，它和抽象的理论需要量不同。理论需要量随悬浮物浓度接近于零而接近于零，但此时实际最佳工艺用量趋于某一极值($a \to a_0$)。它和处理目的以及工艺设备的工作制度直接有关。

水澄清的必要和充分条件是：① 为保证悬浮物颗粒在碰撞时能有效黏附，应有絮凝剂包覆悬浮物颗粒；② 要能够聚集足够多的固体颗粒来形成悬浮物絮团，以达到净化悬浮物、加速沉降的目的。根据这两点要求，可把絮凝剂最佳用量 a 分为 a_1 和 a_2 两个部分：a_1 用于保证悬浮物被絮凝剂分子包裹的用量；a_2 用于满足絮凝动力学要求的固相附加储备量，$a = a_1 + a_2$。

在悬浮物质量浓度高的情况下，如絮凝过程中颗粒黏附的概率不够高，这时可以用增加颗粒被絮凝剂覆盖的方法来提高有效碰撞率。由于在一定范围内，絮凝剂用量和悬浮颗粒的表面积成正比，所以悬浮物越细小，需要的絮凝剂用量就越多，这可以解释为什么煤泥水浓度增加或细粒含量过多，将使絮凝剂用量增加，沉降速度下降，处理效果恶化。相应关系见图 4-10。

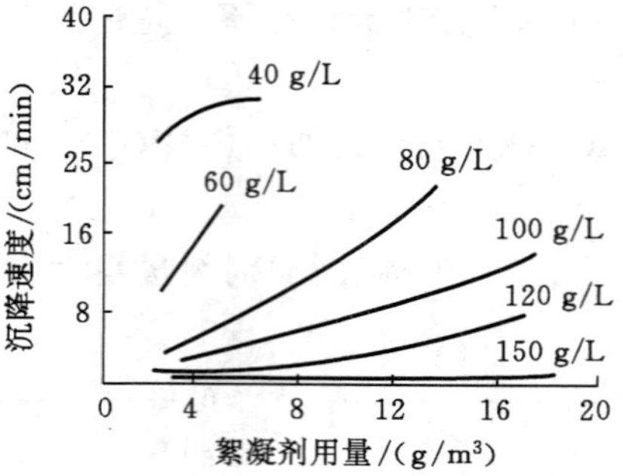

图 4-10 沉降速度与絮凝剂用量及煤泥水浓度关系

实际应用时，絮凝剂的最佳用量是通过试验确定的，表 4-5 和图 4-11 是一个试验结果和相应的特性曲线。

表 4-5 不同絮凝剂添加量的澄清试验结果

煤泥水浓度 30 g/L　　pH=7.5

絮凝剂添加量/(g/m³)	沉降吨煤泥药用量/g	絮团沉降速度/(cm/min)	溢流水澄清度/%
0.5	6.25	6.0	11
1	12.50	18.5	40
2	25.00	33.2	56
3	37.50	80.6	74
5	62.50	111.0	84
10	125.50	148.0	91
20	250.00	166.0	80
50	625.00	132.0	60
75	937.50	76.0	42
100	1 250.00	0	10

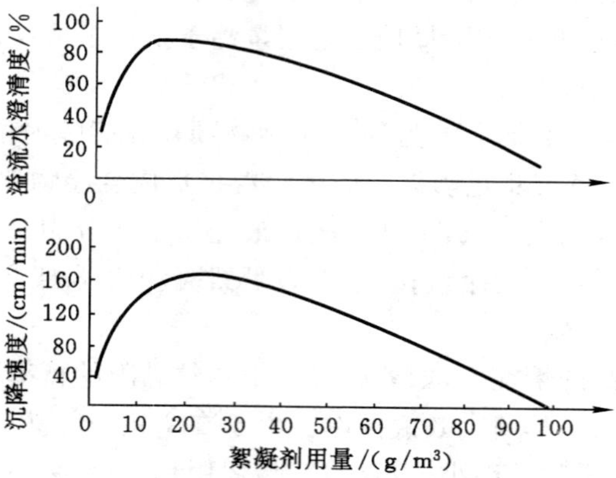

图 4-11 絮凝剂用量与沉降速度及澄清度特性曲线

由图表可见，絮凝剂添加量少于 3 g/m³ 时澄清效果不佳，当添加量增加到 10 g/m³ 时，其沉降速度已明显加快，当添加量增加到 100 g/m³ 时，絮凝剂的作用就不是“架桥”，而是像钻井泥浆用絮凝剂那样，起分散作用。实际生产中都是在接近现有煤泥水处理方法和工艺的条件下进行试验来确定絮凝剂用量的。

二、絮凝剂使用效果的影响因素

（一）煤泥水硬度的影响

煤泥水中钙镁离子含量对絮凝剂的絮凝作用有较大影响，这可以通过图 4-12 和表 4-6 看出。

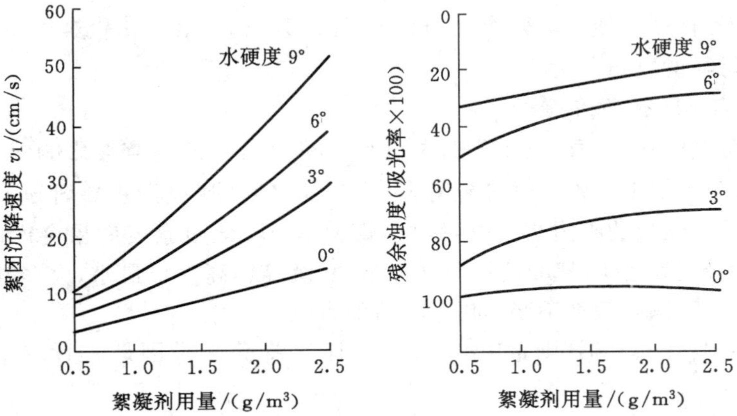

图 4-12 煤泥水硬度对絮凝影响

表 4-6 不同硬度煤泥水的澄清试验结果

煤泥水浓度 60 g/L 絮凝剂添加量 5 g/m³

煤泥水类型	硬度 /(°)	沉降速度 /(cm/min)	溢流水硬度 /(°)
深井水＋粉煤	8.40	184	7.60
浮选尾矿水	5.80	158	5.20
软化水＋煤粉	8.20	90	2.30
深度软化水＋煤粉	0.60	36	0.40

研究结果表明，当煤泥水硬度小时，煤泥颗粒互相排斥，增加了体系的稳定性，故要添加大量絮凝剂才能达到目的。此时如果添加 PHP，由于阴离子的 COO^- 和带负电的煤泥颗粒互相排斥，影响“架桥”，则 PHP 比 PAM 效果可能更差，用量更大。如水的硬度增大，即 Ca^{2+} 和 Mg^{2+} 增多，它们可中和煤泥表面的负电荷，降低电动电位，使煤泥颗粒间斥力减小，颗粒由于相互碰撞接触而产生一定凝聚作用，此时再添加絮凝剂，效果会大大改善。

生产实践表明，如水质较软，有时加入的絮凝剂不起作用。某厂原用水库水作生产补充水，煤泥水硬度小，絮凝剂耗量达 30 g/m³ 以上，仍得不到满意结果，后来增加了部分硬度大的矿井水作生产补充用水，并且使尾煤水返回复用，取得了满意效果。有资料提出，在矿物盐含量为 200 g/m³ 煤泥水情况下，对循环水的澄清特别有效。

一些选煤厂煤泥水硬度较低，为提高硬度，改善沉降澄清效果，常采用以下方法：

(1) 改用硬度较大的矿井水作生产补充用水，如南山选煤厂原生产用水含 Ca^{2+} 和 Mg^{2+} 分别为 5.76 mg/L 和 1.54 mg/L，改用矿井水后为 100.4 mg/L 和 31.52 mg/L。

(2) 采用无机电解质凝聚剂，降低悬浮颗粒的高电位，减少相互之间的斥力，然后再加高分子絮凝剂，给已降低了高电位的颗粒起桥梁作用，生成大絮团，加速煤泥水沉降。有些无机凝聚剂加入煤泥水后，虽不能电离出 Ca^{2+} 和 Mg^{2+}，但电离产生的如 Al^{3+} 和 Fe^{3+} 等起到同样凝聚作用。滴道选煤厂浮选尾煤中含较多泥质物，单独使用 PHP 30～40 g/m^3 或明矾 600 g/cm^3 时效果都不好，后用明矾 50～75 g/m^3 和 PHP 2 g/m^3 联合使用，获良好效果，尾矿澄清水浓度小于 0.5 g/L。

在实际生产时，联合使用需两个加药系统，比较复杂，但对于比较难处理的煤泥水，这的确是一种切实可行的方法。

（二）煤泥水 pH 值的影响

高分子絮凝剂能在很宽的 pH 范围内起作用，但由于 pH 值直接影响颗粒表面电性、电荷密度、絮凝剂分子链上所带电性和电荷密度、颗粒之间的距离、絮凝剂分子链的伸展情况以及絮凝剂分子和颗粒的吸附程度等，因此，煤泥水 pH 值对絮凝效果会产生一定的影响。一般 pH 值在 3.5～7 之间，絮凝后沉降速度最快，沉淀物高度也最小，大多数煤泥水 pH 值均在这一范围内，所以一般都不必考虑 pH 值的影响。

对于离子型絮凝剂 PHP 则希望 pH≥7，这样效果才好，原因是 pH<7 时，PHP 分子中的部分酰胺基会和 H^+ 结合成基团 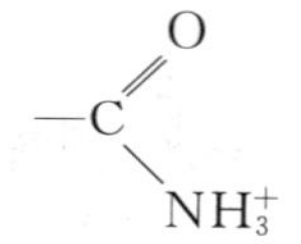，这个带正电荷的基团和 PHP 分子中的羧基基团 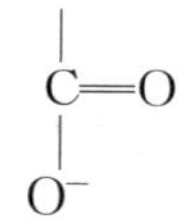 相互吸引会使 PHP 分子更加卷曲，影响絮凝效果。

pH 值的变化对无机高分子聚合物的絮凝效果影响要大得多。如碱式氯化铝只有在一定的 pH 值范围内才会形成多聚体，在 pH 值小于 4 或大于 9 时则以小粒径、溶解性离子的形式出现，其作用机理完全发生了变化。

在不同的 pH 值条件下，悬浮物颗粒表面的电位值是不一样的，以纯煤为例，当 pH 值为中性时，它的电位值最低，此时可产生自发凝聚作用。

（三）煤泥组分的影响

煤泥中矿物的组成差异以及矿物质和有机质之间的比例，均会对絮凝效果产生显著影响。这是因为絮凝剂分子在煤和各种矿物表面的吸附能力是不同的。研究表明，聚丙烯酰胺在煤表面上的吸附量通常较高，粒度相近、灰分较低的尾煤消耗的絮凝剂较多，同时其生成的絮团沉降速度也较慢。图 4-13 为实测结果。

（四）煤泥水温度的影响

温度较低时，由于分子热运动减慢和水的黏度较高，颗粒水化作用加强，絮状物黏结度和强度降低，颗粒相互碰撞次数减少，絮凝沉降迟缓。温度过低对絮凝过程不利，但温度太高时，由于分子的热运动过于强烈，对絮凝的形成和沉降也不利。不过在选煤厂实际生产中不会出现温度过高的现象。

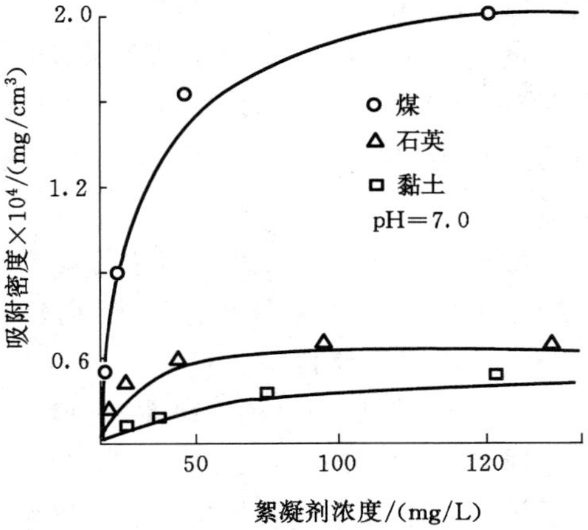

图 4-13　聚丙烯酰胺在煤、石英、黏土表面的吸附

图 4-14 为煤泥水温度对絮团沉降速度的影响。结果表明絮团沉降速度随矿浆温度的升高而加快，但如果在 16 ℃以上，絮团的沉降速度增加就很缓慢了。

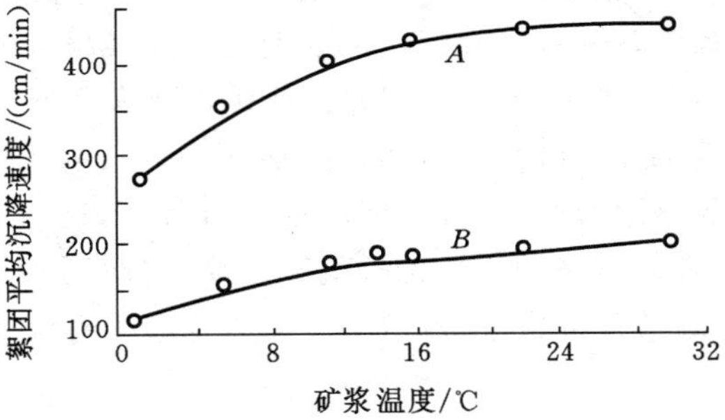

图 4-14　煤泥水温度对絮团沉降速度的影响

我国相当多的选煤厂冬季平均气温在 16 ℃以下，所以在冬季最好能采取一些措施来保持煤泥水温度，以改善絮凝沉降效果。

（五）搅拌作用的影响

造成絮凝剂与煤泥水混合的最适宜流体动力学条件是絮凝剂与水以一定时间进行适当的搅拌，这是成功地进行絮凝的最重要条件之一。我们把混合的第一阶段的大强度搅拌叫快速搅拌，第二阶段的小强度搅拌叫絮凝搅拌。

一般认为，絮凝剂和水快速搅拌的主要目的是使药剂在水中尽快扩散，但实际快速搅拌的作用远不止于此。因为搅拌的特性和强度对悬浮物形成絮状物的物理性质有强烈影响，所以快速搅拌是新相形成十分重要的第一阶段。

(1) 不同浓度的絮凝剂溶液要达到同样的澄清效果，就要求这些溶液和水有不同的混合强度和时间；

(2) 正确选择混合方式能减少絮凝剂用量；

(3) 絮凝效果与絮凝剂投放和快速搅拌开始之间的时间有关。

除使絮凝剂在水体内均匀分布外，快速搅拌的强化作用还包括对絮凝悬浮物初始颗粒数目、颗粒的粒径分布和它们在聚集体内相互配置特性的影响。

但是特别强烈的和长时间的搅拌则会导致絮凝体的不可逆性破坏，强烈恶化悬浮物的黏附性质和减慢随后的絮凝过程，因此快速搅拌的强度应当是有限度的。

絮凝搅拌主要能够保证已形成的絮状物不被破坏，有时也利用絮凝搅拌的再循环体系来促进悬浮物絮团的加速成长。

搅拌在煤泥水处理中一般都是采用机械的方式或水力流动方式实现的。

总之，搅拌适当可以加快絮凝作用，增加絮凝悬浮物的密度，并降低絮凝剂的用量；反之，则会严重恶化絮凝环境，破坏或干扰絮凝作用。

对煤泥水体系来讲，理想的混合条件是快速有力地搅拌使絮凝剂充分分散，煤泥水体系失稳后立即转入比较稳定的絮凝环境，如在尾煤浓缩机生产实际中，合适的搅拌分散时间由浓缩机来料管道上的加药点至浓缩机中心入料以及煤泥水流速来进行控制和调节。利用溜槽、管道内快速流动的液流或混合室的搅拌器起搅拌作用，进入浓缩机后，立刻转入絮凝沉降阶段。

三、无机电解质凝聚剂和高分子絮凝剂联合使用

就我国一些选煤厂的实际情况而言，单独使用一种高分子絮凝剂往往效果不好，造成这种情况的原因比较复杂，通常认为是选煤厂水的硬度偏低和煤泥水中含有大量细泥物所致。高含量细泥物的煤泥水之所以难以澄清，主要是由于细泥物表面所带电荷往往较高，彼此斥力较大，影响甚至阻碍了絮凝作用，此时需要首先加入一定量的无机电解质凝聚剂进行凝聚，以压缩颗粒表面双电层，然后加入高分子絮凝剂进行絮凝，这些颗粒才能很好地絮凝沉降。所以目前越来越多的选煤厂采用先加无机电解质凝聚剂、后加高分子絮凝剂的联合加药的方式。由于细泥物颗粒表面通常呈负电荷，所以通常选择的无机电解质凝聚剂有明矾、三氯化铁、石灰、电石粉等。

某选煤厂尾矿水中含有较多泥质物，单独使用凝聚剂（明矾）和絮凝剂（聚丙烯酰胺）时，药剂用量很大，效果很不好，而且残余浓度大。为获得澄清水层的最低用量为：聚丙烯酰胺20 g/m^3或明矾600 g/m^3。在配合使用时，明矾用量为50～75 g/m^3，聚丙烯酰胺为2 g/m^3，尾矿澄清水浓度小于0.5 g/L，溢流澄清水的残余浓度很低。

实践中选择适宜的无机凝聚剂和絮凝剂是很细致的工作，主要根据具体的煤泥水体系的性质，试验出不同絮凝剂的使用效果，以确定适宜的配方和使用方法。

由于配合使用时配制设备和供应管路不能共用，两种药剂加药点要相隔一定距离，会给生产带来较多麻烦和不便，所以在单独使用无法满足工艺要求时，才考虑配合使用，而且在采用配合方法前，最好先考虑一下是否有更好的替代解决方法。

四、絮凝剂的配制、贮存和使用

选择确定絮凝剂后，应根据选用的絮凝剂活性和使用数量来设计絮凝剂的配制、贮存和供应系统。

（一）絮凝剂水溶液的配制

目前选煤厂用的絮凝剂一般都是聚丙烯酰胺系列产品，使用的絮凝剂水溶液浓度一般在0.1%左右。配制一般分两步进行，首先是用定量的水将商品絮凝剂溶解配制成1%左右浓度的溶液，然后再跟定量的水混合均匀后打入絮凝剂溶液贮罐中备用。这样可以选择较

小的溶解搅拌桶，提高絮凝剂的溶解效率。需要注意的是市售的商品聚丙烯酰胺纯度往往不是100%，而是百分之几到百分之几十。

根据絮凝剂产品不同，溶解方法也不完全相同，但都要注意让絮凝剂充分溶解，以发挥最佳作用。在溶解过程中，应该随时取样抽查，当溶液中没有鱼眼状未溶胶粒时(为观察清楚，可以在溶液中加几滴带颜色的水)，就可以认为溶解完全了。

胶体状的比较易溶，只要将胶块适当弄碎，放进容器中，加入水后搅拌就行。而粉状的就要麻烦得多，溶解时一定要注意让每个颗粒进入水中时立即被水包围。因为聚丙烯酰胺遇水立刻溶胀，如几个颗粒聚在一起再落入水中，表层膨胀后，颗粒不能分开，就会造成溶解不完全。工业生产中可以使用喷射器或其他装置，以保证颗粒入水时的充分分散。

(二) 絮凝剂水溶液的贮存

稀的聚丙烯酰胺水溶液容易变质，要现用现配，保证溶液新鲜。另外，聚丙烯酰胺及其浓溶液不宜用铁质容器长期贮存，因为铁在氧化过程中会使絮凝剂性能下降，甚至消失。

有人做过试验，将新配制的聚丙烯酰胺水溶液作用于某一煤泥水体系，界面匀速沉降段沉降速度为250 mm/min，但与薄铁板接触5昼夜后，沉降速度降为6 mm/min，而且澄清层浑浊，接触15昼夜后，完全失去絮凝性能。

(三) 絮凝剂水溶液的添加

在煤泥水处理中絮凝剂水溶液的添加一般是加入浓缩机入料口前的管道或溜槽内，当然也可以根据需要选择合适的加药点。加药方式有单点加药和多点加药两种，见图4-15。也可在溜槽或管道中设置挡板，以增加搅拌程度。

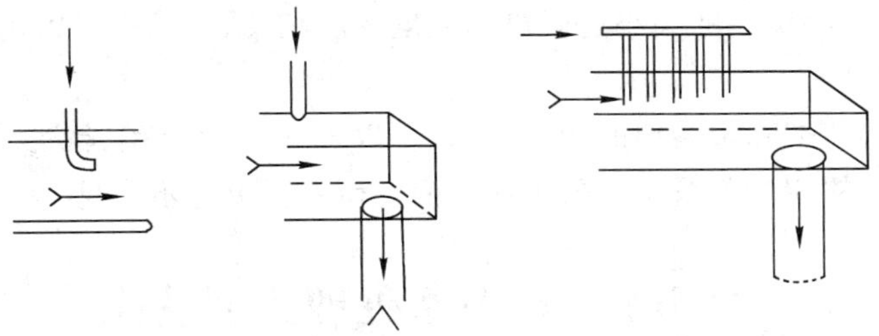

(a) 管道、溜槽内单点加药　　(b) 管道、溜槽内多点加药

图4-15　加药方式

如果由于煤泥水的性质或工艺要求等原因，需要用联合絮凝剂来处理时，有时药剂的添加可以按顺序分开。如城子河选煤厂，第一次加聚丙烯酰胺0.1%溶液，用量0.02 kg/m^3，加在距深锥浓缩机入料口3～5 m处；第二次加聚氯化铝1%溶液，用量0.02 kg/m^3，加在耙式浓缩机的入料口。当然也可以先加凝聚剂，后加絮凝剂，但配制设备和供应管路不能共用，两种药剂的加药点也要相距一定的距离。某选煤厂由于煤泥水性质特殊，采用明矾和聚丙烯酰胺配合使用，图4-16为该厂絮凝剂配制、添加系统示意图。

五、絮凝剂对浮选的影响

用絮凝剂处理过的煤泥水，其澄清水一般作为厂内循环用水，里面含有不少残余药剂。所以，可以以为浮选入料在浮选前已经添加了絮凝剂。实践表明，浮选药剂和絮凝剂之间的相互作用可能会影响浮选效果，这主要是因为絮凝剂的存在降低了浮选药剂在煤粒表面的

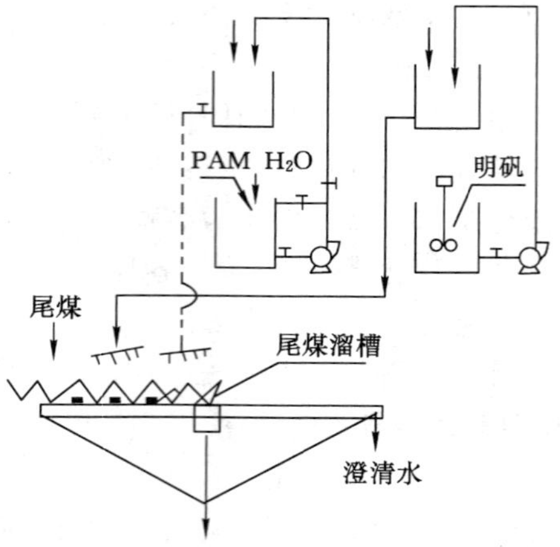

图 4-16　某选煤厂絮凝剂配制、添加系统示意图

吸附能力。

造成这种吸附能力下降的原因是：絮凝剂分子承担了浮选药剂分子的吸附作用，并形成了疏松结构的网状物质，这些网状物质对固体物料表面有很大的亲和力，从而影响了浮选药剂的疏水能力。当然如果我们选择一种吸附性能好的浮选药剂，就可大大降低絮凝剂的阻碍作用。

研究结果还表明，随着煤泥水中絮凝剂浓度的提高，煤的选择性和浮选动力学性能也随之受到相反影响，这些影响的大小还同煤的粒度大小相关，这同样可以用浮选药剂在煤上的吸附能力下降来解释。

通过研究浮选药剂和絮凝剂的相互作用，可以进一步确定浮选状况和絮凝剂浓度以及浮选药剂种类之间的相互关系。但关于这方面的研究报道还不多见。

第四节　煤泥水处理药剂设计

煤泥水的处理，特别是近年来高泥化煤泥水的浓缩沉降一直是学界和业界关注的难题，根据高泥化难处理煤泥水特点设计开发新型药剂具有重要实际价值和意义。通过总结现有煤泥水处理药剂存在的不足，根据煤泥水沉降、脱水、浮选等不同工艺要求，结合煤泥水中矿物组分表/界面特性，精准设计开发新型药剂，从而实现高泥化煤泥水的高效沉降和脱水。

一、药剂设计与组装原理

煤泥水处理药剂的设计与组装是基于药剂与矿物表面的吸附作用机制、不同微细矿物颗粒表面的物理化学性质差异。这种设计旨在高效捕捉微细矿物，从而提高煤泥水的处理效果。其中，矿物表面的物理化学性质主要包括表面电性、表面润湿性、常见暴露面、表面活性位点、表面基团等。根据这些表面物理化学性质差异可以设计与组装不同的药剂，如非离子型、阴离子型、阳离子型、非极性和疏水改性等。

近年来，随着计算机技术的不断进步，基于量子化学和分子动力学模拟在煤泥水处理药剂设计方面取得了较快发展。分子模拟技术在研究矿物晶体结构以及药剂在矿物表面的吸附行为方面得到广泛应用，并且其结果被认为与高精度试验误差相当，具有较高的可靠性。分子模拟技术的快速发展使得在实验室制备之前能够预测目标物质的性质及准确性，从而改善了传统试验研究周期长、效率低、深层机理难以准确测试的缺陷。此外，分子模拟作为一种科学的方法，为煤泥水处理等药剂的设计提供了最适宜的药剂组合，以应对复杂的煤泥处理问题。

基于分子模拟的煤泥水处理药剂设计的基本原理如下：① 在掌握煤泥矿物颗粒表/界面特性的基础上，通过密度泛函理论从原子层面计算不同活性基团与煤泥中不同矿物颗粒表/界面的作用机理，如作用能、成键类型、电子态密度、前线轨道等参数，从中优选出作为药剂设计的活性基团。② 利用分子动力学模拟和理论分析进行分子结构设计优化，将筛选出的活性基团与合适的分子对接，构建不同类型的药剂分子，通过吸附能、分子吸附构型等参数进行优化设计。③ 根据理论计算及试验结果，采用化学方法合成和制备设计药剂，并进行药剂分子结构的表征与试验验证。

二、絮凝剂设计与组装

根据传统絮凝剂所含有的官能团和在水溶液中的离子特性，可以将絮凝剂分为非离子（酰胺基、醇羟基和醛基）、阴离子（羧基、磺酸基和磷酸基）、阳离子（季铵基和胺基）和双性离子四种类型。不同的官能团在絮凝剂侧链上使其在矿物表面表现出不同的吸附性能。随着我国工业发展，常规絮凝剂性能已经无法满足高效生产需求，因此新型絮凝剂的设计组装通常在常用絮凝剂的骨架上对官能团进行优化设计与组装，通过接枝、交联和改性等方法得到多种衍生物，从而增强吸附性能。此外，还可以在传统絮凝剂主链上引入少量的疏水性基团或直接将传统絮凝剂单体与疏水性单体共聚合，生产具有疏水、缔合和抗酸碱等不同性能的疏水改性聚丙烯酰胺（HMPAM）。常见的疏水共聚单体有 *N*-烷基丙烯酰胺（烷基链长大于 4）、（甲基）丙烯酸烷基酯（烷基链长在 4 至 12 之间）、苯乙烯、甲基丙烯酸氟碳化合物等。有机絮凝剂还可以和无机金属盐形成无机-有机絮凝剂。絮凝剂在矿山废水、造纸、二次采油、生物医药和土壤改良等方面具有广阔的应用前景。

（一）非离子型絮凝剂

煤泥水处理非离子型絮凝剂主要为聚丙烯酰胺和淀粉等，聚丙烯酰胺具有的基团为酰胺基，淀粉上的基团为醇羟基和醛基。聚丙烯酰胺一般是由丙烯酰胺（AM）单体聚合而成的，反应式如图 4-17 所示。聚丙烯酰胺的酰胺基与黏土矿物 Al—OH 表面存在氢键作用，淀粉的醇羟基和醛基与黏土矿物 Al—OH 表面同样形成氢键吸附，酰胺基还通过与可交换阳离子直接形成离子-偶极作用或与水合阳离子中的水分子在黏土矿物表面形成氢键作用（水桥）。非离子型絮凝剂通常来说与黏土矿物或石英的相互作用较弱，因此难以除去悬浮液中的微细矿物颗粒，使用聚丙烯酰胺对煤泥水进行絮凝沉降，随着聚丙烯酰胺相对分子质量增加，尾矿沉降速度逐渐增大，用量小于 150 g/t 时，沉降速度缓慢且增幅较小；当用量在 150～300 g/t 时，沉降速度变大且增幅较大；当用量大于 300 g/t 时，沉降速度基本稳定。新型絮凝剂的设计组装主要是基于非离子絮凝剂骨架进行的，例如 AM 与吸附能力强的阳离子单体共聚会合成阳离子型聚丙烯酰胺，或者在聚丙烯酰胺长链上进行胺甲基反应和接枝改性等反应；淀粉属于多分子化合物的一种，其分子链上存在游离羟基，这些羟基会和酸、酯、醚等发生反应，利用此原理可制备改性淀粉类絮凝剂。根据改性后的絮凝剂按照其亲水基离子的带电性可以将其分为非离子型絮凝剂、阳离子型絮凝剂、阴离子型絮凝剂以及两性絮凝剂。

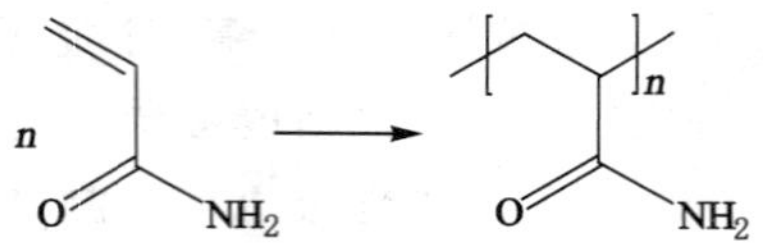

图 4-17　聚丙烯酰胺的合成反应

（二）阴离子型絮凝剂

阴离子型聚丙烯酰胺[P(AM-AA)]可以通过 AM 和阴离子单体聚合而成，反应式如图 4-18 所示。具有—COO^-结构的阴离子型聚丙烯酰胺还可以通过聚丙烯酰胺水解改性生成，即在聚丙烯酰胺水溶液中加入 NaOH 使其中的部分氨基水解出现—COO^-，这种阴离子型聚丙烯酰胺又称为部分水解聚丙烯酰胺。—COO^-与黏土矿物 Al—OH 和 Si—O 表面的吸附作用弱于酰胺基，但可以通过阳离子桥吸附到黏土矿物 Al—OH 和 Si—O 表面。P(AM-AA)还会与黏土端面发生吸附作用，例如在高岭石和伊利石质子化端面的铝羟基存在较强的氢键；此外，P(AM-AA)的碳链和高岭石基面存在疏水键合机制。阴离子型聚丙烯酰胺链上的基团可能是磺酸基和磷酸基等，通过 AM 和二丙烯酰胺基二甲基丙磺酸(AMPS)合成了带有磺酸基的阴离子型聚合丙烯酰胺[P(AM-AMPS)]，其具有较高的抗温和抗盐性能。同样，在淀粉的分子链上也可以引入如磷酸基、黄原酸、羧基等阴离子基团，取代原有的醇羟基基团，生成的淀粉衍生物具有螯合、絮凝以及交换等功能。阴离子型聚丙烯酰胺因其相对分子质量高和成本低等特点在现场煤泥水处理应用较为广泛。P(AM-AA)对煤泥水絮凝沉降，在煤泥上的饱和吸附量约为 0.74 mg/g；随着其用量的增加，吸附效率降低；药剂用量在 0.6～0.8 kg/t 范围时，絮凝沉降效果最好。由于阴离子型絮凝剂主要吸附在煤泥颗粒端面，而煤泥颗粒端面受煤泥水化学环境影响较大，黏土矿物在煤泥水中具有较强的水化特性和强负电荷特性，阴离子型絮凝剂会与带负电的黏土矿物产生静电排斥，因此对微细黏土矿物悬浮液澄清效果更差。

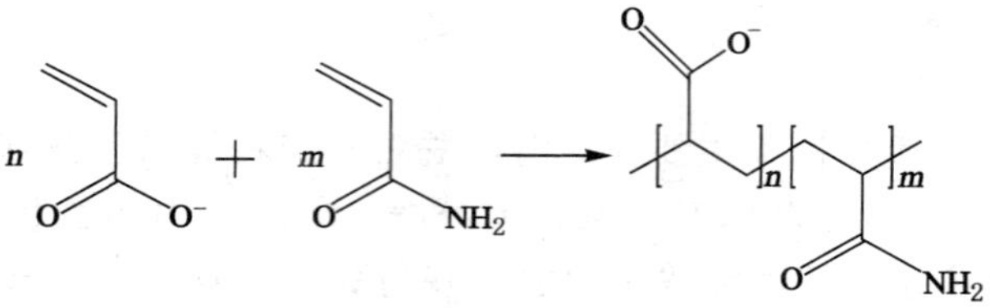

图 4-18　P(AM-AA)的合成反应

（三）阳离子型絮凝剂

与非离子型絮凝剂和阴离子型絮凝剂在矿物表面通过化学吸附不同，阳离子絮凝剂主要通过静电吸附在矿物表面而发挥作用。从吸附角度来说，阳离子型絮凝剂更容易吸附到带负电荷的黏土矿物表面，因此是设计新型絮凝剂的重要研究方向。不过，阳离子絮凝剂存在结构不稳定和相对分子质量较小的特点，因此从阳离子絮凝剂结构特点出发设计新型絮凝剂也是重要的研究方向。常见用于与 AM 共聚合成阳离子型聚丙烯酰胺的阳离子单体有丙烯酰氧基乙基三甲基氯化铵(DAC)、二甲基二烯丙基氯化铵(DMDAAC)、甲基丙烯酰胺基丙基三甲基氯化铵(MAPTAC)和二甲基丙烯酰氧基乙基三甲基氯化铵等，这些阳离子单体尽管具有相同的季铵基团，但与 AM 合成阳离子型聚丙烯酰胺后仍表现出不同的吸附性能。阳离子淀粉絮凝剂也有很多种类，如季铵盐型、叔胺盐型、伯胺盐型以及仲胺盐型阳离子淀粉等，这些种类的阳离子淀粉絮凝剂在净水方面都有一定的应用，季铵阳离子淀粉絮凝剂是应用最为广泛的一种。使用紫外光引发共聚合技术将 AM 和 DAC 可以合成聚合丙烯酰胺-丙烯酰氧基乙基三甲基氯化铵[P(AM-DAC)]，反应式如图 4-19 所示，P(AM-DAC)的高特性黏度和多孔形态结构特点增强了絮凝的桥联效应。AM 和 DMDAAC 单体可以通过均相聚合的方法合成聚合丙烯酰胺-二甲基二烯丙基氯化铵[P(AM-DMDAAC)]。聚合丙烯酰胺-甲基丙烯酰胺基丙基三甲基氯化铵[P(AM-MAPTAC)]同样可以采用紫外光引发共聚合，MAPTAC 的引入使其具有较强的耐酸碱性能且增强了污泥脱水的稳定性。聚合丙烯酰胺-二甲基丙烯酰氧基乙基三甲基氯化铵[P(AM-DMC)]在处理高岭石悬浮液时表现出优异的絮凝效率。P(AM-MAPTAC)的结构单元与高岭石 Al—OH 和 Si—O 表面的吸附能力强于其他阳离子型聚丙烯酰胺的结构单元，MAPTAC 是设计处理高岭石悬浮液的新型絮凝剂的优选共聚单体。

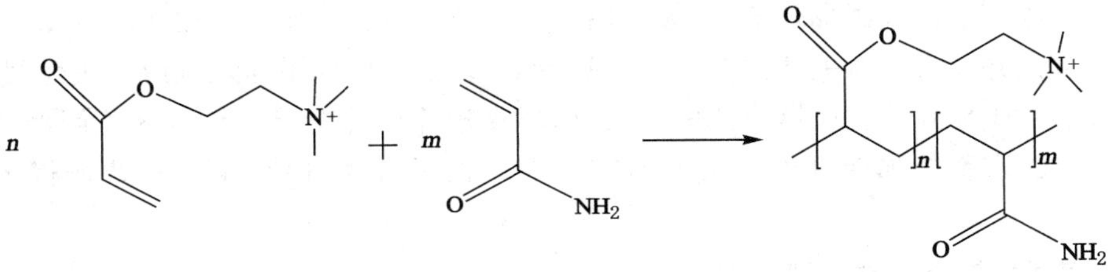

图 4-19 P(AM-DAC)的合成反应

（四）两性絮凝剂

为了解决阴离子絮凝剂吸附性能差和阳离子絮凝剂相对分子质量低等的缺陷，一些研究人员将研究重点放在两性絮凝剂上，常见的两性絮凝剂包括聚丙烯酰胺和淀粉的衍生物。两性絮凝剂的设计与组装主要体现在不同两性官能团的设计与组装，两性官能团包括前面提及的阴离子基团羧基、磺酸基和磷酸基和阳离子基团季铵基和胺基。阴离子基团在煤泥水处理中表现为交换、螯合和架桥絮凝功能，阳离子基团则能够起到吸附的作用。

（五）疏水改性絮凝剂

疏水改性絮凝剂的疏水基团使分子链内和分子之间存在强烈的缔合作用。疏水改性絮凝剂大分子链可以瞬间形成网状结构从而增加了溶液黏度，其水溶液在溶液浓度较低时特性黏度和普通 PAM 差别不大，当达到临界缔合浓度后，疏水改性絮凝剂溶液的黏度急剧增大。由于分子间的缔合作用，溶液黏度不会受到影响出现盐增黏行为，电解质盐的加入会使 PAM 溶液黏度降低，疏水改性絮凝剂具有良好的抗盐性。同时，疏水改性絮凝剂的疏水缔合作用通常是以非共价键形式存在的，缔合作用在剪切力作用下消失，剪切力撤除后恢复，表现出一定的抗剪切能力。此外，主链上具有不同结构的疏水单体使疏水改性絮凝剂性能强化倾向各有不同。丙烯酸丁酯(BA)或甲基丙烯酸甲酯(MMA)作为疏水单体与 AM 共聚合，分别形成疏水改性的聚合丙烯酰胺-丙烯酸丁酯[P(AM-BA)]和聚合丙烯酰胺-丙烯酸丁酯[P(AM-MMA)]，研究发现这两种絮凝剂对难沉降的尾矿浆均具有良好的絮凝效果。采用疏水性阳离子单体 3-丙烯酰胺基-2-羟丙基三烷基氯化铵(AHPTAAC)合成了疏水改性絮凝剂，对高岭石悬浮液进行絮凝处理后，上清液浊度降低了 99%。该疏水改性絮凝剂的“吸附桥连”机制是絮凝高岭土悬浮液的主要原理。以 AM、二乙烯基砜(DVS)和4-十二烷基苯磺酸盐-1-乙烯基咪唑-3-鎓(DBSV)为共聚单体,制备了新型具有疏水缔合功能的聚合丙烯酰胺-二乙烯基砜-4-十二烷基苯磺酸盐-1-乙烯基咪唑-3-鎓[P(AM-DBSV-DVS)],通过改变盐度、温度和剪切速率来评估模拟储层条件下的流变和溶液性能,发现P(AM-DBSV-DVS)具有较好的耐盐、抗温性能和抗剪切性。

第五节　煤泥水处理智能加药

现阶段,大多数选煤厂在煤泥水处理中的加药和浓度监测环节仍采用人工取样进行测定。这种人工干预操作缺乏实时性,测试结果会因人工取样方式、试验环境因素等影响而产生较大误差,而且人工劳动强度大。在加药量调节环节,药剂消耗未能精准控制,煤泥水浓度变化时加药量不能随之调整,煤泥沉降效果得不到保障,存在发生“压耙”等生产安全事故的可能。在浓缩池药剂添加环节,一般采用人工手动调节加药比例阀的开度以控制加药量。这种加药方式并没有实时关注浓缩机的沉降效果,易出现药剂添加过量而造成药剂浪费,或者药剂添加过少导致浓缩机溢流浊度较大、循环水较浑浊等情况。针对这些问题,近年来,选煤厂在煤泥水智能加药理论与技术研究方面取得了较大进展,生产实践取得了较好的效果。

一、煤泥水浓度在线监测

通过在入料管路上安装电磁流量计和入料浓度计,在浓缩机上安装污泥界面仪和清水浊度计等,对浓缩池煤泥水沉降情况进行检测,对澄清层高度、清水浊度等关键指标进行测量,并将监测数值传送至智能煤泥水系统。岗位人员在移动端可观察到浓缩池入料煤泥水浓度、入料流量、澄清层高度等实时数据变化。这便于岗位人员实时观察浓缩机状态并作出相应调控,以避免“压耙”事故发生。煤泥水浓度在线监测仪表安装位置如图 4-20 所示。

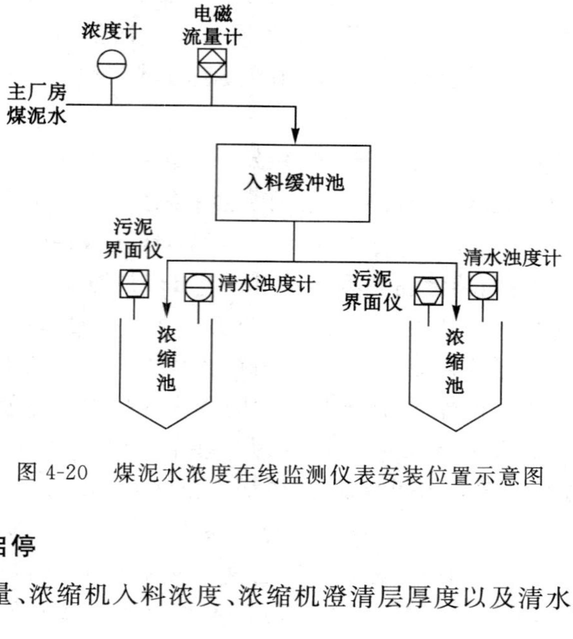

图 4-20　煤泥水浓度在线监测仪表安装位置示意图

二、加药机自动启停

通过系统入选煤量、浓缩机入料浓度、浓缩机澄清层厚度以及清水层浊度等判断浓缩机煤泥水沉降情况，并以浓缩机煤泥水沉降情况作为加药机启停控制判断的特征参数值。若选煤厂当前只有一台浓缩机处于运行状态，则可根据当前投入使用的浓缩机的特征参数进行加药机启停控制。如果多台浓缩机都为投用状态，则任意一台浓缩机的参数满足条件即可实现加药机自动启停控制。加药机自动启停控制逻辑如图 4-21 所示。

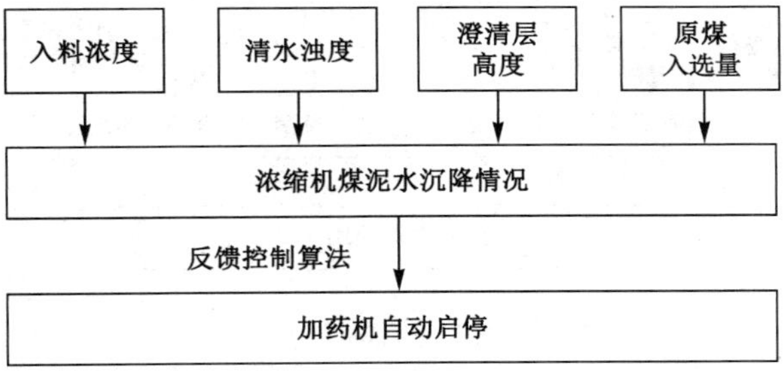

图 4-21　加药机自动启停控制逻辑

三、加药量自动调节

通过在浓缩机入料管路上安装入料浓度计及流量计，可实时监测浓缩机入料煤泥量大小。根据不同煤泥量区间对应干粉加药量需求，采用梯度调节法确定絮凝剂干粉添加量，以实现絮凝剂药剂浓度自动配置。根据絮凝剂实际配药量，以及沉降试验或历史加药经验获取的絮凝剂和凝聚剂配比系数，确定凝聚剂干药粉添加量，以自动调节凝聚剂加药机配药浓度，实现凝聚剂药剂浓度自动配置。加药量自动调节控制逻辑如图 4-22 所示。

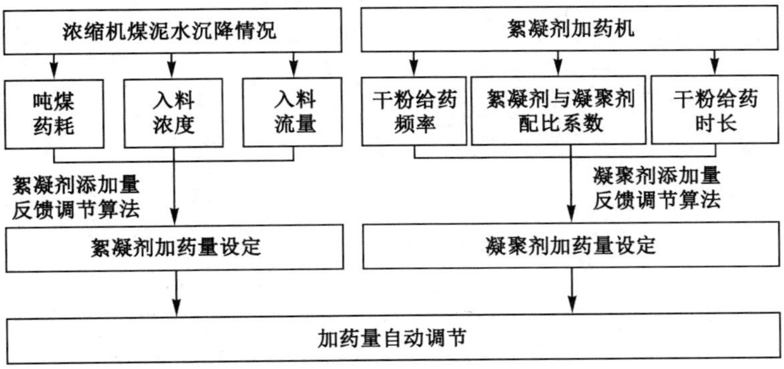

图 4-22　加药量自动调节控制逻辑

四、加药量自动添加

通过监测浓缩机煤泥层厚度、溢流水浊度、煤泥水电导率值，实时反馈浓缩机沉降情况。对药剂配置浓度、浓缩机入料浓度、入料流量、原煤入选量进行絮凝剂加药量前馈调节，并根据浓缩机实时煤泥层厚度、溢流水浊度与目标值的差值进行絮凝剂加药量反馈调节，从而自动调节絮凝剂加药泵频率。同时，可根据入料煤泥水中的电性强弱预判煤泥水的电导率值，并根据实时电导率与目标电导率的差值，自动调节凝聚剂加药泵频率。加药量自动添加控制逻辑有效降低了药剂消耗量，实现了加药量的精准调控。加药量自动添加控制逻辑如图 4-23 所示。

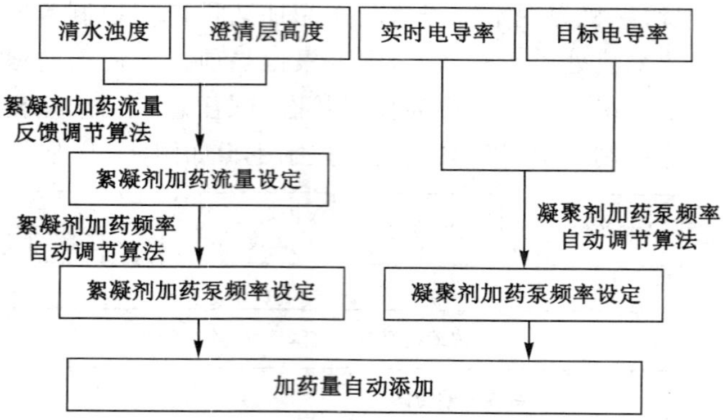

图 4-23　加药量自动添加控制逻辑

第五章　煤泥水处理系统

煤泥水处理系统几乎包括湿法选煤过程的所有环节。煤泥水处理系统的选择取决于许多因素，而选定的煤泥水处理系统效果也取决于许多因素。同时，随着原料的变化、用户的改变、环保的实施、相关科学技术的发展，煤泥水的流程、设备、方法、管理都在不断变化之中，不断地有新设备和新工艺方法出现，使之不断地趋于完善。总之，煤泥水处理系统是一个十分复杂和影响因素众多的系统工程。

第一节　煤泥水处理系统

传统的选煤厂因处理的原煤种类、原煤性质以及选后产品的用途不同而分成两大类：炼焦煤选煤厂和动力煤选煤厂。选煤厂的类型不同所采用的流程就不同，煤泥水处理系统因此也不同。这两类选煤厂在工艺流程或煤泥水处理系统方面最大的差别在于：炼焦煤选煤厂要对<0.5 mm粒级进行深度分选、脱水，将其中低灰部分精选出来作为炼焦煤产品，因而对其质量有严格要求，需要有完善的煤泥水处理系统；而动力煤选煤厂一般不对末煤或煤泥进行分选，相对而言工艺流程或煤泥水处理系统要简单得多，因为需要处理的煤泥数量及精度低得多。但是现在这个区别正在变小，许多动力煤选煤厂也开始对煤泥进行处理或分选。

一、炼焦煤选煤厂煤泥水处理系统

炼焦煤选煤厂主要入选焦煤、瘦煤和肥煤等冶金、化工行业所需的主焦煤和配焦煤。由于我国目前焦煤资源贫乏，通常对炼焦煤选煤厂全部粒级实行精选。由于细粒级必须精选、脱水，就给炼焦煤选煤厂煤泥水处理系统增加了不少难度。此外一个煤泥水处理系统的内容和特点同所采用的分选工艺密切相关，二者相互配套和制约。从目前炼焦煤分选工艺来看，依然以重介、跳汰、浮选为主。重介、跳汰选块煤及末煤，浮选分选煤泥。随着对精煤灰分要求提高，在新厂设计和老厂改扩建中较多采用了分选精度较高的重介质分选工艺。由于重介系统增加了脱介、脱泥、介质回收等环节，比起跳汰系统煤泥水处理要更为复杂，目前对煤泥水处理系统研究重点放在与重介工艺有关的煤泥水处理系统方面。

目前我国炼焦煤选煤厂大致有以下几种流程，从中可以看出各种流程的各处理环节的特点。

（一）混合跳汰-煤泥浮选流程

图5-1为我国一种传统的炼焦煤选煤厂煤泥水处理系统，老的炼焦煤选煤厂多采用此流程。原煤不分级（包括煤泥）直接进入跳汰机分选，分选后跳汰精煤溢流携带着煤泥一起进入脱水、分级系统，得到合格的精煤产品和需进一步处理的煤泥水，即去浮选进一步分选、回收、净化的煤泥水。

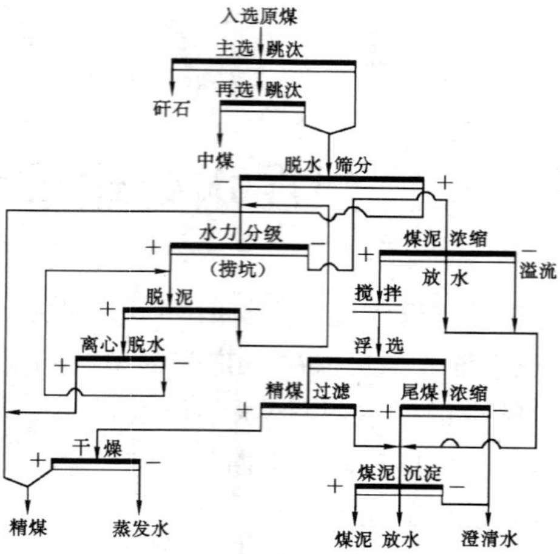

图 5-1　混合跳汰-煤泥浮选流程

（二）混合跳汰-中煤重介-煤泥浮选流程

在图 5-1 的基础上增加了中煤重介系统，在原煤可选性较差、仅靠跳汰达不到产品质量要求时采用，如图 5-2 所示。图 5-2 和图 5-1 不同在于增加了重介系统对跳汰中煤的精选，由于增加了一套重介质分选系统，所以比图 5-1 的工艺系统要复杂，煤泥水流向、流经环节也增多。主要表现在增加了含有重介质的煤泥水脱介、浓缩、回收、净化的系统。

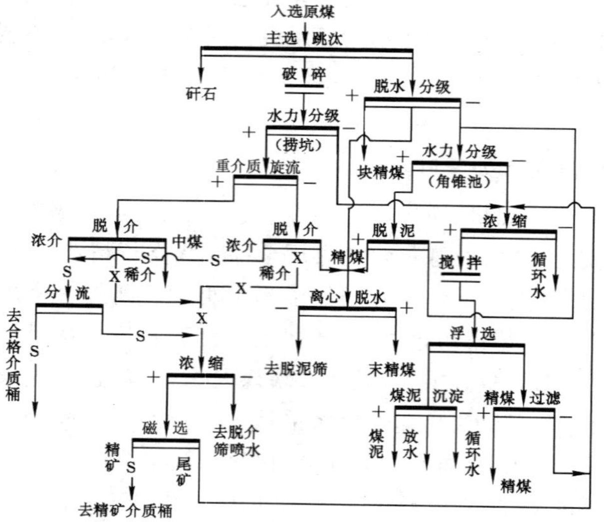

图 5-2　混合跳汰-中煤重介-煤泥浮选工艺流程

（三）块煤重介-末煤跳汰-煤泥浮选流程

根据原煤的特点和对产品的要求，将原煤分成块煤和末煤，分别采用重介和跳汰进行分选，如图 5-3 所示。和图 5-1 相比，增加了分选块煤的重介环节，整个系统也就更加复杂了，煤泥水系统也与图 5-2 有所不同。

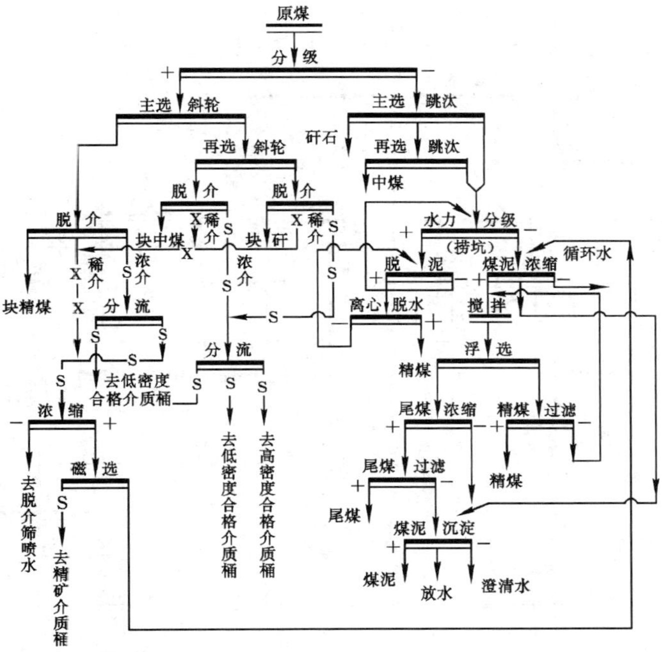

图 5-3　块煤重介-末煤跳汰-煤泥浮选工艺流程

（四）块煤重介-末煤重介-煤泥浮选流程

流程如图 5-4 所示，图 5-4 和图 5-3 相比，原煤采用湿式筛分分级，分成三种中间产品，分别去块煤重介、末煤重介质旋流和煤泥浮选。煤泥和分级筛下水直接进入水力分级设施，既缩短了煤泥去浮选的时间，提高了浮选效果，又减少了对重介作业的脱介、脱泥难度，这是一种效率较高的预先脱泥流程。

（五）块煤跳汰-末煤重介-煤泥浮选流程

流程如图 5-5 所示。与图 5-4 不同的是，块煤采用跳汰分选工艺。另外，原煤分级时使用了两台筛子，第二个筛子进行了脱泥作业，即在筛分过程中对<13 mm 的物料加水冲洗，将煤泥直接冲入煤泥水系统进行水力分级。与以上几个流程显著不同的另一点是煤泥浮选作业的工艺不同。在此流程中，低浓度的水力分级溢流直接去浮选作业，称为直接浮选工艺。而以上几个流程是煤泥水经过浓缩后再去浮选，称为浓缩浮选工艺。后面章节将会对这两种工艺进行详细介绍和分析。

（六）跳汰粗选-粗精煤重介精选-煤泥浮选流程

流程如图 5-6 所示，与图 5-2 流程相比，不同点在于重介质旋流器分选的是经过跳汰机分选的精煤。此流程复杂性在于原煤经过两种工艺的分选。煤泥水处理系统和其他流程相似，也是直接浮选工艺。

（七）全重介主再选-煤泥浮选流程

这种流程曾经得到较快推广，对提高难选煤的分选效率特别适用。此流程相对于图 5-4 的流程来说少了一个块煤重介质分选系统，因而相对简单些，煤泥水系统与图 5-4 相似。

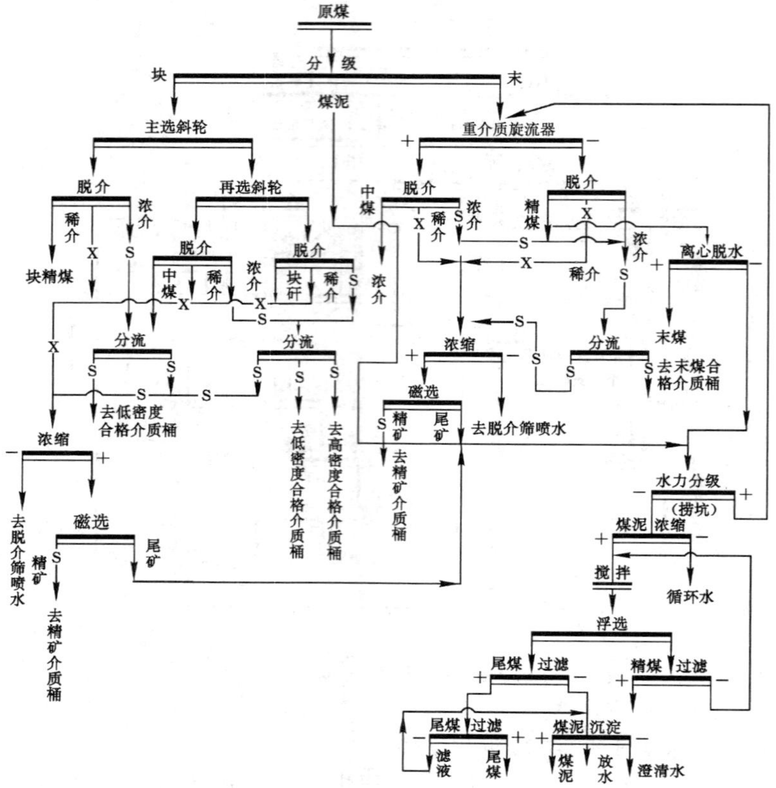

图 5-4　块煤重介-末煤重介-煤泥浮选工艺流程

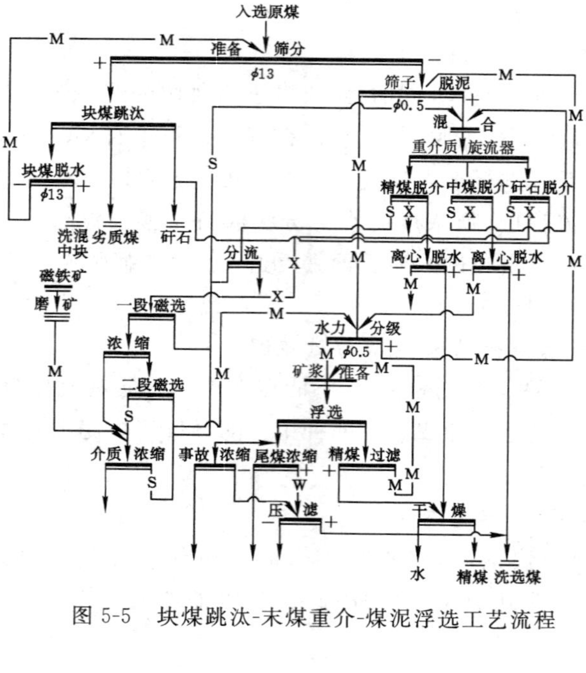

图 5-5　块煤跳汰-末煤重介-煤泥浮选工艺流程

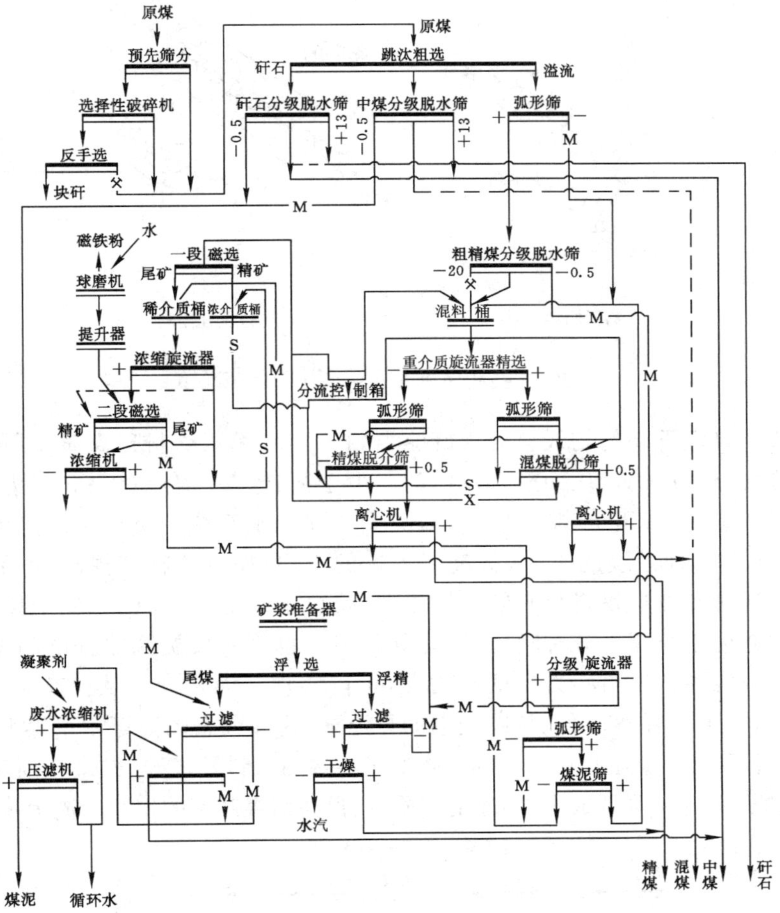

图 5-6　跳汰粗选-粗精煤重介精选-煤泥浮选工艺流程

（八）重介质旋流器分选不脱泥流程

此流程（可参考图 5-5）由于高效、简单也曾得到了较快的推广，它采用不脱泥入重介质旋流器直接分选的方法，在仔细研究和详细计算的基础上，采用合理的工艺和设备参数，可将重介质旋流器的分选下限降到 0.044 mm 甚至更低，大大简化了原来较为复杂的重介质选煤工艺，煤泥水系统也相应有所简化。

（九）大型三产品重介质旋流器＋煤泥浮选流程

大型三产品重介质旋流器选煤工艺是我国当前发展和推广最快的工艺。所谓三产品重介质旋流器，其结构实际就是两个串联的旋流器组，采用一种密度的悬浮液，使用一套介质系统，入选上限可达 100(80) mm 甚至更大，实现脱泥或者不脱泥不分级原煤的有效分选，直接分选出精煤、中煤和矸石三产品，大大简化了工艺系统，使得煤泥水处理系统也相对简化。三产品重介质旋流器分为有压给料和无压给料两类，其结构见图 5-7。

有压给料是将入选的原煤和悬浮液在混合桶混合后用泵压入旋流器，或者在定压漏斗混合后利用静压头压入旋流器中分选，其分选的下限低，效果好，处理量大。

无压给料是将入选的原煤和少量的悬浮液由旋流器的上端中央入料管给入，而大量的

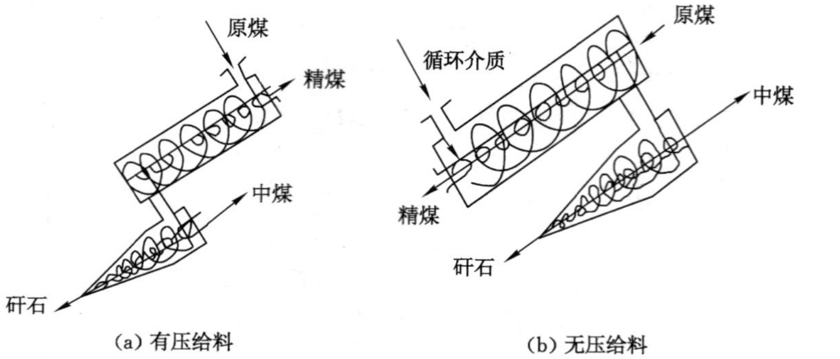

图 5-7　三产品重介质旋流器结构示意图

悬浮液则由介质泵经下端的切线口压入旋流器内。实行无压给料选煤时，原煤实际上是靠旋流器内的旋转流形成的负压而旋入器内的。由于入选煤不需经过泵和压力管道，原料煤的再度粉碎概率减小，次生的煤泥量减小，减少了煤泥水系统的负荷和对煤泥水管道的磨损，简化了煤泥水处理系统的工艺，提高了入选的上限，使分选精度提高，产品质量控制容易。可实现悬浮液和被选物料分开给入旋流器，减少了动能损失，同时便于设备布置(后者对老跳汰厂改造为重介厂十分有利)。还充分利用了自第一段旋流器排出的重悬浮液剩余压头作为二段旋流器产生离心力场的动力源，可以实现煤泥重介。从三产品旋流器一段的溢流中排出的是精煤和浓度较低、粒度较细的悬浮液，这部分悬浮液可用于煤泥分选，把重介质选煤的分选下限进一步降低到 0.1 mm，降低了浮选的入料量，降低了成本，尤其对可浮性差的煤泥，煤泥重介可起到降低成本、确保精煤质量、提高精煤产率的作用。流程示例见图 5-8。

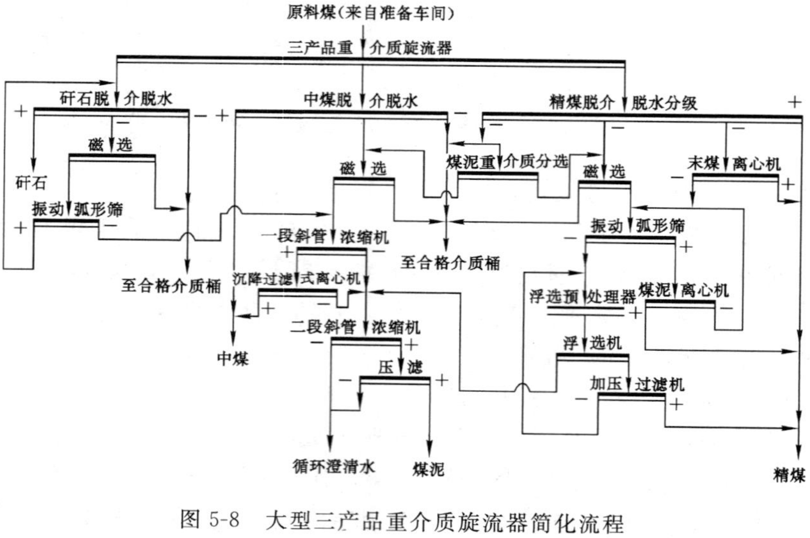

图 5-8　大型三产品重介质旋流器简化流程

二、动力煤选煤厂煤泥水处理系统

我国动力煤选煤厂主要分选低变质程度煤和高变质程度烟煤及无烟煤，入选级别是含矸量较大的块煤和部分末煤，煤泥不分选。选后产品通常还要分成不同粒级、不同质量的产品，以满足不同用户的要求，其主要任务是排矸、降灰。因此，动力煤选煤厂煤泥水处理要比炼焦煤选煤厂简单。但随着对动力煤煤质要求的提高和对环境保护的关注,现今的动力煤选煤厂旨在使动力煤更好地满足用户对不同煤质的要求,同时进一步降低环境污染。因此,动力煤选煤厂的煤泥水处理也变得更加复杂和多样化。

动力煤分选目前仍然以跳汰选和重介选为主,干湿联合分选工艺近年发展较为迅速,常见流程如下所述。

（一）块煤重介排矸流程

流程如图 5-9 所示。对经过预先筛分的大于 13(6) mm 的原煤再次进行脱泥作业(此脱泥作业可根据选煤厂原煤情况具体分析是否采用),大于 13(6) mm 部分主要采用重介浅槽(少量采用斜轮等)进行分选,脱泥后的小于 1 mm 的煤泥筛下水进入煤泥水系统回收煤泥,煤泥回收采用煤泥回收筛回收粗粒级,压滤机回收细粒级,分级和浓缩分别采用的是旋流器和浓缩机。

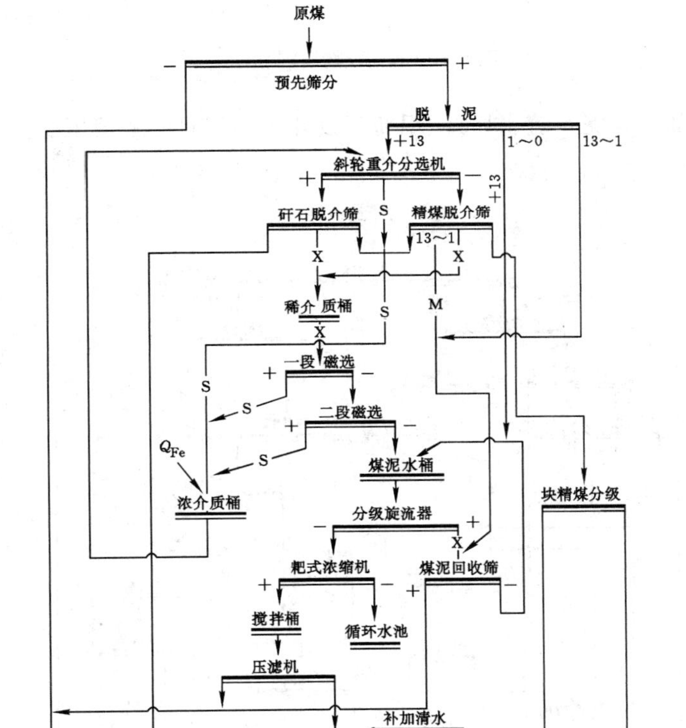

图 5-9　块煤重介排矸工艺流程

（二）块煤跳汰流程

流程如图 5-10 所示。只对大于 13 mm 粒度级进行分选,其分选流程十分简单,省去末煤分选和煤泥浮选工艺,煤泥水浓缩后直接回收。

（三）块煤重介-末煤跳汰流程

流程如图 5-11 所示。该流程和图 5-3 相似,因为本流程入选下限为 6 mm,进入煤泥水系统的煤泥量较少。煤泥采用煤泥回收筛和过滤机回收。此工艺对细粒级煤泥缺少有效的

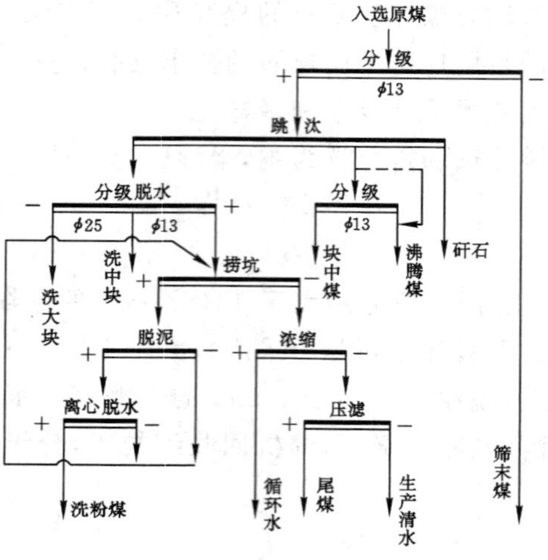

图 5-10　块煤跳汰工艺流程

回收设备，需要将部分煤泥水流出厂外，现新厂设计选煤厂时已采用压滤机等细粒回收设备来把关。

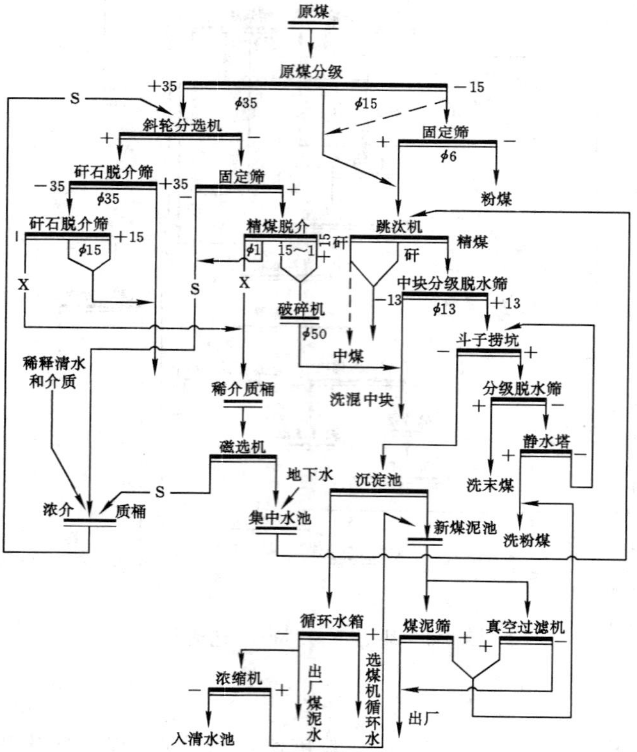

图 5-11　块煤重介-末煤跳汰工艺流程

（四）混合跳汰流程

流程如图 5-12 所示。该流程适于末煤量大、灰分高的原煤。选后产品可分为不同粒级产品。跳汰机出来的煤泥进入煤泥水系统,但流程中采用的沉淀池回收细粒煤泥的做法现在设计中已摒弃,现多采用浓缩机对煤泥水进行深度澄清。

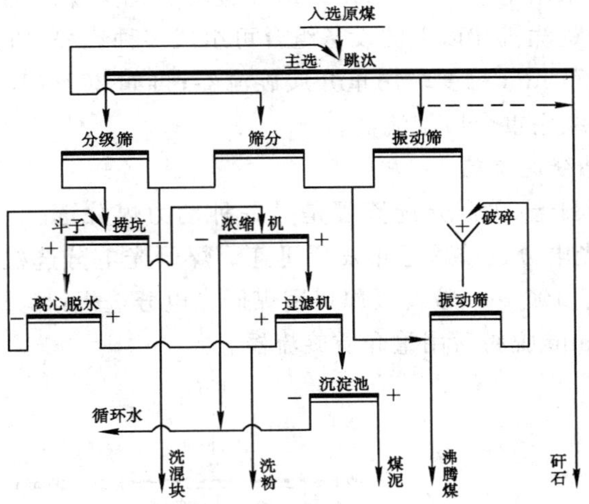

图 5-12 混合跳汰工艺流程

(五) 跳汰选流程

流程如图 5-13 所示。该流程和图 5-1 流程相似,实质是少了煤泥浮选工艺,煤泥水浓缩后进行回收。其选后产品可作为炼焦配煤或动力煤,流程较灵活。

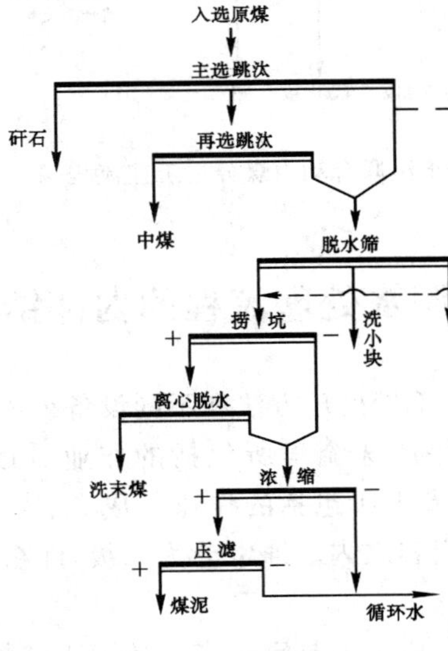

图 5-13 跳汰选工艺流程

(六) 动筛跳汰流程

动筛跳汰流程是一种动力煤分选工艺,设计初衷是为解决块原煤机械排矸问题,尤其在中小型选煤厂,它的最显著特点是工作时动筛跳汰机槽体中水流不脉动,直接靠动筛机构用液压或机械驱动筛板在水介质中做上下往复运动，使筛板上的物料在水的作用下形成周期性的松散，实现按密度分选。由于其特殊的工作方式，所以不需用风，也不需用冲水和顶水，分选每吨原煤所需的循环水用量仅 0.08～0.2 m^3。这对简化选煤厂的煤泥水处理系统和工艺是十分有利的。动筛跳汰机和以上的设备组合可组成多种流程，如大于 50 mm 粒度级原煤用动筛跳汰机，小于 50 mm 粒度级用重介质旋流器；再如 200～13 mm 粒度级用动筛跳汰机，小于 13 mm 粒度级用重介质旋流器。

（七）干湿联合动力煤分选工艺

流程如图 5-14 所示。干湿联合分选流程是另一种动力煤分选工艺，除了风力分选技术，基于射线识别的煤矸光电分选技术近年发展迅速。煤矸光电分选机和湿法分选设备组合可组成多种流程，如大于 100 mm 粒度级原煤用煤矸光电分选机，100～13(6) mm 粒度级用重介浅槽分选机，－13 mm 脱粉后用重介质旋流器。

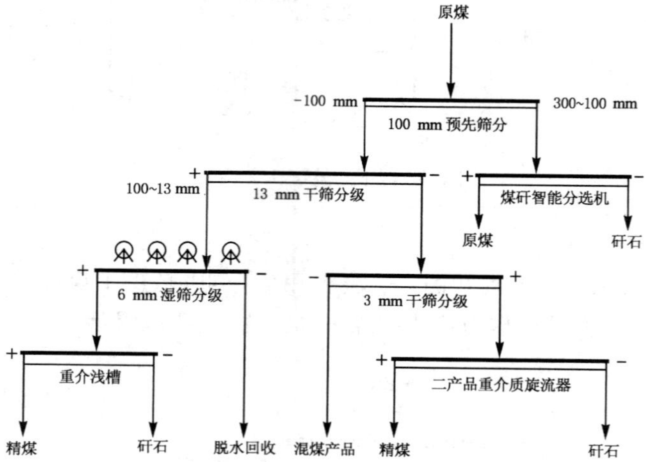

图 5-14　干湿联合动力煤分选工艺流程

第二节　煤泥水处理流程的内部结构

煤泥水处理流程的内部结构是由不同处理方法和不同设备组成的选煤加工流程。为便于分析，将炼焦煤选煤厂典型的跳汰-浮选流程所包括的作业分成 A_1、A_2、B_1、B_2 作业区（图 5-15），动力煤选煤厂煤泥水原则流程所包括的作业分成 A、B、C 作业区（图 5-16）。除 A_1 区的分选作业之外均可包含在此内容之内。通常分为二级，即粗煤泥的回收和细煤泥的（分选）回收。

第一级由作业区 A_1 或 A 构成，实质上就是重选产品的脱水和粗煤泥回收作业，它构成煤泥水处理的前半段。

第二级由作业区 B_1、A_2 或 B、C 构成，实质上是煤泥水流程中的细煤泥分选、回收和脱水作业，它们的任务是彻底回收低灰、有用的煤泥，同时得到洁净的循环水复用，它构成煤泥水处理的后半段。

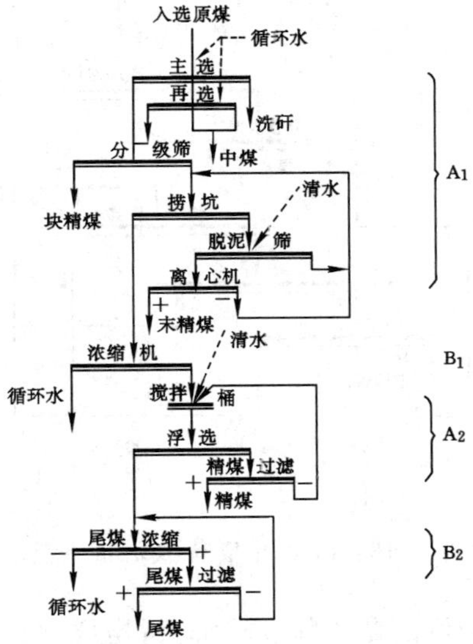

图 5-15　炼焦煤选煤厂典型跳汰-浮选流程

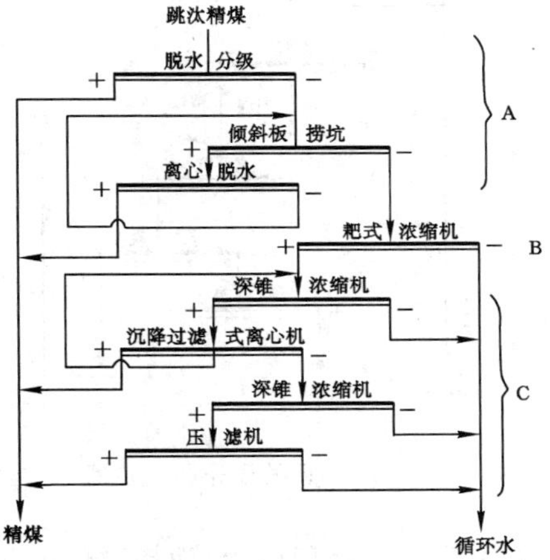

图 5-16　动力煤选煤厂煤泥水原则流程

一、重选产品脱水、粗煤泥回收、煤泥水分级流程

（一）常见的原则流程

在作业区 A_1 里，除了原煤的分选作业，就是产品的脱水和粗煤泥回收作业，它们构成煤泥水处理的前半段，其任务是对产品脱水，尽量回收质量已合格的粗煤泥，不让其落入煤泥水中，同时又尽可能地把质量不合格的细粒煤泥脱到煤泥水中，去下一步分选作业，如浮选。这个粒度界限视重选过程的有效分选下限而定，在使用中通常取 0.5 mm，即可认为 0.5 mm 以上的颗粒经过重选，质量合格，随跳汰机溢流或重介质分选产品进入煤泥水系统，这部分颗粒在粗煤泥回收作业中应沉下并分离出，而小于 0.5 mm 的颗粒在粗煤泥的回收作业中不应沉下，应流到下一作业继续分选。

对于这一观点，目前选煤界许多学者认为这个粒度界限应降低到 0.25 mm 左右，其原因是新型重选设备的分选下限在降低。煤泥水中的 0.25～0.5 mm 的颗粒质量已合格，再去下一作业分选是做无用功，增加成本，降低效率。因此，许多工艺流程的出现和应用都是围绕这一主题，其实质就是设法多回收这一部分低灰粗煤泥颗粒，减少重复作业量。

在动力煤选煤厂的作业区 A 里，不像炼焦煤选煤厂有个粒度界限，而是煤泥回收得越多越好。

图 5-17～图 5-21 是现在常见的一些粗煤泥回收流程。图 5-17 是原煤预先脱泥流程，即原煤经湿法喷水筛分脱除原煤中的煤泥后再去重选。脱除的煤泥可直接入浮选，这种流程的优点是缩短了煤泥回收路线，改善了重选指标和煤泥的可浮性，从而提高了煤泥的回收率。

图 5-18 是用捞坑和单层脱水（泥）筛及离心机筛下水局部闭路的方法完成末精煤脱水和粗煤泥回收任务的。它的优点是简易、运转可靠、筛面面积较小。缺点是捞坑截流粒度受入料、操作等因素的影响较大，如重选分选效果不好时，精煤污染严重；截流粒度过大时，跑粗严重；此外捞坑会造成厂房结构复杂、捞起物污染大的问题。对于有的老厂，由于改扩建

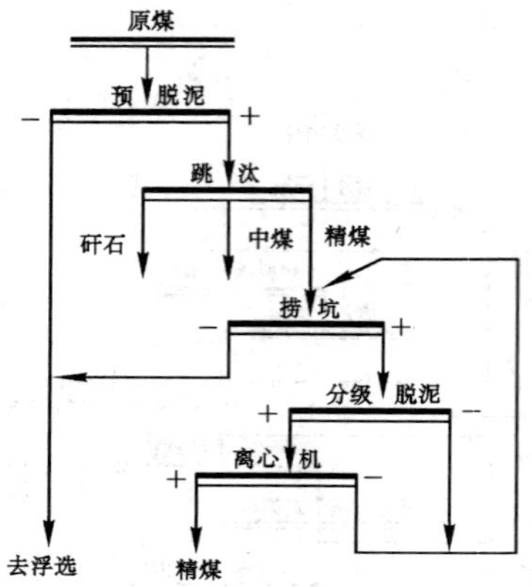

图 5-17 原煤预先脱泥流程

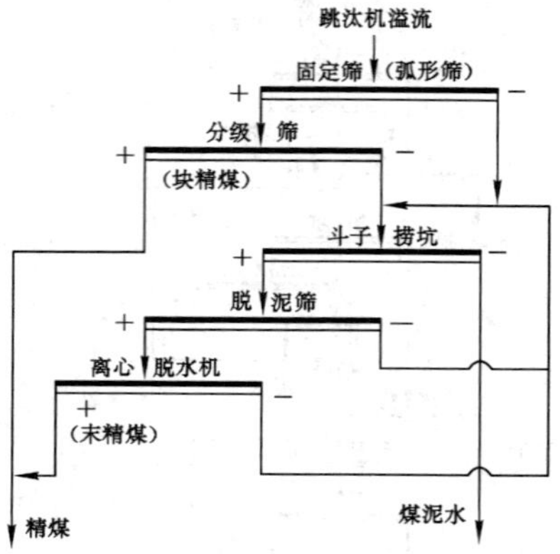

图 5-18 捞坑-单层筛-离心机流程

增加了跳汰机的处理能力，而捞坑的面积没有增加，捞坑的截流粒度将加大，捞坑跑粗，粗粒级到浮选不仅增加了浮选的处理量，也难以回收。为解决这一问题，可在浮选前加一个条缝筛等粗煤泥回收设备。

有些选煤厂使用斗子捞坑控制浮选入料粒度，取得了很好的效果。但有些厂把长期形成的斗子捞坑小闭路当作简化流程、节约设备的好经验加以坚持。分析一下这种小闭路流程，捞坑捞出的末精煤到脱泥筛上进行脱水脱泥，然后再到离心机中离心脱水；筛下水和离心液都将含有一部分粗煤泥，同时也会含有一部分高灰、细泥颗粒；这部分高灰、细泥颗粒将在捞坑中沉下来，在另一个循环中也必然沉下来，最后只能是跟着离心脱水后的末精煤离开这个系统。因此，末精煤亦即总精煤的质量将受到这部分高灰细泥的污染，一些厂家的分析表明，总精煤质量降低了一级。可见这一影响造成的损失很可观，不容忽视。解开这个死结的途径是：充分利用离心力（弧形筛或高频筛）把脱泥筛脱下的和离心机甩出的沉淀与末精煤中的高灰、细粒泥质部分从这个环节中分离出去，从而消除对末精煤污染的可能性。其所需投入是微不足道的。

图 5-19 是用角锥池、水力旋流器和煤泥回收筛筛下水闭路的方法回收粗煤泥，以克服筛子漏粗煤泥的缺点。其优点在于跳汰精煤的脱水采用了双层筛，粗煤泥回收系统是单独地回收粗煤泥，而不像图 5-18 流程那样既回收粗煤泥，又回收跳汰末精煤，所以脱泥效率高，此外重选下限高时对精煤的污染程度也较小。缺点是设备多，转载多，局部循环量大，设备维修量大，生产管理难度也较大。

图 5-20 是采用双层筛对跳汰精煤脱水，然后由煤泥筛完成粗煤泥的回收。特点是脱泥效率高，对精煤污染小，局部循环量也小，但筛面要求严格检修和管理，以防止筛子破损，产生跑粗。如果能够保证筛面的正常工作，此流程效率高、简单、紧凑。

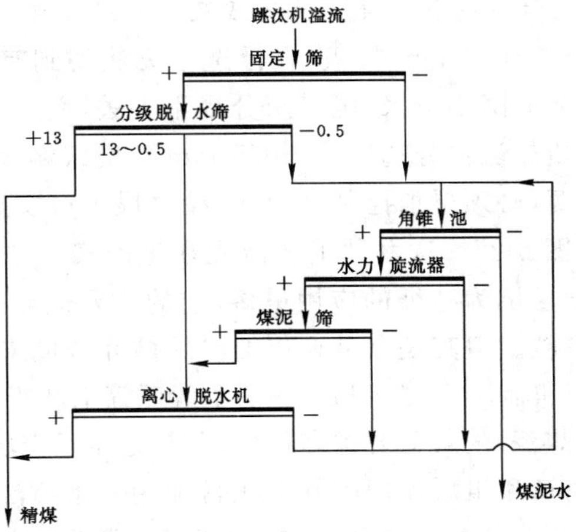

图 5-19　角锥池-旋流器-单层筛-离心机流程

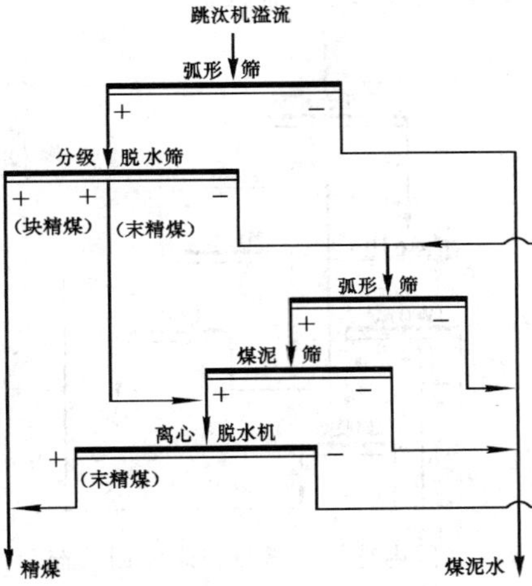

图 5-20　弧形筛-双层筛加弧形筛-单层筛-离心机流程

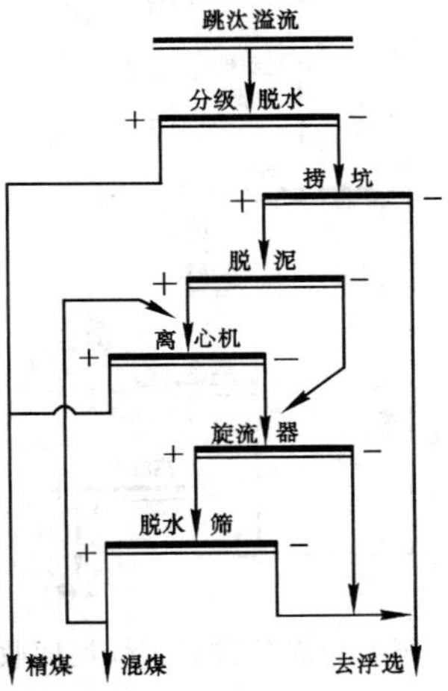

图 5-21　捞坑-单层筛-离心机-旋流器-单层筛流程

对于图 5-19 和图 5-21 所示的流程，近年煤泥筛多开始采用高频振动脱水筛，这比以往的煤泥脱水筛在固体回收率、水分和效率等方面都有很大提高。此外，角锥池以往多采用方形结构，人工排放底流，效率低，现大多改用圆锥形，直接用煤泥泵抽吸底流，有时还采用分级入料，以改善分级效果。如底流量稳定且底流灰分或硫分高时须进一步分选，采用圆锥形角锥池更为合理。

近年来，设计上较多地采用倾斜板(管)沉淀设备作为分级和粗煤泥回收设备。有的安装在角锥池中，有的单独安装，可取代图 5-19 中的角锥池和旋流器，安装在图 5-20 中的煤泥筛以上，用倾斜板和高频振动煤泥脱水筛配合回收粗煤泥是一项新的选择。沉降过滤式离心脱水机的采用使得细粒煤泥的回收又多了一种方法。

为减少以上几个流程的煤泥水循环负荷(筛下水、离心液的返回)对煤泥水处理系统的影响，可用旋流器、倾斜板管等作为分级设备，溢流去浮选，底流用高频筛回收其中粗煤泥。

（二）目前国内选煤厂常见的粗煤泥回收流程及其效果和评价

生产实践已证实，对于＋0.5 mm 粒级，在浮选中无法得到有效分选，严重影响浮选效果的提高，造成浮选精煤灰分降不下来，尾煤灰分提不上去，而且浮选药剂消耗量增多。此外，一般经过跳汰或重介质旋流器分选后的＋0.5 mm 粒度级粗煤泥质量都比较好，进入浮选重复分选，完全没有必要，必须严加控制。为此，在选煤生产实践中采用多种流程进行粗煤泥的回收，见图 5-22～图 5-27。这六种工艺流程在生产实践中都有所应用，而以图 5-22～图 5-24 所示，即以斗子捞坑为特征的应用最多，它的主要优点是能够稳定地控制住浮选入料中不适于入浮的粗颗粒。但其缺点是高灰细泥的循环造成末精煤的质量恶化，特别是由于习惯原因或由于运行机制不合理，例如，取消了脱泥筛上和粗煤泥筛上的正常清水喷洗时，末精煤（包括回收的粗煤泥）的灰分要增高很多，尤其是斗子捞坑实行小闭路时，如图 5-22 和图 5-24 所示，即使脱泥筛和粗煤泥回收筛上正常地用清水喷洗也无效，水洗精煤的灰分将增加 15%～20%，为了保证销售精煤质量，精煤产率将降低 3%左右，这在技术、经济上都是很不合理的。所以，一些改造过的厂，为了既要控制浮选入料粒度上限，又要保证技术水平和经济效益不降低，都选用图 5-25 和图 5-27 流程，或改造图 5-23 流程。

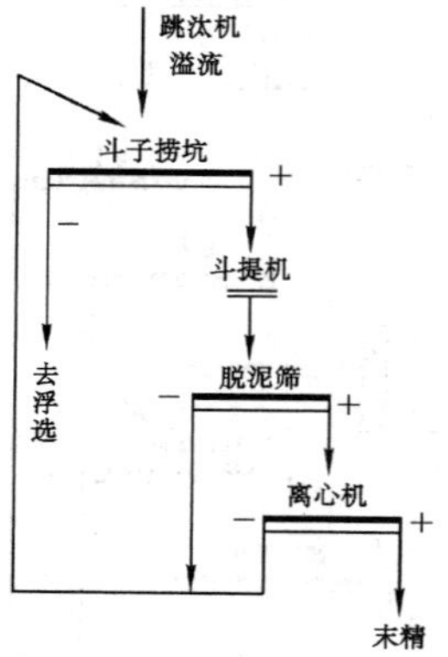

图 5-22　国内选煤厂常见粗煤泥回收流程 1

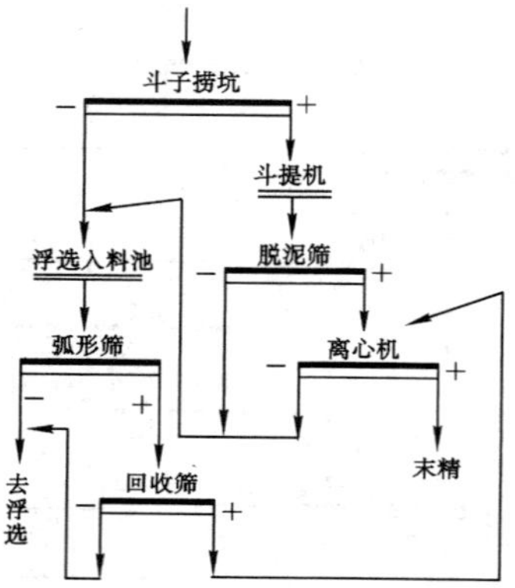

图 5-23　国内选煤厂常见粗煤泥回收流程 2

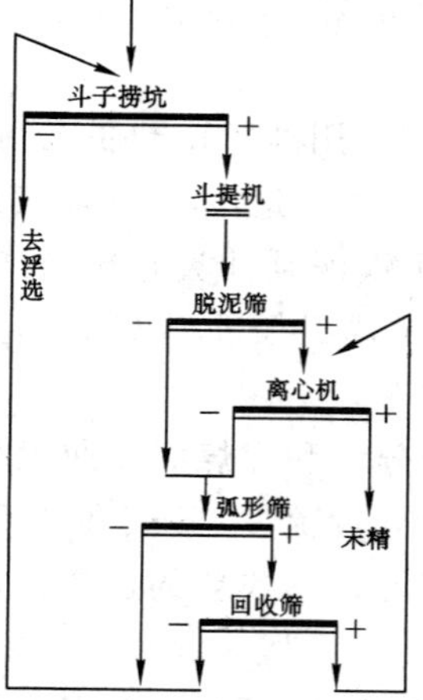

图 5-24　国内选煤厂常见粗煤泥回收流程 3

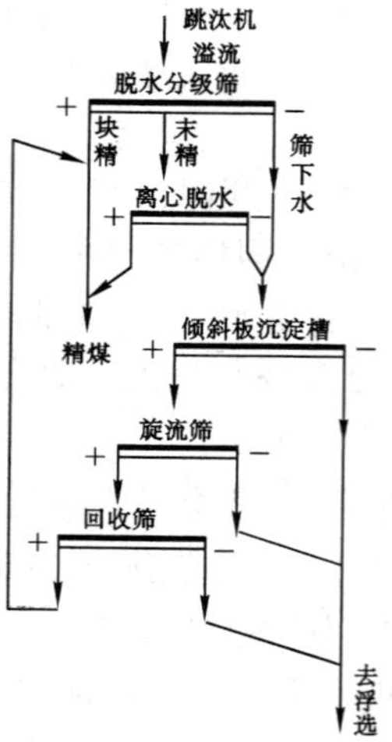

图 5-25　国内选煤厂常见粗煤泥回收流程 4

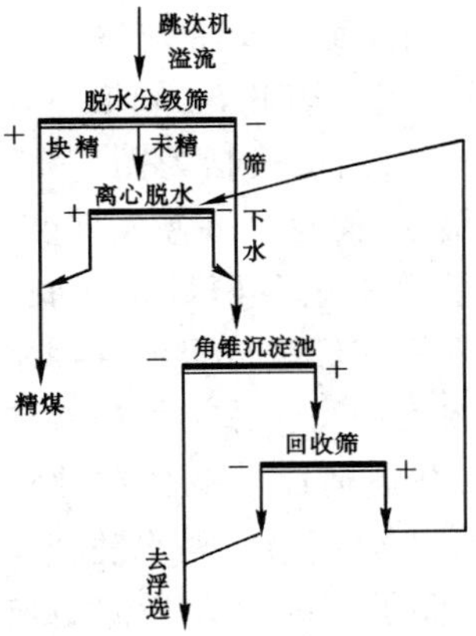

图 5-26　国内选煤厂常见粗煤泥回收流程 5

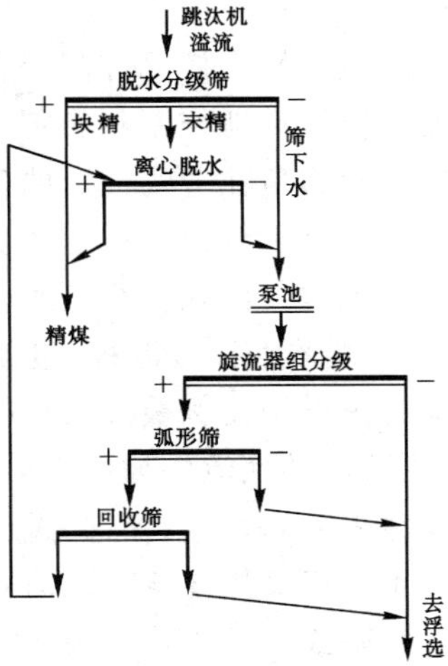

图 5-27　国内选煤厂常见粗煤泥回收流程 6

图 5-25 和图 5-26 两种流程在实际中也都有所应用，在保证水洗精煤质量和产率方面效果也是很好的，只是倾斜板沉淀槽和角锥沉淀池的底流排放由于是多排料口排放，没有实现自动化连续排放，溢流容易产生跑粗现象，在改造时可慎重对待，只要运行、操作合理，或将它们的底流排放成为连续自动控制排放，还可以继续使用。从控制粒度上限角度来考虑，以斗子捞坑为特征的粗煤泥回收系统还是有优越性的，但属于小闭路系统的图 5-22 一定要改造为图 5-23 流程，基本上不需要投入，就可以增加 3%左右的精煤产率或降低 2～3 级的质量损失。因此，在进行煤泥水系统改造时，所列六种情况都有可能遇到，要具体问题具体分析，首先从运行管理上和技术改造上来考虑，能达到要求时就不必增加改造的工程量，拆旧换新。一般来说，只要脱泥筛、煤泥回收筛正常地加清水喷洗，用捞坑系统还是有好处的，主要在粒度上可以控制得好和稳定。但图 5-22 和图 5-24 小闭路流程一定要改掉，因为细泥污染所造成的损失太大，而且无法消除。

二、细煤泥的分选作业

作业区 B_1、A_2 和 B_2 或 B、C 作业称为煤泥水处理系统中的细煤泥回收部分，它们构成煤泥水处理中的后半段，其任务是彻底回收低灰有用煤泥，同时得到洁净的循环水。随着原煤中粉煤含量的提高、煤质变差和环保以及脱硫的严格要求，对煤泥进行分选成为煤泥水处理中的重要内容。因此，许多学者认为，今后选煤工艺的研究重点应放在细粒煤的分选等方面。这同时也是由于目前的原煤中 20%的细粒级处理的投资已占到全厂投资的 40%以上，加工费用是块煤的好几倍。所以，研究推广经济有效的细粒煤处理工艺和方法不论是对当前还是对今后都势在必行。

煤泥分选是为了获得更多的优质精煤，现也有将其作为处理洗水的方法之一加以讨论的。主要有以下几种工艺方法。

（一）浮选工艺

1. 常规浮选流程及其评价

目前国内外最常用、最有效、最经济的煤泥分选方法仍是泡沫浮选法，并且在近一个时期不会被其他方法所取代。根据煤泥水流经浮选作业的顺序，通常把煤泥浮选分为几种流程：浓缩浮选流程、直接浮选流程和部分直接浮选流程等。在煤泥水系统流程中，最重要的不仅是要千方百计地控制和稳定浮选最合适的入料粒度上限，而且要特别注意借助合理的浮选工艺流程力争在节约投资的条件下，获得最佳的浮选效果。因此，必须慎重地对浮选工艺流程进行选择和改造。在生产实践中常见的应用流程和工艺可概括为图 5-28 至图 5-34 的煤泥浮选流程。前几种在实践中都经受了不同程度的检验，而且是逐渐发展变化起来的。

图 5-28 即浓缩浮选流程(包括底流大排放浓缩浮选流程)，是我国最先发展起来的，是在煤泥浮选中应用比例最大的流程。现在老厂仍有许多采用。经过分级的煤泥水经浓缩机浓缩后，高浓度的底流添加清水稀释后去浮选作业，而低浓度的溢流作为循环水使用。该流程由于入浮浓度高，所以浮选、过滤、厂房等投资少，电耗、药剂消耗也低。它的缺点是高灰细泥在洗水中积聚的现象无法消除，造成洗水浓度较高，作为循环水使得水洗精煤质量受到一定程度污染或严重恶化。为此，有的采用在此浓缩作业添加絮凝剂以降低溢流浓度。此流程中浮选入料的灰分较高，一般要比入选原煤中－0.5 mm 粒度级的灰分高 2%左右，而原煤中－0.5 mm 粒度级煤泥经过跳汰分选后要降低 2%左右。因此，浓缩浮选入料灰分没有能够降下来，反而高了 2%，这对浮选效果和效率的影响较大。

针对我国老厂多为浓缩浮选且效果欠佳的情况，淮北选煤厂曾在不改变浓缩浮选工艺的基础上仅改善操作方法，即将浓缩浮选采用的排高浓度浓缩机底流去浮选改为排低浓度浓缩机底流去浮选，底流和浮选精煤滤液混合后浓度正好符合浮选要求(120 g/L 左右)。由于加大了底流排放量，均匀分布在煤泥水中的细泥有较大部分能经底流进入浮选系统加以回收，避免了细泥聚集，循环水浓度可保持在 30 g/L 左右，基本上能取得和直接浮选相近的结果。这为我国同类老厂提供了一条既经济又方便实用的煤泥水处理新途径。

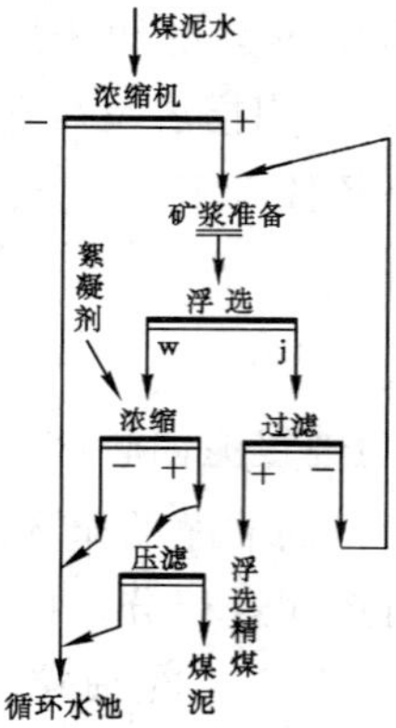

图 5-28　浓缩浮选流程

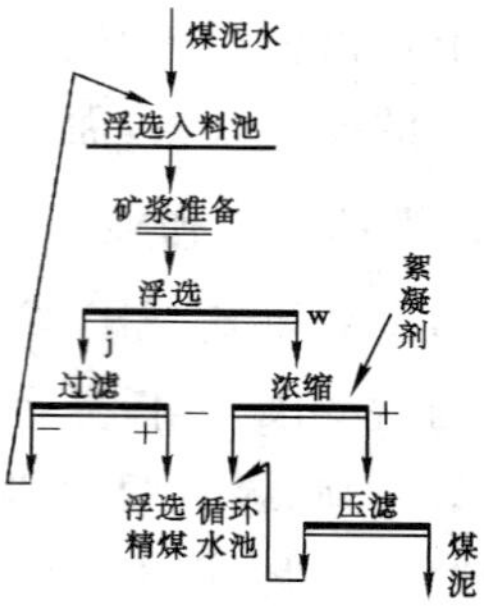

图 5-29　直接浮选流程

图 5-29 是 20 世纪 70 年代中期开始在我国邢台煤矿选煤厂首先发展起来的直接浮选流程。由于浓缩浮选存在的问题，直接浮选工艺中分级后的浓度较低的煤泥水不经浓缩直接到浮选作业。它的最大优点是在浮选尾煤经浓缩设备高度澄清处理后再作为循环水使用，基本上实现了清水选煤。由于煤泥水全部经过浮选，煤泥水中全部颗粒可被回收，从而避免了细泥在循环水中的集聚和浓度升高现象。当前在选煤厂的煤泥浮选方向所占的比例

上升很快,我国现阶段新厂设计基本上采用此工艺,许多老厂也改造为此工艺。该工艺存在的主要问题是厂房投资、电耗、药剂耗量等生产费用大。但由于该工艺实现了清水选煤,浮选效果显著提高,加之对环境的影响也减少到最低程度,还是受到选煤工作者普遍的欢迎。

进入20世纪80年代初,出现了浮选精煤浓缩过滤流程,即在原直接浮选工艺的基础上,将浮选精煤的直接过滤改造为浓缩后过滤工艺,如图5-30所示。浮选精煤浓缩过滤流程取得了滤饼水分降低、滤饼厚度增加、脱落率将近100%、一台过滤机几乎可以相当于两台的效果。因为浮选精煤浓缩后可以增加过滤机入料的浓度、消泡和起到浮选与过滤之间的缓冲作用,使浮选与过滤两个环节间的互相依赖性和牵制性消除,使两者各自在最优工艺条件下稳定工作,便于管理和提高技术水平,效果很好。

进入20世纪90年代后,针对浓缩浮选和直接浮选各自的优点,出现部分浓缩、部分直接浮选和部分循环、部分直接浮选等流程。前者是将煤泥水大部分浓缩而小部分(20%左右)不经浓缩直接去浮选作为浮选稀释水或者浮选入料。而后者是将大部分煤泥水不经浓缩直接去浮选,而小部分(20%左右)进入循环水系统,有的学者称之为"动平衡直接浮选"。图5-31为部分循环、部分直接浮选流程。这些综合流程既保留了浓缩浮选和直接浮选的优点,又克服了二者的缺点,即循环水浓度不是太高,入浮选浓度也不是太低,浮选的技术经济指标均有所改善。采用直接浮选和部分直接浮选以进一步简化流程是浮选发展的一个趋势。尤其是后者,这种工艺的实质就是改变了原来直接浮选时不论煤泥水浓度高低、数量多少都一次浮选完的做法,有计划、有目的地将煤泥水直接进入循环水池一部分,以调整浮选入料浓度达到合适,浮选入料浓度调到合适后,不是一次选完全部煤泥水,而是入选一部分,数量的大小以能够及时处理完每小时入选原煤中所带入的全部煤泥量(−0.5 mm)为准。

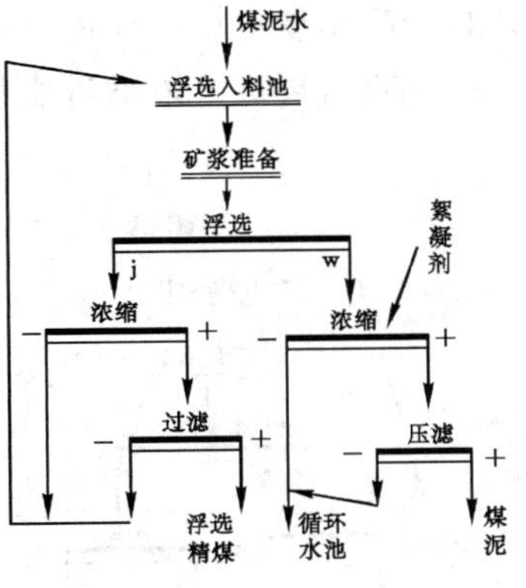

图5-30　浮选精煤浓缩过滤流程

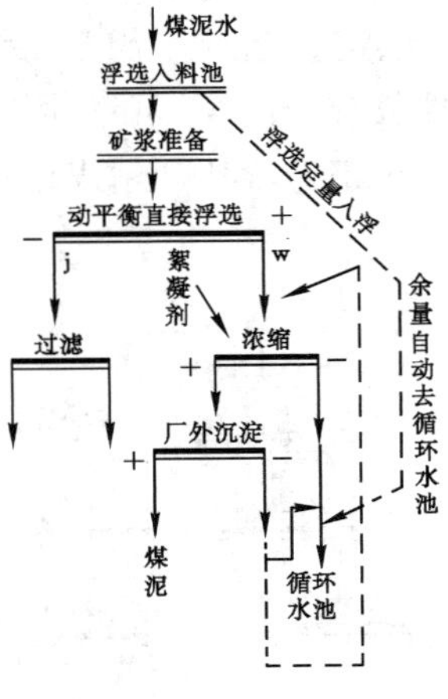

图5-31　部分循环、部分直接浮选流程

这样虽然减少了入浮的煤泥水立方数,但同样处理完新带进来的全部煤泥量(−0.5 mm粒度级),取得了原来直接浮选同样的甚至是更好的浮选效果,以及与浓缩浮选同样的甚至是更好的浮选精煤过滤效果,并且浮选车间工艺条件稳定,分选效果好,水洗车间循环水质量合格,水量充足,产品质量合格,经济效益显著提高,保留了直接浮选的全部优点,吸收了浓缩浮选的全部优点,也消除了它们的缺点,达到了经济、完善的目的。

图5-32是20世纪80年代引进的浮选粗选精煤精选流程,由于不太符合我国的习惯,

精选环节很少使用，只使用了粗选段，闲置了精选段。其实，这种带有精选段的流程，还是有它的优点和特点的，如果考虑周到，原设计的带有精选段的流程是可以用得好的，特别是对于可浮性较差的煤应用这种带有精选的流程会更好些。但可浮性较易的煤不使用已设置的流程和设备，损失也是明显的。由于精选段选的是粗选段的泡沫产品，粗选段必须是大通过量，如果量小了，精选的时间就过长。使用好此工艺的关键是要按照新的运行机制进行工作。

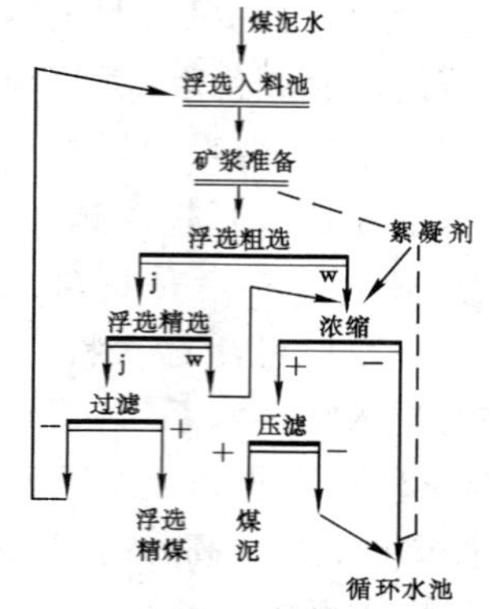

图 5-32　浮选粗选精煤精选流程

考虑到带有精选作业环节流程的优越性和浮选精煤浓缩后过滤的高效性和优越性，推荐图 5-33 和图 5-34 两种流程，在一律改为“动平衡直接浮选”的条件下，图 5-33 流程增加了浮选精煤浓缩后再过滤的环节，这对浓缩浮选老厂改造时特别适用，因为原煤泥浓缩机改为“动平衡直接浮选”后就不用了，移一部分给浮选精煤浓缩用是非常合适的。图 5-34 流程适用于可浮性较难选的煤，可浮性较易的煤用它也是可以的，产品质量可以保证得更好些和更稳定些。由于精选段所产精煤浓度较高，泡沫已一定程度地消灭，再进行浓缩过滤就没有必要了。

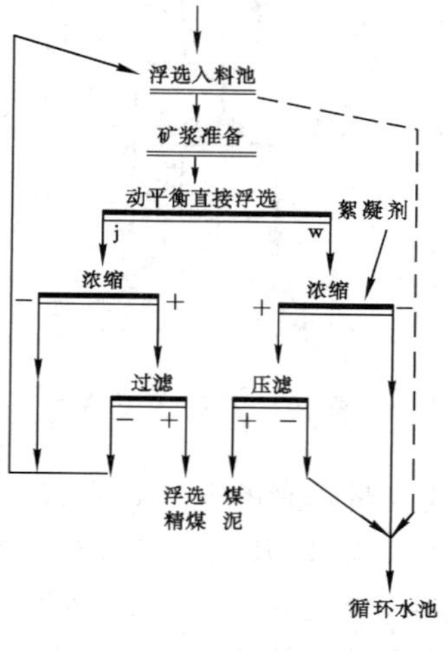

图 5-33　浮选精煤浓缩过滤的部分直接浮选流程

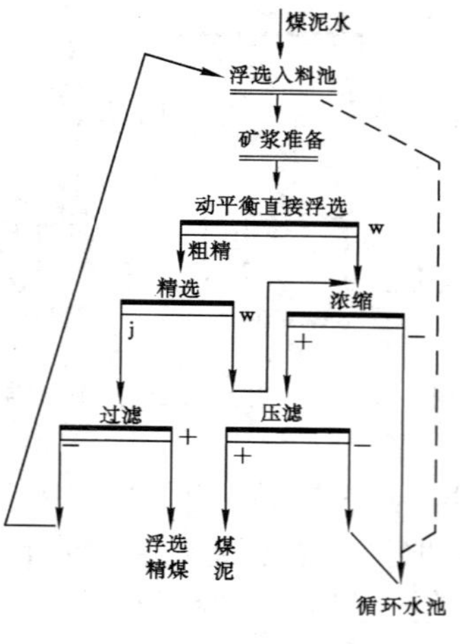

图 5-34　浮选精煤精选、浓缩过滤的部分直接浮选流程

2. 关于部分直接浮选的工艺与精煤过滤系统

煤泥直接浮选的工艺已在我国得到了日益广泛的应用，在选煤厂设计中也作为一种典型工艺被推荐使用。但直接浮选并不能完全代替浓缩浮选。这是由于直接浮选和浓缩浮选有着各自的优缺点。通过对比分析可以看出，直接浮选的优点正好消除了浓缩浮选的缺点，而直接浮选的缺点正好是浓缩浮选的优点。因此应创造一定条件，使工艺系统既具有浓缩浮选的优点，也保持直接浮选的优点。直接浮选中存在的各种问题都是由入料浓度低而引起的；而浓缩浮选中存在的各种问题又都是由入料浓度偏高和细泥积聚引起的。

煤泥浮选的工艺技术效果受其入料浓度的影响很大。如前所述，直接浮选入料浓度低，分选时选择性好，所以精煤灰分低，但泡沫浓度也较低，过滤效果较差，浮选机的单位处理量也较低。浓缩浮选的入料浓度一般都较高，因此选择性差，精煤灰分偏高，分选效果较差，但泡沫产品浓度高，过滤效果好，浮选机的单位处理量也较高。为改善浮选效果和精煤质量，一些选煤厂向底流大排放的浓缩浮选过渡。如果在偏低的直接浮选入料浓度和偏高的浓缩浮选入料浓度之间找到一个最合适的入料浓度，将直接浮选入料浓度提上来，将浓缩浮选入料浓度降下来，那么直接浮选和浓缩浮选所存在的问题就会消除。根据生产实际，最合适的煤泥浮选入料浓度在 80～100 g/L。低于 80 g/L 时，选择性会好些，但浮选机的单位处理量将降低，基建费、运转费都将增高，经济效益也将降低。如果高于 100 g/L，选择性会变差，降低浮选效果，精煤质量也不易保证。除了控制浮选浓度外，浮选时间也应保持在 10～12 min。在上述入料浓度和浮选时间下，精煤灰分、尾煤灰分、泡沫浓度及过滤效果都会令人满意，浮选机的单位处理量也会达到较高水平。因此，为了保证和发挥直接浮选的优点，应设法将直接浮选的入料浓度调到 80～100 g/L。

调高直接浮选入料浓度主要有两种办法：一是增加浓缩环节（对直接浮选）或是保持浓缩环节（对浓缩浮选）；二是人为定量地放一部分煤泥进入循环水系统，使循环水的浓度保持在一定水平上，从而使重选精煤脱水后去浮选的煤泥水浓度达到最合适的入料浓度。如果采取前者增加浓缩机的办法提高浮选入料浓度，煤泥水全部经过浓缩，则直接浮选就变成了浓缩浮选；如果能够像前面所述，使得部分循环水直接去浮选，不经过浓缩，若分流的比例合适，可以形成一种煤泥的动平衡，这对原来采用浓缩浮选的老厂比较适合。而采取第二种方法，是在生产运行中，有意将一定比例的煤泥水放到循环水系统中去，提高循环水的浓度，使水洗精煤脱水后去浮选的煤泥水浓度正好升到最合适的入料浓度，根据总量平衡原则，一方面利用浮选处理掉部分煤泥水（也就是将此时间内原煤带进的全部煤泥浮选完），另一方面在浮选尾煤浓缩机中加絮凝剂，保证其溢流出清水，使之与未处理的那部分煤泥水混合起来做循环水。这样，循环水虽有一定浓度，不是清水，但由于尾煤浓缩机溢流出了清水，消除了细泥，使循环水浓度不但不会很高，而且是不同于浓缩浮选时积聚了细泥的循环水，从而实行了消除细泥的“消泥”选煤，尽管没有完全实行清水选煤。“消泥”后的循环水中虽然有少许煤泥，但对分选工艺指标不会产生恶劣影响，不会恶化浮选效果。用这种措施提高入浮浓度，纠正了直接浮选中来多少煤泥水都要全部入浮的做法，实行“吃”一部分，放一部分去循环，增加了入料浓度。“吃”掉的一部分要及时浮选完每小时原煤所带进来的煤泥，放一部分进循环水是用以增加入料浓度。这种系统被称为“动平衡直接浮选新工艺”，其含义就是在部分循环的直接浮选动态中及时“吃”掉单位时间内进入的煤泥量，由于分流一部分煤泥增加了入料浓度，“吃”掉的是一部分煤泥水，因此总煤泥量是平衡的。这种新工艺可以用下列数学式表示：

$$(y+x)/w=\beta\geqslant 80\sim 100\quad \text{g/L}(\text{保证入料浓度}) \tag{5-1}$$

$$x/w=\beta'\leqslant 40\sim 60\quad \text{g/L}(\text{循环水浓度越低越好}) \tag{5-2}$$

$$w'\beta=y\quad \text{g/L}(\text{必须浮选的煤泥量}) \tag{5-3}$$

式中 y——入选原煤带入的－0.5 mm 粒度级煤泥量，g/h 或 t/h（$y=\gamma_{-0.5}\cdot Q$，其中，$\gamma_{-0.5}$ 为原煤中－0.5 mm 粒度级含量，%，Q 为入选原煤量，g/h 或 t/h）；

x——分流到循环水中的－0.5 mm 粒度级含量，g/h 或 t/h；

w——跳汰选煤用水量，m^3/h 或 L/h；

β——浮选入料浓度，g/L；

β'——循环水浓度，g/L；

w'——浮选入料量，m^3/h 或 L/h。

以上关系式是以尾煤浓缩机溢流出清水做循环水考虑的。只要运行机制合理、正常，原煤性质基本稳定，则全厂即可实现浮选车间工艺条件稳定，水洗车间用水质量合格、数量充足，平衡性良好的稳定状况。以入选原煤 200 t/h，循环水 w 用量 500 m^3（2.5 m^3/t）为例，说明实行动平衡直接浮选时的循环水浓度情况和分流的煤泥量情况，见表 5-1。从以上关于动平衡直接浮选系统的研究中可以看出，现行直接浮选存在的问题基本消除了，而其优点仍然保留，完全不需要原煤泥水的浓缩环节，入料浓度合适，循环水固体含量不高，甚至可以实现清水选煤。但基本的前提是尾煤浓缩机一定要加絮凝剂，使其溢流为清水（1 g/L 以下）。从表 5-1 可以看出，这种直接浮选新工艺能适用于各种煤泥含量的选煤厂，尤其适用于煤泥含量高的选煤厂。因此，对于原煤泥含量少、浮选入料浓度特低而又采用直接浮选的选煤厂，如果实行这种直接浮选新工艺，可使现有浮选机闲置 1/2，过滤设备闲置 1/3～1/2，在产品质量相同的条件下，精煤产率可以提高 1%～3%，而且不需要多大的投入就可以完成改造。对于有浓缩浮选的老选煤厂，可以通过两种方式实现直接浮选：一种方式是去掉浓缩工艺环节，通过管路改造和提升泵的能力实现浮选入料的直接浮选；另一种方式是通过大排浓缩机底流和浅度浓缩来降低浮选入料浓度，实现直接浮选，从而改善浮选效果。对于新建选煤厂，采用动平衡直接浮选工艺可以节省大量基建投资。因此，凡实行煤泥浮选的选煤厂，应当采用各种形式的动平衡直接浮选，并在实践中对入料浓度进行微调。

表 5-1　不同煤泥含量时动平衡直接浮选基本情况表

原煤中－0.5 mm 粒度级含量 $\gamma_{-0.5}$/%	10	15	20	25	30
带入的煤泥量 y/(g/h)	20×10^5	30×10^5	40×10^5	50×10^5	60×10^5
合适的入料浓度 β/(g/L)	80	80	80	100	120
选煤用总水量 w/(m^3/h)	500	500	500	500	500
需要分流的煤泥量 x/(g/h)	20×10^4	10×10^5	0	0	0
浮选必须处理的煤泥水量 w'/(m^3/h)	250	375	500	500	500
循环水浓度 β'/(g/L)	40	20	0	0	0
分流的煤泥水百分数/%	50	25	0	0	0

例如某选煤厂设计能力 60 万 t/a，采用主再选跳汰、斗子捞坑精煤脱水系统溢流直接浮

选工艺，每小时处理原煤 200 t，－0.5 mm 粒度级含量大约 10%，选煤机用水量约为 500 m^3/h，浮选机为 XJM-4 四室一组，共五组，改造前五组浮选机处理不了 500 m^3 的煤泥水，其主要原因是入料浓度和精煤浓度低，真空过滤效果差，滤饼特薄，不易脱落，过滤机处理不完浮选精煤，造成浮选机无法处理那么多煤泥水，只能选一半丢一半。实行了动平衡直接浮选新工艺后的基本情况见表 5-1 第一栏中 $\gamma_{-0.5}=10\%$所列。入料浓度达到 80 g/L，在精煤质量不变的情况下，精煤产率提高，泡沫浓度增加，过滤效果变好，滤饼脱落率接近 100%，循环水浓度稳定在 40 g/L 左右，浮选车间工艺条件一直很稳定，循环水数量充足，从投产以来仅 3 个月的时间，该厂即增加经济效益 106 万元。而改造工作仅用了几个小时，改了一根旧管路的方向即完成了。

3. 关于分级浮选或脱泥浮选的工艺与系统

由于煤泥粒度不同，其浮选行为也不同，因此，最好采用不同的制度。煤泥浮选应有一个最佳的粒度组成范围。一些国家（如澳大利亚），为提高浮选效果，提出采用分级浮选的流程结构，我国也有采用。此外，如上所述，真正影响选煤产品质量的是那些高灰细泥，所以对矸石易泥化、黏土含量大、水质又很软且易产生高灰细泥、工艺系统存在问题的选煤厂，有学者提出了脱泥浮选工艺，即浮选前脱去细泥。

我国传统的浮选粒度是 0～0.5 mm。目前有的研究者根据不同粒度煤泥的浮选效果，结合我国选煤浮选入料中＞0.25 mm 粒度级别灰分很低和浮选尾煤中＞0.25 mm 粒级的损失，考虑到近年其他粗粒级煤泥分选设备的发展和效果，提出煤泥最佳浮选范围应在 0.075～0.25 mm。为此，可采用旋流器或筛网旋流器对浮选入料进行分级，＞0.25 mm 粒级去分选效果好和费用更低的粗粒级煤泥重选设备，如螺旋分选机、水介质旋流器、重介质旋流器、干扰床分选机等。而 0.075～0.25 mm 粒度级去浮选。＜0.075 mm 粒级（或称细泥）对浮选很可能产生恶化，要根据各厂情况、粒级性质等确定处理方式。需要精选时（如数量大，灰分不是太高），可采用更适合的方法如浮选柱、特殊的细粒浮选工艺等；灰分高时可考虑和浮选尾煤合并。

目前的浓缩浮选、直接浮选和部分直接浮选三种流程，它们各自的优缺点及应用条件已为人们所认知，但对于矸石易泥化、细泥含量大而又不易沉淀的选煤厂煤泥水的处理，上述流程均不能取得很理想的效果。对实施浓缩浮选的选煤厂来说，原矿浓缩机的溢流和底流中细泥含量均较高，特别是溢流中细泥含量就更高，不但影响选煤效果、污染精煤、破坏洗水平衡，而且对浮选、过滤影响也较严重。对实施直接浮选的选煤厂来说，由于细泥全部进入浮选，造成浮选和精矿过滤脱水的效果差，影响整个选煤生产系统。部分直接浮选为介于浓缩浮选和直接浮选之间的一种流程，也难以从根本上解决细泥对生产的影响问题。高灰细泥给选煤生产环节带来的主要问题有：① 高灰细泥恶性循环，污染精煤产品；② 粒度组成偏细和泥质含量大时严重影响浮选和精矿过滤效果；③ 细泥在尾矿浓缩机中得不到根本处理，造成细泥积聚；④ 为改善洗水质量，不断补加清水，破坏生产洗水平衡，增加尾煤泥水环节处理负担。

要从根本上解决问题，最好是在入浮前脱除细泥，通过凝聚剂，增加洗水水质硬度，使细泥在尾矿浓缩机中能快速、有效地沉淀。由于高灰细泥的问题在我国各选煤厂中或多或都存在，带有普遍性，所以脱泥浮选工艺有普遍的参考或应用价值，适合于各类细泥含量大的选煤厂。通过对确定煤泥浮选最佳粒度组成的研究，制定出脱泥浮选生产工艺流程全面地改善浮选、过滤、澄清及选煤生产环节的效果。

脱泥浮选工艺流程如图 5-35 所示。水选精煤捞坑溢流用耙式浓缩机进行浓缩脱泥后入浮选，脱除的细泥即原煤脱泥浓缩机的溢流与浮选尾矿合并进入尾矿耙式浓缩机加药澄清，溢流循环作为选煤用水。

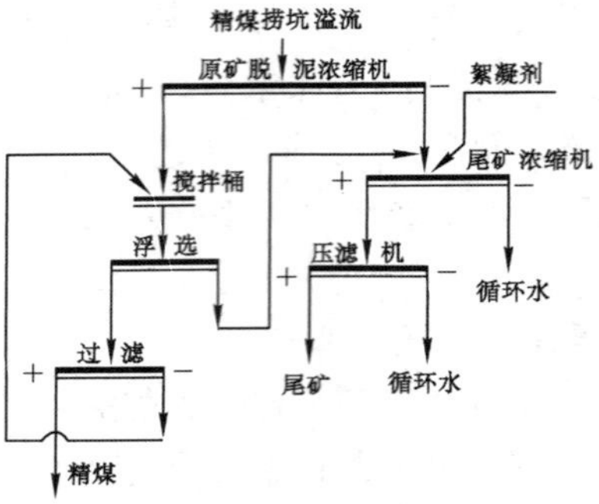

图 5-35　原煤脱泥浮选工艺流程

煤泥水脱泥设施有多种，如专用的煤泥脱泥池、小直径水力旋流器、筛网旋流器、耙式浓缩机等。根据原矿量大、细泥含量高的特点，选择专用的煤泥脱泥池作为原矿脱泥设施是最合理的。其优越性在于处理能力大，调控能力强，保证脱泥作业平稳可靠，也使工艺系统有较大的灵活性和适应性。对于直接浮选的选煤厂可在原直接浮选的基础上增加专用的煤泥脱泥池作为原煤脱泥设施，实现原煤脱泥浮选，消除细泥的恶性循环，为改善浮选效果创造条件。

脱泥浮选的脱泥程度是一个关键的问题。脱泥的主要目的是改善浮选和过滤效果，在一定的浮选条件下，存在一个最佳的粒度组成。在该粒度组成下浮选，可以最大限度地提高精矿产率和降低尾矿中可燃体的损失，提高整体浮选效率，同时也可大大改善精矿过滤效果。通过研究浮选入料最佳的粒度组成，可以确定出脱泥程度，在实践中通过控制原煤脱泥浓缩机的底流浓度来控制脱泥程度。试验表明，若细粒级含量不大，中、粗粒级含量较高，脱泥浮选工艺不但不会影响浮选效果，反而使得浮选速度快且平稳，总精矿产率较高。可通过控制原煤脱泥浓缩机的底流浓度来控制其粒度组成，使得<0.075 mm 粒级含量处在一个的范围是完全可以做到的。

原煤脱泥浓缩机脱出细粒物料可根据灰分的大小进行处理：① 若这部分物料为高灰细有再选价值，可和浮选尾矿合并(或单设浓缩机)加药剂沉淀，最终用压滤机脱水后作处理；② 若这部分物料虽粒度较细，但灰分不是特别高，有再选的价值，这时应设细煤泥分选系统和脱水系统对这部分物料中的可燃体进行必要的回收。目前对较选方式一般为浮选柱、微泡浮选、压滤机脱水。这种流程的实质也就是分级浮选

流程及其适应性

的努力，浮选柱分选技术形成了包括方法、系列设备、系统工艺在内的完整技化工艺、提质降耗与煤炭深度降灰脱硫，开发了常规煤泥的分选工艺、高灰艺与特低灰低硫洁净煤制备工艺。

的浮选柱分选工艺流程

常规煤泥即通常所说的<0.5 mm 的细粒煤。除特殊工艺要求外，目前应用浮选柱分选设备的选煤厂都是针对常规煤泥进行分选的(不排除煤泥之间的粒度差别)。为更好适应浮选柱分选设备性能，简化煤泥分选工艺，开发了简洁高效的煤泥分选工艺(图 5-36)。其具体流程为：煤泥水自流进入搅拌调浆池，经搅拌调浆后由给料泵给入供料塔，然后流入浮选柱分选设备。浮选柱分选设备采用地面布置，120 万 t 及以下选煤厂目前已实现单台设备配置；浮选柱分选设备本身没有动力，但需要配置循环泵，泡沫精煤由浮选柱分选设备自带的泡沫收集槽收集后，自流入精矿缓冲筒，然后喂入压滤机脱水。尾煤用机械方式回收或沉淀池沉降回收(图中未列出)。压滤机滤液与浓缩机溢流水作为循环水返回主产系统。

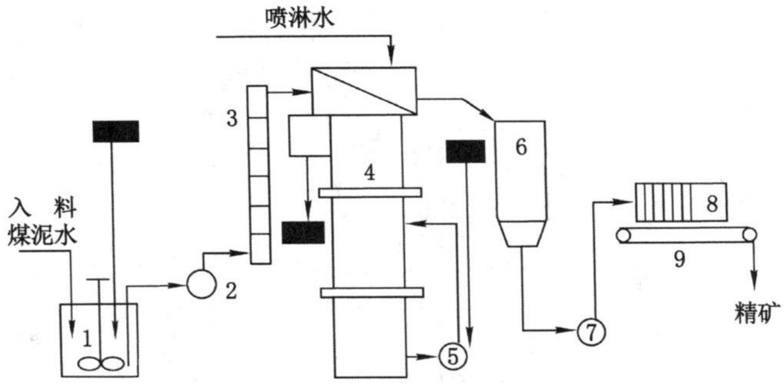

1—调浆池；2—给料泵；3—供料塔；4—浮选柱分选设备；5—循环泵；6—缓冲筒；7—喂料泵；8—压滤机；9—滤饼集料带。

图 5-36　简洁高效的浮选柱煤泥分选工艺

常规煤泥的浮选柱分选工艺主要包括三部分：来料调浆与输送、浮选柱分选、精煤脱水。在总体工艺与模式稳定的前提下，具体工艺环节的实施方案具有较大的灵活性。低位调浆的优点包括：① 利用泵送能量充分调浆；② 简化工艺，降低厂房高度；③ 为入料预选创造条件，有利于提高精煤产率。对于精煤压滤喂料与工作过程的确定，图中所示工艺采用的是直接泵送喂料与普通厢式压滤机，主要是出于简化工艺、提高设备与系统运行可靠性考虑。采用高压风喂料与变腔厢式压滤机或者它们的组合也都是与本工艺系统要求相协调一致的。

通过生产实践归纳的常规煤泥分选工艺特点为：① 采用先进的关键设备，实现了浮选柱分选与精煤压滤的配合，产品灰分、硫分、水分指标较之现行工艺先进。② 机械搅拌与静态相结合，强化调浆过程，有利于提高浮选速度，充分发挥浮选柱分选方法的性能特点。③ 设备的大型化与工艺简化。120 万 t 及以下选煤厂的浮选柱分选设备实现了单台设备配套。整个煤泥分选系统(含浮选给料、精煤脱水与输送)台数少，工艺环节简单。采用平地建厂模式，大部分设备直接在地面上做基础，厂房结构简单，高度一般在 10 m 以下。基建投资与建设周期大大降低。

该工艺系统已在选煤厂应用，形成了一种简洁的常规煤泥分选模式。对于新建煤泥分选系统可直接采用该工艺模式。对于改造选煤厂，应根据具体情况灵活运用。

(2) 高灰细泥的深度降灰分选流程

高灰细泥的深度降灰分选是随着选煤工艺水平的提高在近年十分强调的，原因是：① 随着采煤机械化程度的提高以及重选分选下限的降低，煤泥中高灰细泥含量不断增加；② 在市场经济条件下，提高产品质量、降低生产成本已成为企业生存与发展的关键灰细泥的深度降灰分选在这方面具有巨大的潜力与条件。高灰细泥的产生主要取决于煤质条件与实际生产过程。如通过在煤泥水系统设置粗煤泥分选与回收环节，可使浮选入浮下限降低。图 5-37 所示的高灰细泥的浮选柱单段煤泥分选工艺具有一定的典型性。

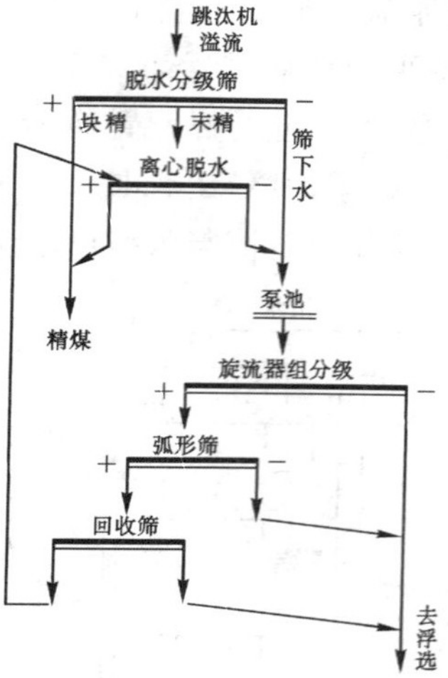

图 5-37　高灰细泥的浮选柱单段煤泥分选工艺

粗煤泥分选设备与浮选柱分选相结合，是对煤泥进行深度分选的典型工艺模式。这样不仅拓宽了煤泥分选的粒度范围，而且有利于煤泥的精细分选。该工艺适合于难选煤泥或精煤灰分要求比较低的场合，发展空间与潜力较大。但在采用重介质旋流器的选煤厂、小选煤厂以及许多煤质条件比较好的选煤厂，上述工艺可得到进一步简化，粗煤泥直接采用振动筛、沉降过滤式离心机等设备回收，浮选柱分选设备担当起高灰细泥的分选任务。两段煤泥分选工艺在目前的选煤厂更具有普遍意义，如图 5-38 所示，粗煤泥分选设备选矿机。较之常规煤泥分选，该工艺将高灰细泥单独分离出来，并采用浮选柱分选设选，这样正好发挥了浮选柱分选方法的优势。

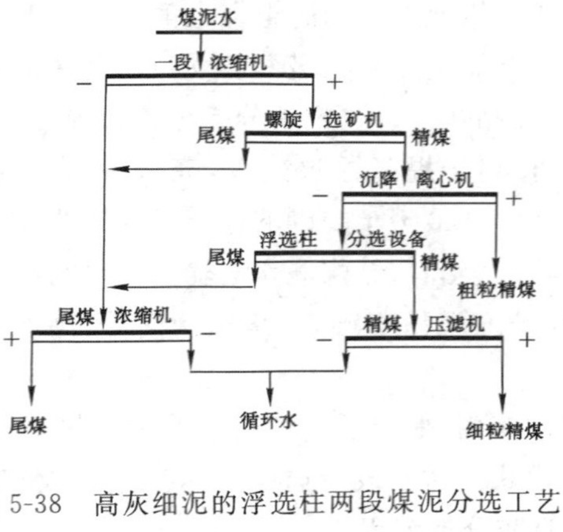

图 5-38　高灰细泥的浮选柱两段煤泥分选工艺

产品重介质旋流器配合在中小型选煤厂的流程

重介质旋流器均为“九五”科技攻关的成果，再配合精煤压滤机推广的模式之一。某选煤厂设计年处理原煤 60 万 t，于 2001

年11月建成投产。该厂采用无压三产品旋流器-浮选柱联合工艺，见图5-39。投产以来设备运转正常，分选效果理想。这些日趋成熟的选煤新工艺、新设备以其先进、高效、简洁等特点成为中小型选煤厂的首选。

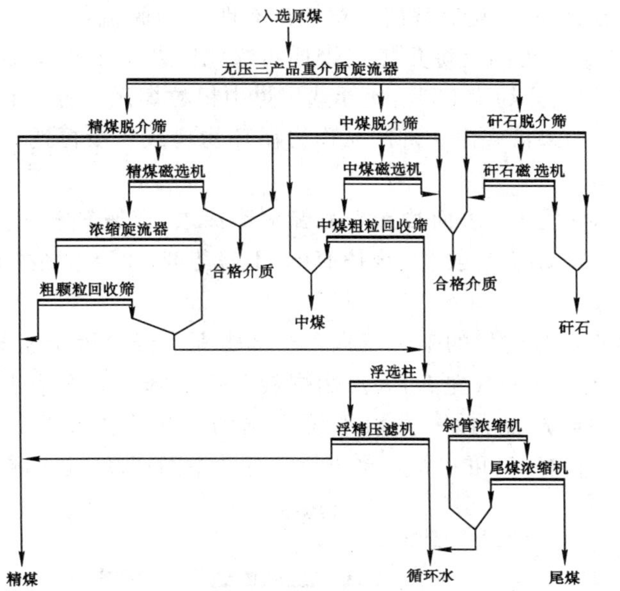

图5-39　浮选柱和三产品重介质旋流器联合工艺流程

(4) 采用浮选柱的小型选煤厂煤泥水处理流程

可以采用浮选柱分选和净化、精煤压滤机脱水、尾煤用机械方式回收或沉淀池沉降回收的流程，该系统的优点是：① 主要分选设备为先进的旋流微泡浮选柱，效率高、功耗低、选择性好、故障率低、维修工作量小。② 与传统设计的浮选机和真空过滤机系统相比，系统简化，辅助设备少，功耗低，浮选效果好，精煤脱水效果好，浮精水分低，滤液浓度低，可直接循环使用，见图5-40。

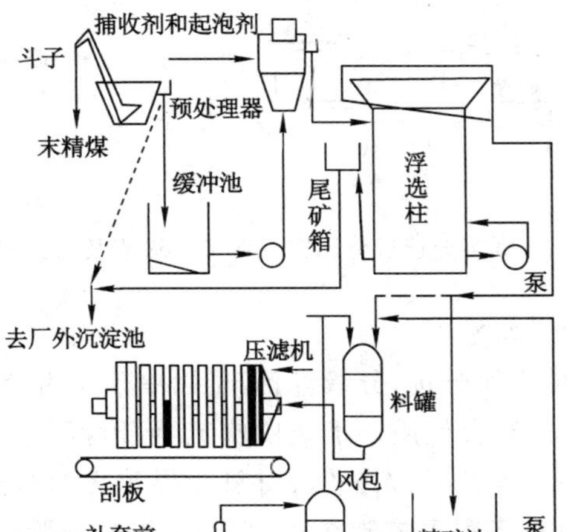

图5-40　采用浮选柱的小型选煤厂煤泥水处理流程

（二）螺旋分选工艺

我国研制并投入实际生产的用于选煤泥的螺旋分选机有多种型号，它们适用于从易选到中等可选的粗粒煤泥，最有效的分选粒级为 0.1～1 mm。此粒度范围的分选效果据报道一般比水介质旋流器要好，并且对解离的黄铁矿有明显的脱硫作用。对跳汰的粗粒煤泥的降灰幅度可达 3%～6%，可满足炼焦煤选煤厂粗煤泥降灰的要求。如果只分成精、尾两种产品时，其粗粒尾煤的灰分约为 55%，比浮选尾煤中粗粒煤泥灰分要高。但出两种产品时，产品质量不易控制。如果再多出一种产品作为循环物料或二段再选，则可起到一定缓冲作用，使产品质量波动较小。

该设备用玻璃钢做槽体，表面喷涂聚氨酯耐磨涂层，以减轻重量延长寿命。螺旋分选机安装、管理方便，无运动部件，操作、维护简单，不需药剂，比浮选成本低。缺点是占地面积大，分选精度较低等。

图 5-41 是采用螺旋分选机的工艺流程。全部煤泥水经分级旋流器或细条缝电磁振动旋流筛分级，分级粒度 0.1 mm 左右，底流用螺旋分选机降灰后作为粗粒精煤掺入洗精煤，粗粒尾煤回收掺入中间产品，此方案对不设浮选的炼焦煤选煤厂既可把分选下限降至 0.1 mm 左右，多回收精煤，又可将粗粒尾煤掺入分选中间产品，还可减少了煤泥数量。

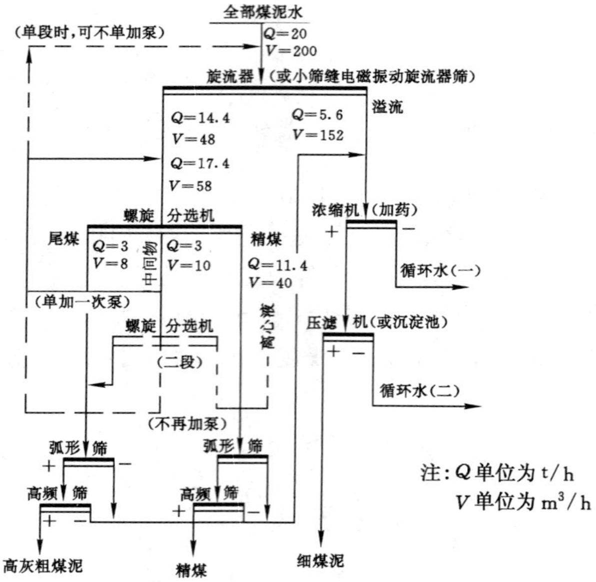

图 5-41　螺旋分选机分选粗煤泥工艺流程及煤泥水系统

（三）水介质旋流器分选工艺

水介质旋流器也是一种煤泥分选、分级设备，可以单独作为分选设备出精煤产品和尾煤产品，也可和其他设备或工艺结合使用。水介质旋流器既可脱灰，又可脱硫，符合当代选煤的特点，同样具有简单、经济、效果好、无公害、对氧化煤等更为合适的特点。最佳入料浓度通常为 15%～20%，有时分选下限可控制在 0.15 mm，可选前脱除<0.15 mm 部分，脱除部分可去浮选。大型水介质旋流器每小时可处理几百立方米煤泥水。其缺点是分选精度不够理想。

典型的工艺流程有以下几种。

1. 水介质旋流器与浮选联合流程

水介质旋流器底流为尾煤，溢流经分级旋流器分级，粗粒为精煤、细泥去浮选。这种流程最大好处是可控制浮选粒度上限，减少浮选入料量，当前许多学者推荐降低浮选粒度上限，这种流程正好符合这种观点，如图 5-42 所示。

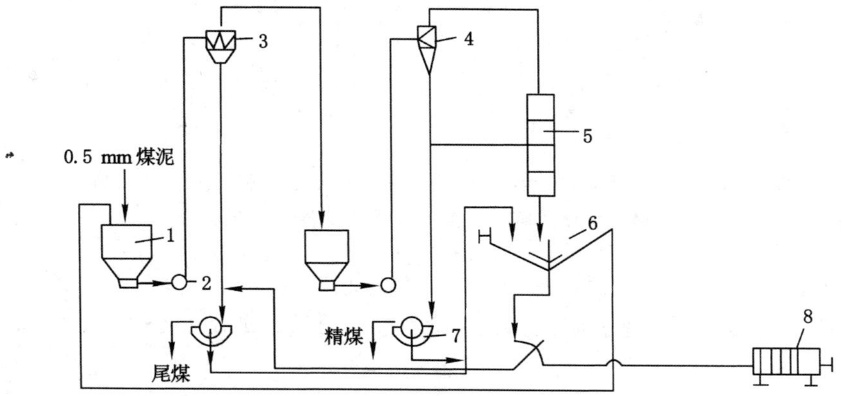

1—煤泥水桶；2—泵；3—水介质旋流器；4—分级旋流器 5—浮选机；6—浓缩机；7—过滤机；8—压滤机。

图 5-42　水介质旋流器与浮选联合流程

2. 水介质旋流器与摇床联合流程

水介质旋流器底流用摇床再选出精煤。水介质旋流器处理量大，适合低密度下分选；摇床处理量小，可在高密度条件下分选。这种流程适于处理粉煤，特别适用于从煤中脱除硫铁矿，如图 5-43 所示，目前此流程基本淘汰不用。

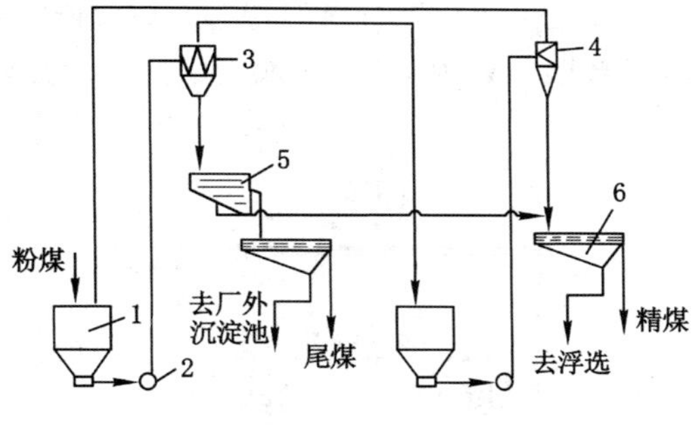

1—混合桶；2—泵；3—水介质旋流器；4—分级旋流器；5—摇床；6—振动脱水筛。

图 5-43　水介质旋流器与摇床联合流程

3. 水介质旋流器与重介质旋流器联合流程

水介质旋流器粗选，溢流为精煤，同时完成重介质旋流器选前脱泥，底流再用重介质旋流器处理，这样可减小重介质旋流器入选量，降低介耗，如图 5-44 所示。

水介质旋流器主要需解决衬里的磨损，现我国采用耐磨合金、辉绿岩铸石、高分子耐磨材料等做衬里。研制新型耐磨衬里材料对推广水介质旋流器有重要意义。

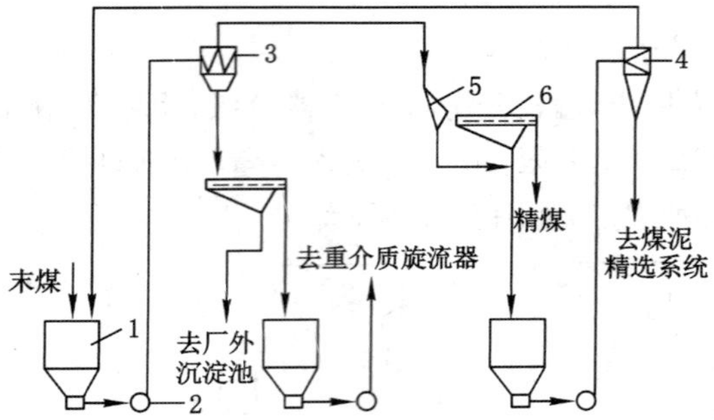

1—混合桶；2—泵；3—水介质旋流器；4—分级旋流器；5—弧形筛；6—振动脱水筛。

图 5-44　水介质旋流器与重介质旋流器联合流程

4. 水介质旋流器与旋流筛、脱水筛、脱泥筛、倾斜板联合流程

水介质旋流器与旋流筛、脱水筛、脱泥筛、倾斜板联合流程如图 5-45 所示。

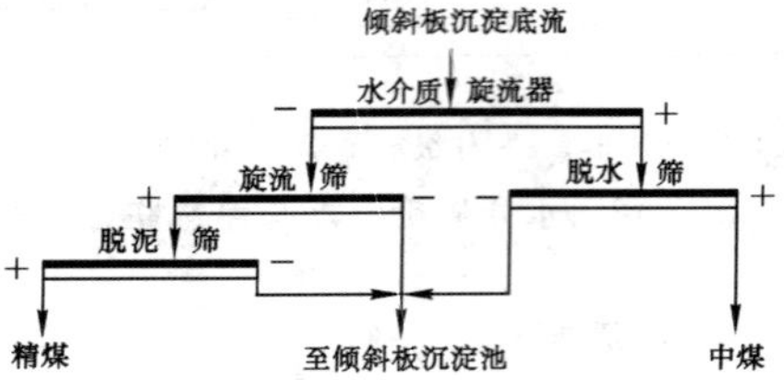

图 5-45　水介质旋流器与旋流筛、脱水筛、脱泥筛、倾斜板联合流程

（四）摇床分选工艺

我国从 20 世纪 50 年代开始用摇床进行煤泥精选。实践证明它具有精度高、设备简单、操作方便、成本低等优点，但却存在处理量低、占地面积大等缺点，如图 5-46 所示。目前此流程基本淘汰不用。

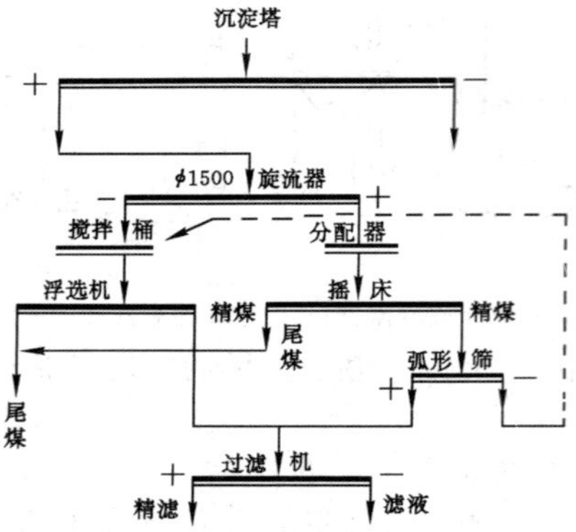

图 5-46　摇床粗煤泥精选流程图

（五）小直径重介质旋流器分选工艺

小直径重介质旋流器具有分选效率高、操作简单、调节快捷的优点，还可以分选其他分

选方法难以分选的高硫、氧化、难选粉煤，特别是对高硫粉煤的脱硫效果明显，是一条简单而又高效的分选方法。近年来在国内外发展较快。其缺点是系统要求高，需要极细粒的磁铁矿粉，<0.045 mm 分选精度不理想。其使用条件和效果见表 5-2。

表 5-2　国内某厂小直径重介质旋流器精选细粒粉煤综合表

旋流器直径/mm	入料粒度/mm	分选密度/(kg/m^3)	可能偏差/(kg/m^3)
150	0～0.5	1 470	0.060
150	0～0.5	1 450	0.072
150	0～0.5	1 480	0.062 5
150	0～0.5	1 450	0.074

（六）选择性絮凝分选工艺

选择性絮凝分选是指在煤泥水中加入能选择性吸附煤或成灰物质的高分子聚合物或絮凝剂，通过它们对某种颗粒的选择性吸附形成絮凝“架桥”，将这些颗粒絮凝成团，从而实现分离的方法。该方法尤其适用于细泥或极细粒含量高煤泥的精选。

在选择性絮凝的方案设计中，最首要的一点是决定煤浆中哪种颗粒絮凝，哪种颗粒分散。通常有以下两种方案：① 将有用矿物（如煤）絮凝，而将其他无用矿物保持分散悬浮状态；② 将无用矿物絮凝，而将有用矿物分散。

选择方案要取决于所分离矿物的性质、数量、浓度，药剂的种类、价格，产品的用途和后续的工艺等。从流程的总体设计方面来看，选择性絮凝既可作为一个单独的分选过程，又可作为浮选或其他作业的准备过程，如通过选择性絮凝将煤中的灰分和黄铁矿分散后既可将煤絮团同悬浮分散的灰分及黄铁矿分离作为最终产品，还可将选择性絮凝调整后的煤浆进行浮选，以减轻由于黄铁矿密度大，采用重力沉降分离时难以和絮团分离而造成的精煤絮团污染。

现基本上有三种方法可实现选择性絮凝的分离（选），而不论絮凝的矿物是有用或无用矿物：① 单独使用一种有选择性的絮凝剂絮凝一种或几种矿物，或者将其与一种一般非选择性分散剂联用；② 将一种一般非选择性絮凝剂同一种选择性分散剂联用；③ 将一种一般非选择性絮凝剂同一种选择性活化剂联用。

显然，以上三种方法的任意组合使用将比单独采用某种方法更具有好的效果，但有时又不必如此，因为联用将使费用增加很多，这主要是由选择性药剂的费用以及大剂量使用的分散剂费用所致。

煤的选择性絮凝同浮选及其他煤泥精选方法相比，其优点是投资低，运转费用少，除杂效率高且操作、控制简单。该法主要用于生产超低灰煤，脱除黄铁矿，浮选前预处理脱灰、脱硫等。国内外许多研究结果表明了此法生产超纯煤、脱灰、脱硫的可行性及效果，通常可从不同性质和灰分的煤泥中选择性絮凝出灰分为 1%～3%的精煤絮团，热值回收率为 90%～95%。但用此法脱除煤中黄铁矿时宜采用浮选法对絮凝后的煤浆进行分离，以克服分散的黄铁矿颗粒由于密度大（5.0 g/cm^3）、重力沉降速度快、易和大的煤絮团一起沉到重选设备底部、难以有效分离的问题（据估算，10 μm 的黄铁矿颗粒沉降末速相当于 600～800 μm 煤絮团）。而在浮选设备里絮团最后通过泡沫从上部刮出，黄铁矿从尾矿脱除，因而可高效分离。采用选择性絮凝浮选方法实质是浮选前对矿浆进行选择性絮凝预处理，然后进一步浮选分离。

另外，还有一种选择性絮凝的粗选-精选流程，即第一次选择性絮凝的絮团再次分散，然后重新絮凝，其目的是脱除絮团中夹带和卷裹进去的杂质颗粒。采用此法可以脱除70%以上细粒黄铁矿、80%以上灰分，煤回收率在80%以上。此法最大优点在于可以生产超低灰和低硫的纯净煤。选择性絮凝法选煤技术在我国已通过技术鉴定，鉴定结果表明可选出10%～3%的精煤，精煤与尾煤灰分之差最高达27%。

（七）油团絮分选工艺（又称疏水絮凝法或造粒法）

图5-47是在煤泥水中加入疏水性矿物油，表面疏水性颗粒选择性地被油润湿包围、碰撞，在油的表面张力和油桥引力作用下形成团粒浮出。该方法适用于煤的深度精选、脱灰、脱硫等，同时还可用于细粒或极细粒含量高的煤泥分选与脱水工艺。该方法具有很高的脱水性能，尤其对于细颗粒。油团絮法的主要缺点是油耗较大(1%左右)，表5-3是国内外几种油团絮法的操作条件和工艺效果。表5-4是该流程的工艺条件和试验结果。

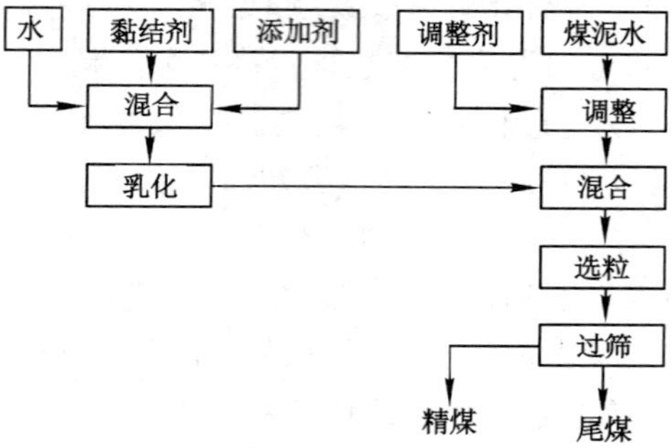

图5-47　煤泥水油团絮法原则流程

表5-3　造粒法的操作条件和工艺效果

条件		特兰特法实验室	谢尔法实验室	CFRI法半工业试验厂	BHP法半工业试验厂
入料	粒级	65网目占40%	200网目占40%～100%	平均粒度150网目	200网目占67%
	固体含量/%	5	12～30	5～20	33
	灰分/%	10～75	16～58	17～40	40
油种及用量		燃料油、汽油、煤油30%	重燃料油9%～15%	杂酚油、锅炉重油10%～18%	煤油、柴油7%～8%
搅拌时间或速度		6～24 min		400～500 r/min	20 min
可燃体回收率/%		70～100	85～98	70～95	88
产品	粒级/mm	3	2～8	2～12	2
	灰分/%	5～25	7～10	8～20	7～9
	水分/%	8～30	10～40	16～20	10
附注		硫分降低1%～3%，油损失10%～15%	尾矿中没有油损失	煤的黏结性得以改善	

表 5-4 工艺条件和试验结果

项目		指标
工艺条件	黏结剂用量/%	15
	煤浆浓度/%	10
	调整剂用量/%	0.02
	乳化剂用量/%	0.03
	造粒机转速/(r/min)	1 800
	造粒时间/min	12
试验结果	精煤灰分/%	4.10
	尾煤灰分/%	77.34
	可燃体回收率/%	95.96
	固体回收率/%	85.66

入料煤泥水采用的是灰分为 14.6%的沉降过滤式离心机的离心液，表 5-4 结果表明不仅造粒后灰分低，可燃体回收率可高达 95%以上。

传统的油团絮分选实际上是油团-筛分法，即多采用筛分法将团粒回收，为了能使团粒经得起机械的回收及清水冲洗，必须用大量的油方能形成结实的絮团颗粒，这也就导致了该工艺最大的问题即用油量过大。

经过努力，已经研究出一种新的油团-浮选工艺，如图 5-48 所示，其用油量大大降低，效果令人满意，它可以制取超纯精煤，灰分小于 1%，表 5-5 是试验结果，该方法实际上也是将油团絮分选作为浮选的预处理工序。

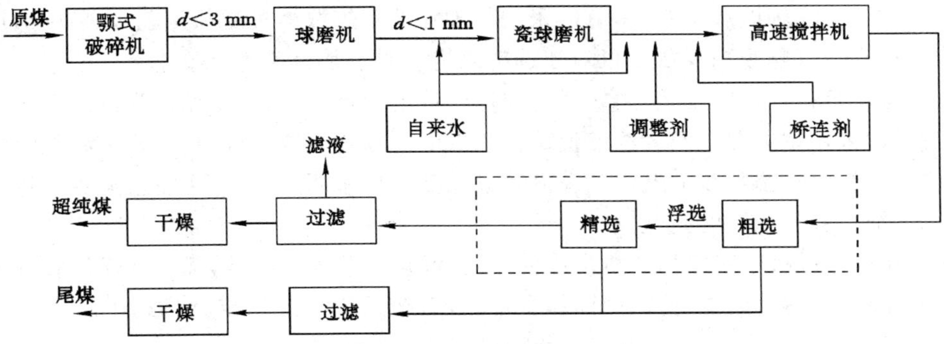

图 5-48 油团-浮选法制取超纯煤工艺流程

表 5-5 油团-浮选法制取超纯煤的试验结果

煤样	原煤灰分/%	平均粒径/μm	精煤产率/%	精煤灰分/%	用油及加入量	其他条件
大同一号煤	5.26		90.06	0.78	柴油 3%	精选一次
大同一号煤	5.26		86.63	0.49	柴油 3%	精选二次，分散剂 0.1%
大同一号煤	5.26		91.65	0.56	重油-柴油 3%	精选二次，分散剂 0.33%
大同二号煤	8.04		82.10	0.88	柴油 3%	精选二次

表 5-5(续)

煤　　样	原煤灰分/%	平均粒径/μm	精煤产率/%	精煤灰分/%	用油及加入量	其他条件
八一煤	11.86	4.13	58.02	0.62	煤油 1%	分散剂 1%,精选二次,pH=8.8
神木煤	5.48	3.14	81.83	0.73	煤油 3%,辛醇 6%	精选一次,分散剂 0.5%,pH=8.4
太西煤	2.83		91.97	0.48	煤油	pH=8.3
太西煤	16.65		68.21	0.72	煤油	精选一次,pH=8.8

（八）其他

目前正在研究的还有高梯度磁选、静电分选、有机溶剂分选、微生物分选、微生物强化浮选、选择性絮凝分选、微波分选和各种化学分选。这些技术逐渐成熟,但仍未得到大规模工业应用,主要用于脱硫或生产超低灰精煤。随着对煤炭产品质量要求的提高及环保要求的提高,这些研究中的分选方法有可能随现代科技的飞速发展而出现飞跃,取代传统分选方法,有关新分选方法可参考近年有关文献。

三、细煤泥的脱水、回收作业

（一）浮选精煤压滤机的脱水

传统的浮选精煤的脱水均采用浮选精煤直接进入真空过滤机,过滤机的滤液多数返回到过滤机循环,过滤机的滤液通常占浮选机入料的 10%~20%。这种传统流程的弊病在于低浓度的浮选精煤和精煤滤液循环造成浮选机处理量下降和细煤泥的循环和积聚,影响煤泥水处理的效果。为改善其效果,有的采用了如浮选精煤浓缩过滤新工艺 。采用加压过滤机和强气压穿流式隔膜精煤压滤机对浮选精煤进行脱水是目前主流技术。

对于采用直接浮选的工艺,由于浮选精煤的浓度较低,有的厂采用了先浓缩后过滤和压滤的工艺,即采用浓缩漏斗或者浓缩池对低浓度的浮选精煤浓缩,浓缩后含有粗粒级的高浓度底流去过滤,含有细粒级的低浓度溢流和过滤液不再循环,一起去压滤。避免了过滤机处理能力低、细颗粒易积聚的问题。

精煤加压过滤机和精煤压滤机投入使用后,滤饼水分大大降低,部分选煤厂省去了精煤干燥工艺,降低了运营成本;滤液中固体含量低,工艺系统生产稳定,维修方便,生产费用低廉,应用已越来越广泛。加压过滤机在前面已经详细论述过。

精煤压滤系统的设计及选择直接影响压滤机的使用效果及生产能力。精煤压滤机通常采用三阶段过滤脱水。第一阶段利用入料静压过滤;第二阶段利用高压压缩空气,采用隔膜挤压,破坏固、液两相固有的结构,进一步脱水;第三阶段采用强气压穿过滤饼,破坏固、液相的结合力,使液体随气流带走,达到更多的脱水。要充分发挥精煤压滤机的优势。每一阶段过滤过程都会对其过滤效果产生影响。对于不同性质的精煤可采用不同的过滤系统,以达到更好的过滤效果。精煤压滤可采用下述几种系统。

1. 直接压入式过滤系统

该系统为单独的入料和气压系统,二者互不影响,过滤效果受泵及风源影响,系统操作简单,部分操作参数不可改变;必须选择合适的入料泵,才可达到生产指标(图 5-49)。

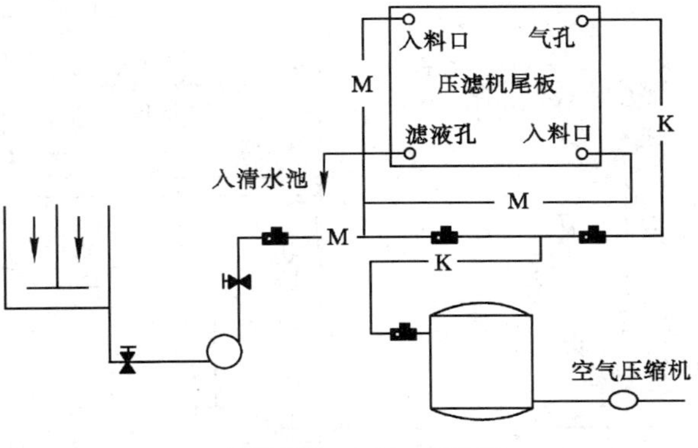

图 5-49 直接压入式过滤系统

2. 空气压入式过滤系统

该系统为恒压过滤，速度快，操作参数可依据不同的煤泥选择，可通过自流入料，泵的选型不影响过滤效果(图 5-50)。过滤效果和生产能力与空气的压力有关。

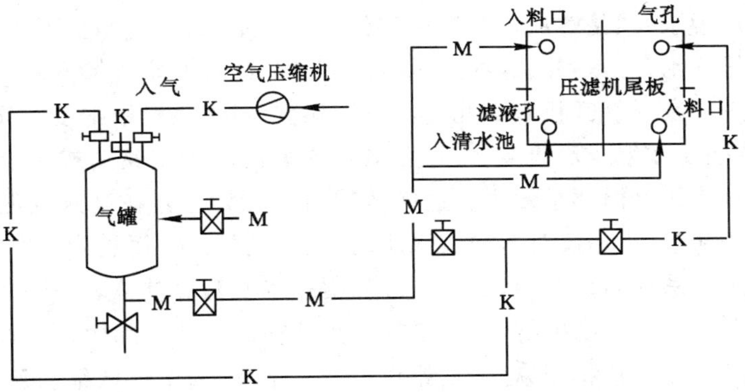

图 5-50 空气压入式过滤系统

3. 直接压入与空气压入联合入料过滤系统

采用泵及压缩空气联合入料，既避免了泵的气蚀，又减小了入料罐的体积，充分发挥了泵及气源各自的优势(图 5-51)。

(二) 煤泥的回收和浮选尾煤的脱水

炼焦煤选煤厂煤泥经过分选(多为浮选)后的浮选尾煤是一种粒度细、浓度低、黏度大的细粒悬浮体系，必须采用合适的分级、浓缩、澄清设备对其进行处理，以得到洁净的循环水。同时对浓缩物采用合适的设备脱水，尽量回收，减少其对整个选煤系统的污染。

动力煤选煤厂煤泥水系统中无煤泥分选工艺，直接经过分级、浓缩、澄清作业得到洁净的澄清水作为循环水，底流采用适合不同粒度的脱水设备将固体尽量回收。由于不经过分选作业，所以煤泥水浓度一般较高。当原煤变质程度较低、易泥化时，会造成浓缩、澄清设备效果差，溢流浓度高，底流浓度低，脱水设备出现堵、糊、挂现象和效率低的问题，给产品的

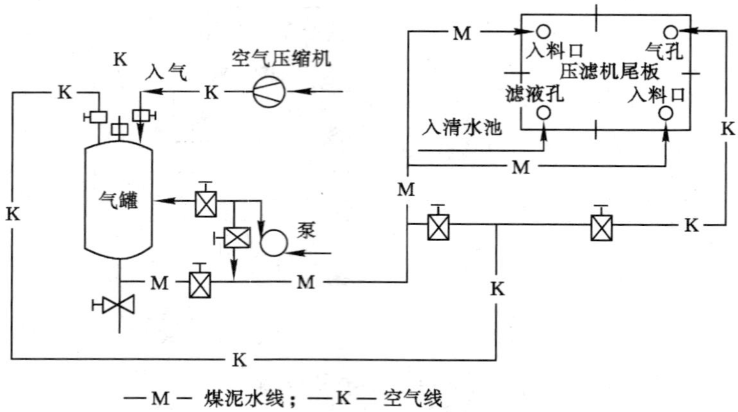

图 5-51　直接压入与空气压入联合入料过滤系统

储、运、利用均带来一系列问题。

要解决细煤泥和浮选尾煤的回收与脱水，关键要解决三个方面的问题：一是解决这些高灰、细黏泥质物一类微细颗粒的沉降、澄清问题，得到洁净的循环水和一定浓度（尽量高）的浓缩底流供进一步脱水；二是解决这些浓缩后的底流脱水问题，得到尽可能低水分的固体煤泥和纯净滤液做循环水；三是解决这些经过脱水后产品的进一步干燥问题。有些观点认为：尾煤浓缩机溢流水的浓度每升只有十几克或二十几克，对选煤机根本没有什么影响，絮凝剂又很贵，根本没有必要加絮凝剂出清水，因而尾煤浓缩机不加絮凝剂或不定量地加絮凝剂，使低浓度溢流水直接作为循环水使用。这样做的结果是如果存在高灰细泥，则会有一部分高灰细泥返回了洗水系统，不仅对水洗精煤质量产生轻度恶化，而且严重影响了浮选作业本身。这部分返回洗水系统的细泥，除了一部分黏附在水洗精煤颗粒表面外，其余的都进入了煤泥浮选过程。由于它们粒度极细，很容易混入浮选精煤泡沫产品中；也由于它们的灰分极高，进入浮选精煤后，使浮选精煤灰分居高不下。因此，浮选尾煤浓缩机不出清水，一害重选，二害浮选。因此，一定要从根本上看问题，尾煤浓缩机溢流水带泥的恶劣影响不可忽视。这种溢流水的最大允许浓度应在 0.5 g/L 以下。

1. 细粒煤泥水和浮选尾煤水的浓缩、澄清和脱水

通常是采用高效的凝聚剂、絮凝剂以及合适的浓缩、澄清设备来实现。处理效果的好坏和药剂种类、用量、添加方式、添加地点等有关，也与浓缩、澄清设备的选择是否合适有关。药剂的种类、耗量均需通过试验确定。

目前，通过合适的药剂和添加方式等，可使每升几十克左右的煤泥水或尾煤水浓缩到每升几百克以上；澄清的溢流水浓度在每升几克或十几克以下。根据大多数厂的经验，最好选用絮凝剂和凝聚剂联用的方法，这对高灰细颗粒尤为显著。另外，应尽量多加凝聚剂，少加絮凝剂。

浓缩、澄清设备使用最多的几种依次为：浓缩机、旋流器、沉淀塔、深锥浓缩机等。目前有一些选煤厂选用高效浓缩机和倾斜板沉淀设备来进行煤泥水的浓缩。

2. 细煤泥和浮选尾煤的脱水

早期的方法是将这些煤泥水或尾煤水流入大面积沉淀池，晾干后挖取。目前此法已经被淘汰，在新厂的设计中已经不允许采用。对细粒物料采用传统的过滤机脱水，由于滤饼

薄、水分大、卸饼慢、滤液浓度高、效率低等，一般只作为浮选精煤产品的脱水设备，而不作为尾矿和最终的把关设备。采用沉降离心机和沉降过滤式离心机来对浓缩后的细粒煤泥或尾煤进行脱水，现沉降离心机已被沉降过滤式离心机取代。但这两种设备对极细煤泥或尾煤脱水时产品水分仍然较高，滤液浓度大，设备高速运转，维修困难。目前随着压滤机技术的成熟与推广，许多厂开始采用压滤机进行煤泥的脱水，尤其是动力煤。现倾向采用沉降过滤式离心机(或过滤机)与加压过滤机等设备组成的联合流程，先用沉降过滤式离心机(或过滤机)回收大部分的煤泥产品，再用加压过滤机作为最后极细粒级及泥质物回收的把关设备。另外，高频振动脱水筛已广泛用于煤泥的回收，它们具有简单、方便、便宜、处理量大、水分低等一系列优点。现有的厂对细粒级煤泥，包括浮选精煤，采用浓缩后直接制水煤浆的方法。高浓度的煤泥制成煤泥浆，使得煤泥水处理和综合利用有机地结合起来。

3. 脱水后的细煤泥和浮选尾煤的进一步处理

在湿法选煤厂中，为使洗水闭路循环，普遍采用压滤机回收煤泥，但由于所回收的煤泥滤饼水分有时偏高、黏度大，储、装、运困难，作为商品煤外销受阻，致使选煤厂煤泥滤饼大量积存而露天堆放，成为制约选煤厂生产和环境保护的一大难题。为此开发研究了煤泥滤饼的成型、干燥技术，使其粒度和水分满足商品动力煤的质量要求，从而解决了大量煤泥产品出路问题。该技术将煤泥定量破碎、定量给料、穿流干燥脱水和螺旋排料功能于一体，再配以燃烧炉和除尘等辅助设备，构成进料为湿煤泥滤饼、出料为碎干产品的完整生产工艺系统。该机最大的特点是既能满足黏塑性煤泥滤饼干燥脱水，又能使碎干产品满足一定的质量要求。在处理某矿压滤机回收的无烟煤泥时，入料水分为 22%～25%，灰分为 22%，粒级为 0～0.5 mm，产品水分低于 13%，产品粒度为 13～20 mm(可调)，处理能力达 15 t/(h・台)。满足了使之和末原煤掺配出售的要求，将原来滞销的大量煤泥滤饼变成可大宗出售的商品动力煤，为选煤厂大批量利用煤泥开辟了新的技术途径。碎干机主要技术特征：入料粒级 0～0.5 mm，入料水分约 27%，处理能力 15 t/(h・台)，产品粒度 13～20 mm，产品水分约 13%。

从技术角度来看，细煤泥浮选尾煤的回收与脱水技术与设备的关键问题已经得到解决。目前主要挑战在于根据各选煤厂的实际情况，选择一种既经济又合理的处理方法以及相应设备。

(三) 几种推荐的浓缩-脱水流程

1. 一段浓缩一段压滤回收(全压滤)

如图 5-52 所示。该流程适用于厂型小、煤泥量少或粒度组成细、灰分高、过滤性能差的选煤厂。

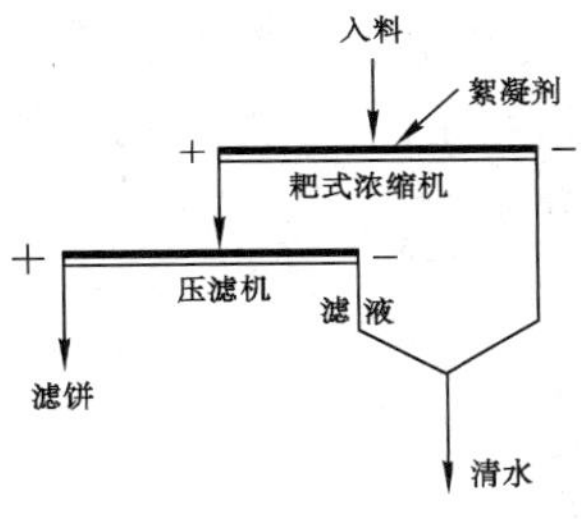

图 5-52　单独用压滤机处理煤泥系统

2. 一段浓缩、分级、分别回收流程

如图 5-53 所示。该流程适用于大中型选煤厂，当粗、细粒含量接近时，用适合于粗粒回收的脱水设备回收煤泥中或尾煤中的粗粒级，可减少压滤机数量和降低系统的投资。粗煤泥回收设备目前可采用高频脱水筛、沉降过滤式离心机等，筛下水或离心液可返回压滤机回收，避免细粒级循环积聚。

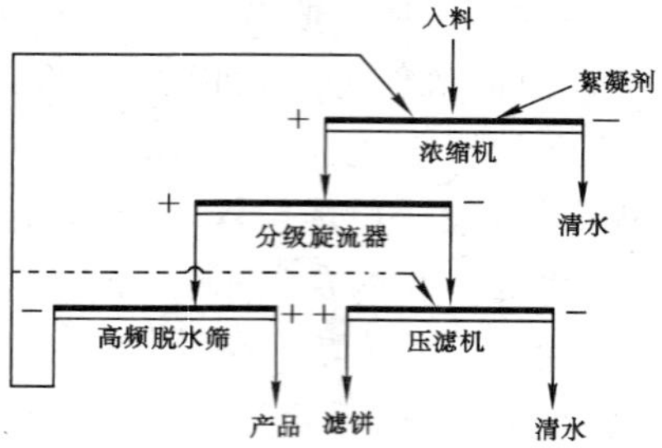

图 5-53　煤泥经分级后分别用高频脱水筛或离心机和压滤机处理

3. 二段浓缩、二段回收流程

这是目前大中型选煤厂普遍采用的流程。该流程适用于有一定粗粒级的情况。用一段浓缩和一段回收来回收这部分粗粒级，用二段浓缩和二段回收对一段未能回收的细粒级进一步回收把关。流程如图 5-54 所示。

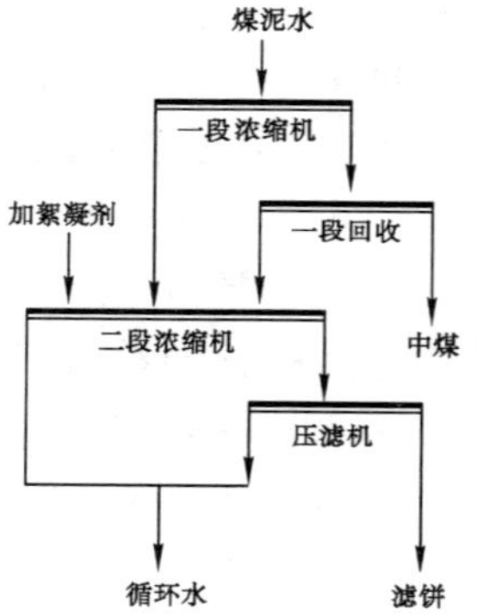

图 5-54　二段浓缩、二段回收流程

采用此流程的好处是一段回收得到的粗粒可掺入中煤或混煤，提高经济效益，比单独采用压滤机回收的滤饼更易处理。此外，采用此流程的另一好处是减少投资高、生产能力低的压滤机数量。一段为粗粒级的自然沉降，二段为细粒物料的絮凝强化沉降。一段粗粒级的回收可采用高频脱水筛、沉降过滤式离心机等。采用此流程一段面积应适中，煤泥尽量在一段回收，让压滤机主要处理细粒级。

目前还有一种流程是煤泥水在第一段浓缩时便加入絮凝剂，强化第一段的浓缩和回收，减轻第二段浓缩和压滤的负荷，第二段仅对高频脱水筛筛下水或离心机离心液进行浓缩和回收，所以负荷较小，投资较小。

总之，细煤泥和浮选尾煤的脱水、回收是个涉及面很广的技术、经济问题，要根据选煤厂类型、地理位置、煤泥特点、市场价格和销路、设备性能和价格、管理和维护等诸多方面因素综合考虑，才能取得最佳的技术、经济和社会效益。

第六章　煤泥资源化利用

第一节　概　　述

煤泥是煤炭生产加工过程中的副产品，是由微细粒煤、粉化矸石和水组成的黏稠物，具有粒度细、微细粒含量高、持水性强、灰分较高、热值较低、黏结性大的特点。煤泥在堆积状态下极不稳定，遇水即流失，风干即飞扬。煤泥的这些特点及不同煤泥性质的差异，决定了利用途径和利用难易程度的不同。我国的煤层赋存条件差，断层多，顶底板易破碎，原煤性质差异大，随着采煤机械化程度的提高及原煤入选比例的提高，煤泥的产量将会持续增加。

不同产地的煤的种类不同，所产生的煤泥的性质、可利用性也大相径庭。煤泥颗粒粒度范围在 0～1 mm 之间，含水率在 30%～50%之间，热值在 1 500～2 500 kcal/kg 之间，灰分在 15%～50%之间。

煤泥的合理处置和资源化利用一直是煤炭工业亟待解决的难题，特别是随着环保督察力度和环保标准的提高，煤泥肆意堆放会受到监管部门的处罚。所以，实现煤泥绿色环保开发，提高煤泥的附加值及综合利用价值，及时、有效、经济地解决选煤厂煤泥的资源化综合利用问题，对于保护环境、保障生产、节约能源、提高企业效益等均具有重要意义。

传统的煤泥利用方式为：燃烧发电、制水煤浆、制备型煤。但不同产地的煤泥具有不同的成分和性质，因此，煤泥的综合利用方式也各有不同。在煤泥加工利用的生产过程中，必须掌握有关的煤质资料。对煤泥的物理化学性质的了解，主要是通过煤泥的粒度分析、工业分析、元素分析、矿物质成分分析来得到的；对煤泥的工艺性质的了解，主要是通过煤泥的挥发分、结焦性等分析来得到的。

第二节　煤泥的加工利用特性

一、煤泥的成型性质

煤泥成型是通过适当的工艺方法将煤泥加工成具有一定形状、大小和特定理化性能的型煤。这是一个机械过程，但在加工过程中，由于添加剂的加入和煤泥颗粒之间的相互作用，煤泥的物理化学和化学特性也会随之发生变化。

煤泥加工成型煤后再使用，无疑是合理的。这是因为有些煤泥（例如晋城无烟煤）从煤种上来讲是很适合于造气的，但造气用煤必须是块煤，所以只能先将煤泥做成型煤后才能使用。另外，一般的层燃锅炉是不能燃用煤泥的，必须制成型煤后才能正常使用。煤泥一般含水量高、灰分也较高，如果不进行适当的脱水处理，设法提高它的发热量，是很难有效利用的。煤泥成型的主要任务就是依据不同用途的需要，对煤泥的性质进行改造，克服其存在的缺陷，将煤泥这种劣质、低效、非清洁的原料转变成优质的工业原料或高效、清洁的能源。

煤泥的成型性质主要是指它的成型特性和它与成型黏结剂的相互作用，其次是指成型压力、水分等因素对煤泥成型过程以及成型后型煤产品质量的影响。

（一）煤泥组分影响

煤泥的成型特性概括起来讲，就是随着变质程度增加，煤的硬度、弹性越来越高，塑性越来越低，成型性能越来越差。如晋城无烟煤泥属最难成型的煤种。从煤岩组分上讲，亮煤、镜煤的塑性好，对成型有利；暗煤虽然硬度大，但成型时往往会“渗”出煤焦油组分，对成型有利；而丝炭性脆，几乎没什么塑性，成型性能差。如大同煤泥因丝炭含量高，就比一般高挥发性烟煤成型性能差。煤泥所含的矿物质成分、性质对其成型性能影响相当大，一般讲含黏土矿物较多的煤泥较易成型。由此可以解释煤种相同时高灰煤泥往往比低灰煤泥更易成型。

（二）煤泥水分的影响

煤泥在成型过程中具有一定的水分是必不可少的，但如果水分过多，会使型煤强度降低，还会使已成型的煤泥在后处理的干燥作业中产生裂纹，从而导致型煤强度进一步下降。型煤成型时最佳水分含量一般在10%～15%之间，而煤泥通常所含水分多在20%以上，所以常常有必要在成型前对煤泥进行干燥处理，或添加足够的其他含水量少的组分，以保证成型入料的平均水分在最佳范围。

从水分在成型过程中的作用机理上讲，水分是成型阶段的润滑剂，起降低内摩擦、帮助煤粒相互接近、有利于外加压力转变成型煤内聚力的作用。因此，型煤水分最佳含量与煤泥煤种、所用黏结剂性质、成型压力大小有直接关系。

（三）煤泥和黏结剂的相互作用

黏结剂是一种能提高煤泥成型时的黏结性和塑性的物质。黏结剂干燥固化后，可使型煤达到足够强度，有些黏结剂还有改善煤泥使用缺陷的作用，如一些有机黏结剂可以提高型煤发热量、挥发性等，使型煤的质量达到使用的要求。煤泥黏结剂的种类很多，性能差异很大，选择时除了要考虑它的使用效果外，还要保证使用时不会给人带来危害，不会造成环境污染。另外，还要考虑其原料来源有保证，价格便宜，最好是能就地取材，废物综合利用。有时一种黏结剂不能满足要求时，可以考虑采用复合黏结剂。

煤泥和黏结剂的相互作用机理比较复杂，简单地讲就是“填充”作用。换句话讲，就是在一定的成型压力“驱动”下，黏结剂渗透煤泥颗粒之间，和煤泥颗粒发生了分子间作用力，从而大大提高了型煤的内聚力。如果使用的是无机黏结剂，则彼此的相互作用有所不同。如使用石灰作黏结剂时，它“渗透”到煤泥空隙中后，之所以能起黏结剂作用，主要不是由于石灰和煤泥颗粒的分子间作用力，而是由于在二氧化碳的“熟化”作用下形成了碳酸钙“骨架”。

二、煤泥的成浆性质

水煤浆是一种新型、高效、清洁的煤基燃料，具有石油一样的流动性。燃用水煤浆效率高于直接燃煤且对环境的污染较小。煤泥水煤浆是水煤浆的一种特殊形式。主要是为了更好地利用煤泥而开发的新技术。煤泥水煤浆对质量没有严格要求，只要能满足实际燃烧需要就可以。制浆时一般不预先磨矿，也不添加起稳定作用的添加剂（必要时可以略加一点），所以煤泥水煤浆的制浆系统简单，生产成本低廉。为了充分利用煤炭资源和提高煤泥水煤浆的浓度，通常用于制浆的煤泥灰分都比较高(一般都大于25%)。

煤泥的成浆性反映了煤泥制成煤泥水煤浆的难易程度。煤泥水煤浆沉降稳定性是指浆体阻止颗粒沉降的能力，它又分为静态稳定性(静止条件下沉降情况)和动态稳定性(经铁路、管道、卡车运输过程中的沉降情况)。由于煤泥水煤浆一般不可能被远距离运送，所以只介绍它的静态沉降试验。

静态沉降试验在1 000 mL的量筒中进行。取选定的煤泥试样加自来水经搅拌器充分搅拌混合后制成沉降试验用煤泥水煤浆。试验时，让煤泥水煤浆在量筒内静止自由沉降，观察沉淀过程中的现象，测量并记录试验数据，试验煤泥的重量浓度最高达60%。

不同浓度煤泥水煤浆静态沉降试验可分为3个区段：当煤泥水煤浆浓度在15%以下时，煤泥粗、细颗粒都是单独自由沉降，细颗粒则呈现絮凝现象以浑液面的集成体形式沉降；煤泥水煤浆浓度超过35%以后，除少量较大颗粒外，煤泥水煤浆分层现象已不明显，一开始便出现浑液面，可视为集成体沉降。

煤泥水煤浆静态沉降速度：煤泥水煤浆浓度超过35%时，出现集体沉降的浑液面，浑液面下沉过程中有一匀速下降区段，该阶段浑液面下降速度即为沉降速度。

煤泥的灰分与煤泥的密度通常呈正相关关系，灰分越高，密度越大。煤泥粒度组成对浆体的沉降特性影响很大，粒度较细的煤泥水煤浆沉降速度和极大浓度都较低，另外煤泥水煤浆浓度对其沉降方式和沉降速度均有直接影响。

煤泥的成浆性能跟它的密度和灰分值关系也很大，一般是随煤泥的密度增大，煤泥水煤浆流动性变差，灰分低时成浆性较好，浆液的流动度和黏度也低，灰分越高时制成较高浓度的煤泥水煤浆越困难，但由于实际影响煤泥成浆性能的因素较多，各种因素间还存在交叉、复合作用，所以有时会出现例外，如晋城凤凰山无烟煤泥水煤浆灰分不高，“级配”也在较理想范围，实际上成浆性能却很差。

三、煤泥的燃烧特性

(一) 煤泥的凝聚性

一般的燃煤锅炉是不能直接燃烧煤泥的，只能采用流态化的沸腾燃烧方式。如果投入沸腾床的煤泥干燥后分散成极细的粉煤，在通常的沸腾风速下会很快被吹出沸腾床，从而造成很大的飞扬损失，甚至无法维持正常的燃烧工况；而降低沸腾风速去迁就极细煤粉不被吹出的要求，燃烧的断面热强度会低到无法接受的程度。但实际上对大多数煤泥来讲，由于在燃烧过程中会凝聚结团，所以不会出现上述现象，从这一点上讲，煤泥在沸腾炉中能结成有一定强度和耐磨性的块团，实际上是煤泥能否在沸腾炉中实现稳定燃烧的必要条件。但是煤泥的凝聚结团又可能使床料粒度呈不断增长趋势，由此形成的大凝聚团极易在床内沉积，从而对沸腾床运行的稳定性构成严重威胁。所以研究确定煤泥凝聚块的性质对燃烧工艺的选择，运行参数调整及燃烧过程的组织都是至关重要的。

对不同黏结性煤种的对比试验表明，凝聚团的抗压强度与煤的黏结性有很大的关系，通常煤的黏结性越强，其相应凝聚团的抗压强度也越高。例如，强黏结性的永荣煤泥，其6 mm圆球的抗压强度达20 kg，而黏结性较差的平顶山煤泥，其同样圆球的抗压强度一般不到5 kg。至于无黏结性的煤种(如汝箕沟无烟煤泥)在床内根本形不成凝聚团，而是在干燥后散成粉状被立即吹出沸腾床。

凝聚团的强度和温度有很大关系。研究表明，当床温水平较低时，投入床内的煤泥球大部分都不能形成凝聚团，即使是形成少数凝聚团，其强度也不高。只有当床温高于一定水平（如 700 ℃）时，投入沸腾床内的煤泥球才绝大部分都能成团，凝聚团的强度也随床温的升高而增加。

上述规律和煤的成焦规律极其相似，因此有关专家推测，所谓的凝聚结团过程实质上就是煤泥在床内的快速成焦过程。

凝聚团在燃烧过程中的形态变化也与煤种有较大关系。如中等灰分煤的凝聚团在燃烧过程中基本上遵从所谓的“收缩模型”，即其可燃物燃尽后表面留下的灰层在沸腾床内很容易被冲刷，从而凝聚团的直径在燃烧过程中不断减少，直至被吹出床层。对高灰分的煤泥情况就有所不同，由于灰分高，煤泥在燃烧过程中表面形成的灰层较为密实，因而在沸腾床内的磨损较慢，跟不上燃烧过程中灰的生成速度，使煤泥凝聚团在可燃物燃尽后仍留下一较大的灰粒。

（二）煤泥燃烧的稳定性

为了避免煤泥凝聚团在床内沉积，从而破坏沸腾床稳定运行，岑可法等开发了“浮力沸腾床”技术。“浮力沸腾床”技术其实就是选择一种密度大、耐磨性好、价格便宜的粗砂组成的沸腾床，该沸腾床具有较高的表观密度，从而对煤泥凝聚团呈现“浮力”，使运行中出现的大凝聚团即使在粒度达到几十毫米时也不会在床内沉积。采用所谓“浮力沸腾床”并不意味着煤泥将“浮”在床层表面燃烧。事实上，尽管小密度的煤泥凝聚团在床内有向上部区域分布的趋势，但只要布风板设计合理、床内凝聚团含量正常、沸腾质量良好，则床内形成这样的偏析是很轻的，煤泥凝聚团仍能在床内正常循环运动，从而对燃烧过程不会产生实质性影响。采用浮力沸腾床后，料层的特性主要取决于所使用的高密度砂料，这样我们可以通过选择砂料的粒度来达到所需的断面热强度。另一方面，我们又可以仅仅根据砂料的特性来组织沸腾工况，从而使运行调整变得十分灵活简便。

为了尽量减少高密度砂料的损耗，应该采取“无溢流运行”方式，如果采用溢流来维持高度，则高密度砂料必然会随溢流被排出沸腾床。

采用无溢流的运行方式不会导致沸腾床料层无限制地升高。煤泥凝聚团是由极细的颗粒组成的，在沸腾床正常的床温下，其灰不可能融合在一起。因此当凝聚团中的黏结性物质燃尽后，剩下的细灰粒仅是松散地聚在一起。对永荣煤泥试验证明，在运行一定的时间后，当床内积存的灰渣达到一定数量时，因磨损而被吹出沸腾床的灰量将与投料带入沸腾床的灰量达到平衡，此时料层高度就趋于稳定。另一方面，作为床料的高密度砂料因耐磨性好、粒度大，始终留在床内，从而保证了浮力沸腾床的稳定性。

第三节　煤泥减量化

煤泥作为选煤厂的副产品，其量的大小对选煤厂产品数质量、环境保护、节水降耗、经济效益均有一定影响。煤泥外销难度较大，只能单独晾晒堆放，从而造成煤泥滤饼大量积存，不但浪费资源，还对环境造成污染，因此，煤泥减量化生产很有必要，煤泥减量化生产是实现煤炭清洁高效利用的关键。

煤泥减量是通过优化选煤方法、设备和工艺，从煤泥源头和煤泥处理两个方面降低煤泥产率，以实现煤泥减量化的目的。

在煤炭分选加工过程中产生的煤泥，分为原生煤泥和次生煤泥两种。原生煤泥是原煤中含有的<0.5 mm粒级煤粉；次生煤泥是在煤炭输送和分选过程中，由于煤颗粒摩擦、碰撞而产生的细煤粉，这些细煤粉遇水后形成煤泥，或矸石遇水泥化产生煤泥。如果要减少煤炭分选过程产生的煤泥量，一是减少煤中细煤粉进入水中，同时，避免易泥化矸石遇水。二是减少煤炭分选过程中，煤炭颗粒的摩擦和碰撞，产生新的细煤粉。

减少原生煤泥量，就是减少原煤中细煤粉进入水中，就要采用高效干法筛分设备，将煤中易产生煤泥的细煤粉尽量筛分出去。

减少次生煤泥量，就是采用产生煤泥少的分选工艺和设备，要优先选用无压给料重介质旋流器、重介浅槽和跳汰等选煤工艺，减少分选过程中，煤颗粒碰撞摩擦而产生的次生煤泥量。

煤泥减量是一项系统性工程，可分为选前减量、选中减量、选后减量三部分。其中，选前减量主要从确定合适的分选粒度和提高筛分效率两方面着手，包括采用深度筛分、直接旁路粉煤以及减少原生煤泥入水量，适用于动力煤选煤厂。

一、选前煤泥减量

预先脱粉就是运用选煤脱粉技术将原煤分级后，小于6 mm的末煤不再分选，直接成为最终产品。选前脱粉技术，不但大幅度降低了进入煤泥水系统的煤泥量，缓解了煤泥水处理系统的压力，达到提高原煤入选率的目的，同时还能避免因煤泥水分高而影响商品发热量，从而起到了提升系统处理能力、提高商品煤发热量、节约电耗和药耗、降低生产成本、提高经济效益等效果。

二、选中煤泥减量

选中煤泥减量主要从生产工艺选择入手，主要包括减少泵力输送、采用无压入料方式、缩短煤泥水流程、将高灰细泥提前分离等。在空间布置条件允许的情况下，末煤分选系统优先采用无压入料旋流器分选工艺；在分选精度不做严格要求且处理量不大的条件下，部分选煤厂使用干法分选工艺，可避免分选过程中产生煤泥副产品。部分选煤厂在矸石脱介筛能力富余的条件下，将筛缝调整至0.35 mm，提前将灰分高的煤泥排出分选系统。矸石稀介质悬浮液与精煤稀介质悬浮液分别磁选，再由粗煤泥回收系统将高灰细泥从煤泥水处理系统脱除。细煤泥水处理系统采用两段浓缩和两段回收工艺，一段浓缩底流通过沉降过滤离心机回收，将回收的煤泥掺入混煤中，以减少煤泥副产品的产量。

为减少煤泥产量，须从粗煤泥跑粗环节进行控制，对煤泥水回收系统工艺进行改造，设计增加深锥浓缩机作为一段浓缩，中矸磁尾、TBS尾矿和浮选尾煤一起先进入深锥浓缩机，深锥浓缩机底流采用弧形筛＋高频筛＋离心机脱水回收，回收的粗煤泥掺入中煤产品；一段浓缩溢流、筛下水和离心液再去二段浓缩。改造前后的煤泥水回收工艺流程见图6-1。

煤泥水系统工艺改造实施后，粗煤泥可以得到有效回收，减少了煤泥产量，同时中煤产量得到提高，有利于提高选煤厂的经济效益。

三、选后煤泥减量

选后煤泥减量主要是降低煤泥水分，提高其发热量，将其破碎后回掺至混煤中，采取的措施主要有煤泥晾晒、煤泥干燥、煤泥低温真空干化等。由于分选后的煤泥减量是被

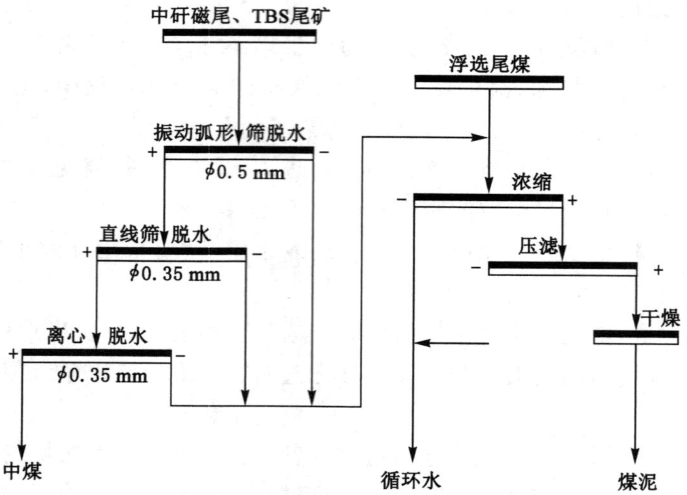

(a) 改造前

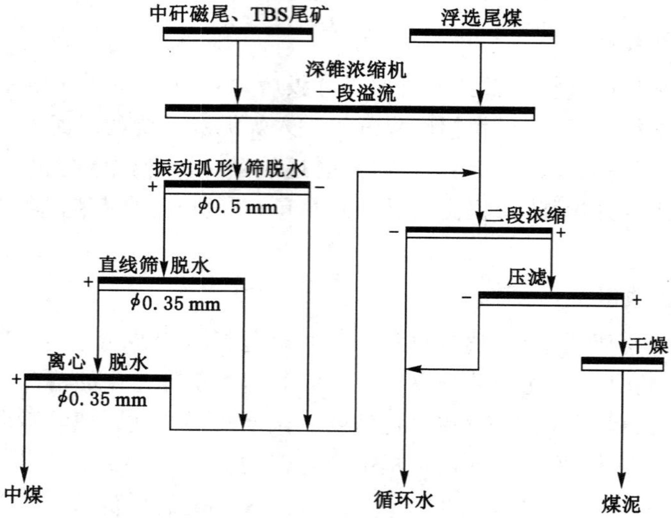

(b) 改造后

图 6-1　煤泥水回收系统改造前后工艺流程示意

动补救型措施，成本较高，效果相对较弱，但也是煤泥减量化系统性工程不可或缺的组成部分。

此外，如何进一步减少煤泥量，仍需要从煤炭生产管理及选煤工艺两方面进行深入研究。

(1) 从煤炭生产、分选加工过程综合考虑，最有效的煤泥减量化方法是在井下工作面实施精细化开采，避免或严格控制矸石混入原煤中，开采的原煤直接破碎筛分后作为商品煤销售。随着人工采煤智能技术及采煤机器人技术的应用，这种采选一体化的精细开采工艺完全有可能实现。

(2) 如果煤炭需要分选加工，应首先研究选择不产生煤泥的干法选煤工艺，以简化选煤流程并提高动力煤分选效率。如果选择湿法选煤技术，应优先选择块煤分选工艺，如浅槽重介工艺或跳汰分选工艺。为了提高煤炭入选率，可使用高效弛张筛等设备，降低煤炭分选颗粒下限，增加入选量，从而提高选煤效率。

第四节　煤泥制备水煤浆

煤泥水煤浆是利用煤泥代煤、代油，经简易调浆后用于工业锅炉及其他热力设备燃烧的一种煤泥综合利用技术。结合煤泥自身特性，煤泥作为水煤浆的制备材料具有发热量高、用水少、粒度较小、磨矿时间短、能耗低等特点。煤泥的灰分含量较高，属于典型的非牛顿流体，表面具有极强的亲水性。在相同的浓度条件下，煤泥所制成的水煤浆相比于原水煤浆具有更强的稳定性和更快的成浆速率，不需要添加其他辅助剂。煤泥水煤浆的质量要求相对宽松，只要能满足实际燃烧需要即可，所以制浆系统简单，生产成本低。

实践中，煤泥水煤浆的制备工艺大致可分为“干制”和“湿制”两种。

一、干法制浆

干法制浆的工艺流程为：将干煤泥用带式输送机运至制浆桶，加清水搅拌成煤泥水煤浆，经泵送到筛子上隔粗并去掉杂物，筛下物进入贮浆桶供锅炉燃用，筛上大颗粒及杂物外排。干法制浆的浓度范围较宽，制浆浓度也较容易控制，制浆能力相对较大，但对环境污染较为严重，工人的劳动强度大。

二、旋流器组制浆

该工艺的制浆设备是由多台小型旋流器组合而成的。其工艺流程为：将耙式浓缩机底流以一定的压力给入旋流器组中的每台旋流器，底流进入制浆桶后，溢流流入煤泥沉淀池，再将制浆桶的浆体由泵送到筛子进行除粗除杂，随后进入贮浆桶。

在制浆中，旋流器具有分级作用，因此浆体中固体颗粒的平均粒径相对较大，且含灰量较高，制浆重量浓度能达到 56%以上。

旋流器组制浆时，工人劳动强度低，对环境污染小，同时具有一定的制浆能力。但制浆时入料浓度必须均匀，并且需保持在一定浓度，控制入料中的大粒度及杂物相对较困难。

三、浓缩机制浆

浓缩机制浆系统如图 6-2 所示。选煤厂浓缩机底流通过 2 台螺杆泵输送到电厂的二次浓缩机中。浓缩机从中部入料，控制溢流浓度小于 30 g/L。溢流进入溢流水池后，再用泵送回选煤厂煤泥沉淀池进行处理。浓缩机底流浓度在 48%左右，经过滤去杂质后，底流被分配到 2 个搅拌池中，搅拌池中的物料可直接用螺杆泵送到锅炉，作为燃烧用料。此外，煤泥制备煤浆工艺还可与选煤工艺结合，促进选煤工艺的发展，从而在一定程度上简化了选煤厂的水处理系统。

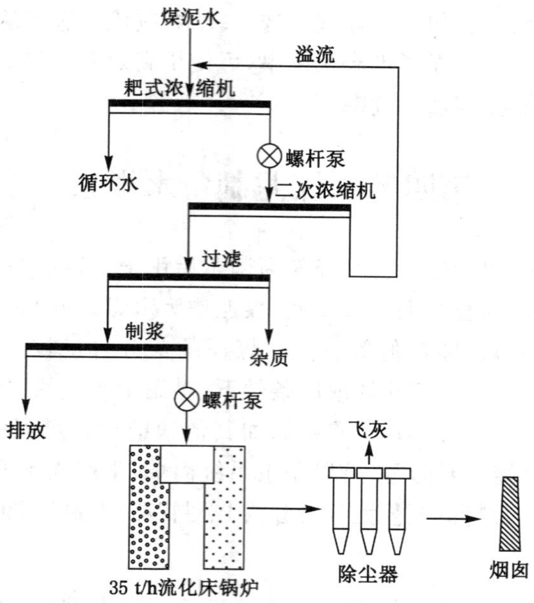

图 6-2　煤泥水浓缩机制浆系统

第五节　煤泥在建筑材料中的应用

利用煤泥等固体废物大量代替黏土及页岩生产建筑材料，对保护耕地及生态环境具有重要现实意义。烘干后的煤泥可以作为生产砖、瓦的添加剂或者燃料，能够提高砖、瓦的硬度和抗压强度，提升产品质量。经烘干处理的煤泥含水量下降，可用于生产水泥熟料。由于煤泥本身具有一定的热值，在水泥熟料制备过程中掺入煤泥可节约生产成本。在水泥的新型干法回转窑生产工艺中，将煤泥替代标煤作为煅烧水泥熟料的燃料，燃烧产生的煤泥灰不仅可以作为烧制水泥熟料所必需的黏土质原料，同时燃烧释放的热量还可以减少标煤的使用，从而实现煤泥作为劣质资源的充分利用。

一、煤泥制砖

煤泥可以用于生产多种类型的砖，例如，空心砖、实心砖等。煤泥制砖的工艺相对简单，成本也相对较低。砖的生产利用煤泥的方式，对于煤泥的综合利用具有重要的意义。

煤泥通常与黏土、页岩等混合烧结制砖，其生产工艺主要包括原料粉碎、混炼、成型、干燥、烧结等。具体生产工艺一般为：

将页岩等原料破碎到一定粒度(一般为 2～3 mm)后，加入适量的煤泥和水进行混炼，随后用制砖机在真空下挤压成型，切割制得湿坯。湿坯经自然干燥或干燥窑干燥至含水量$<1\%$后，进入窑炉煅烧。当窑炉升温至 100 ℃后，砖坯失去吸附水开始收缩，黏土矿物在450～850 ℃之间脱去结构水，当炉窑温度上升至 900～950 ℃时，原料中的矿物发生热反应，生成低共熔物，填充于未熔的颗粒空隙中，使未熔颗粒紧密黏结，坯体孔隙率下降，强度也随之增加，最后砖体中的物质相互黏结，变得更加密实。

在煅烧过程中主要发生了以下反应：

$$Al_2O_3 \cdot 2SiO_2 \cdot 2H_2O \xrightarrow{450\sim580\ ℃} \gamma\text{-}Al_2O_{3无定形} + 2SiO_{2无定形} + 2H_2O\uparrow$$

$$\gamma\text{-}Al_2O_{3无定形} + 2SiO_{2无定形} \xrightarrow{850°} \alpha\text{-}Al_2O_{3无定形} + \beta\text{-}2SiO_2$$

$$K_2O \cdot 3Al_2O_3 \cdot 6SiO_2 \cdot 2H_2O \xrightarrow{500\sim600\ ℃} K_2O \cdot 3Al_2O_3 \cdot 6SiO_2 + 2H_2O\uparrow$$

$$K_2O \cdot 4MgO \cdot 2Al_2O_3 \cdot 6SiO_2 \cdot H_2O \xrightarrow{600\ ℃} K_2O \cdot 4MgO \cdot 2Al_2O_3 \cdot 6SiO_2 + H_2O\uparrow$$

研究发现煤泥掺量为 30%的情况下，可以烧制出国家标准（GB/T 5101—2017）中的 MU15～MU30 级别的建筑用红砖。

二、煤泥制备陶粒

（一）煤泥陶粒制备工艺

煤泥烧结陶粒工艺是陶粒制备过程中最为常见的工艺。采用烧结工艺制备的陶粒，可以通过调节原料组分、烧结温度、烧结时间等，产出性能不同的陶粒产品。煤泥陶粒的制备包括原料预处理、造粒成球、陶粒烧制三大步骤。其工艺流程如图 6-3 所示。

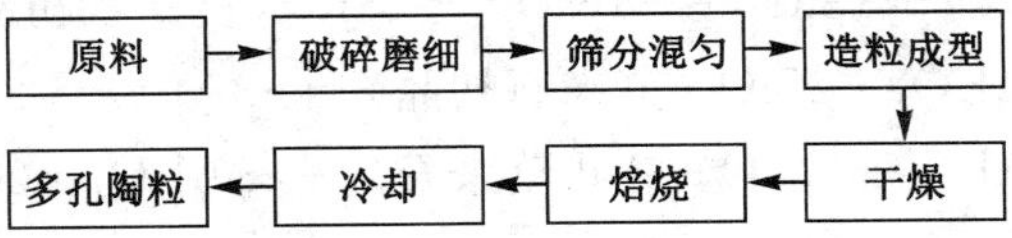

图 6-3　煤泥陶粒制备工艺流程

1. 原料预处理

原料预处理主要包括对煤泥及其配料（黏土、页岩、珍珠岩等）进行破碎和磨细。按照既定比例称取一定质量的原料，混合后通过搅拌、混炼等方式使物料均匀混合。

2. 造粒成球

将混合均匀的原料放入成球机中进行造粒。在此过程中，根据物料的状态适当加水，并利用圆孔筛筛选出所需大小的料球。将形成的生料球放入 75～105 ℃的烘箱中烘干至重量不再变化。

3. 陶粒烧制

烧制分为预热和高温焙烧两个阶段。干燥后的样品在预热炉中预热一定时间，预热温度一般在 400～700 ℃。在此阶段，煤泥中的主要矿物成分高岭石脱水、方解石开始分解，煤等有机质开始燃烧并生成大量气体，在陶粒中形成不同尺寸的孔。将预热后 的陶粒进行焙烧，焙烧温度在 850 ℃以上，此阶段氧化分解更加剧烈，生成大量 CO_2 等气体，加速陶粒孔的形成。

（二）煤泥陶粒烧制机理

1. 干燥阶段

此阶段主要涉及物理变化，干燥时间大约 1 h，其主要目的是去除水分。包括自由水和吸附水。这一过程中陶粒料球的变化主要表现为：① 水分的排除导致陶粒质量减轻；② 随着水分的移除，料球的孔隙率提升，气孔率增加；③ 水分排出后，料球体积缩减，组成料球的固体颗粒趋于聚集。

2. 预热阶段

这个阶段结构中的水分会被排出，同时发生部分碳酸盐的分解和有机物的氧化反应。

这个过程中部分矿物氧化分解释放出大量气体，阻碍外部氧气进入，从而形成还原环境，使氧化铁转化为氧化亚铁，并为陶粒内矿物质的液化提供条件。

3. 烧结阶段

烧结阶段是制作陶粒的核心阶段，此时陶粒内部会发生一系列不可逆的变化，并伴随着新矿物质和成分的形成。在烧结过程中，在不同温度下的物相演变经历以下反应：

高岭石分解反应：

400～600 ℃：$Al_2O_3 \cdot 2SiO_2 \cdot 2H_2O \longrightarrow Al_2O_3 \cdot 2SiO_2$（偏高岭石）$+2H_2O\uparrow$

600～900 ℃：$Al_2O_3 \cdot 2SiO_2$（偏高岭石）$\longrightarrow Al_2O_3$（无定形）$+2SiO_2$

950 ℃左右：Al_2O_3（无定形）$\longrightarrow \gamma\text{-}Al_2O_3$

1 000 ℃以上：$3(\gamma\text{-}Al_2O_3)+2SiO_2 \longrightarrow 3Al_2O_3 \cdot 2SiO_2$（一次莫来石）

$3(Al_2O_3 \cdot 2SiO_2) \longrightarrow 3Al_2O_3 \cdot 2SiO_2$（二次莫来石）$+4SiO_2$

Al_2O_3与SiO_2反应：

900～1 150 ℃：$3Al_2O_3+3SiO_2 \longrightarrow 3Al_2O_3 \cdot 2SiO_2$（莫来石初晶）$+SiO_2$

1 150～1 200 ℃：$3Al_2O_3 \cdot 2SiO_2$（莫来石初晶）$\longrightarrow 3Al_2O_3 \cdot 2SiO_2$（针状莫来石）

1 200～1 300 ℃：$3Al_2O_3 \cdot 2SiO_2$（针状莫来石）$\longrightarrow 3Al_2O_3 \cdot 2SiO_2$（棒状莫来石）

SiO_2反应：

950～1 300 ℃：SiO_2（玻璃相）$\rightarrow SiO_2$（石英初晶）$\rightarrow SiO_2$（石英）

在煤泥陶粒制备过程中产生气体的主要反应如下：

碳的氧化反应（400～800 ℃）：

$C+O_2 \longrightarrow CO_2\uparrow$

$2C+O_2 \longrightarrow 2CO\uparrow$（缺氧条件下）

$C+CO_2 \longrightarrow 2CO\uparrow$（缺氧条件下）

碳酸盐的分解反应：

$CaCO_3 \longrightarrow CO_2\uparrow+CaO$（850～900 ℃）

$MgCO_3 \longrightarrow CO_2\uparrow+MgO$（400～500 ℃）

硫化物的分解与氧化反应：

$FeS_2 \longrightarrow S\uparrow+FeS$（接近 900 ℃）

$S+O_2 \longrightarrow SO_2\uparrow$

$4FeS_2+11O_2 \longrightarrow 8SO_2\uparrow+2Fe_2O_3$（950～1 050 ℃）

氧化铁的分解与还原反应（1 000～1 300 ℃）：

$2Fe_2O_3+C \longrightarrow 4FeO+CO_2\uparrow$

$2Fe_2O_3+3C \longrightarrow 4Fe+3CO_2\uparrow$

$Fe_2O_3+C \longrightarrow 2FeO+CO\uparrow$

$Fe_2O_3+3C \longrightarrow 2Fe+3CO\uparrow$

4. 冷却阶段

陶粒生产中的冷却阶段是指将烧结后的陶粒从高温逐渐降低到室温的过程。这个阶段的冷却速度极为关键，因为太快的冷却会导致陶粒表面和内部的缩减不一致，从而引发裂纹，这将影响到陶粒的强度。

5. 煤泥陶粒的膨胀机理

由于煤泥自身具有很强的黏结性，原料在造粒过程中颗粒与颗粒之间紧密黏结在一起。烘干后的生料球经高温烧结，使生料球的颗粒部分软化并产生液相，特别在料球的表面形成较多的液相。随后，整个料球再进行复杂的固相反应，形成晶体矿物和较多的玻璃体，从而使得陶粒产生一定强度。

在料球烧结过程中由于组分的分解和有机物（煤）等燃烧产生气相产物，当气相产物无法及时排放出来时，会使膨胀面形成孔，在此过程中会产生膨胀压力而使不同组分颗粒界面相互作用，在熔融液相的作用下相互黏结在一起，促进陶粒的形成。因此，在膨胀温度条件下，料球的黏度和表面张力必须保持在适宜的范围内，既不能太高，也不能过低。当内部的黏度低到一定程度时，料球在气体作用下得以膨胀。但是如果黏度和表面张力太小，那么很容易导致料球内部产生的气泡破裂。料球表面应比其内部有较高的黏度，以防止料球内部气体外逸，还可减少料球之间的黏结。料球在膨胀温度条件下会释放出气体，具体是哪几种气体导致陶粒膨胀，国内外学者对此尚无统一意见。

通过大量的试验研究，发泡物质在烧结过程中产生的气体是料球孔隙生成及膨胀的主要原因，产生的气体主要有 CO、CO_2 以及 SO_2 等。这些气体在陶粒内部逐渐积累，并随着反应的进行而不断增加。随着气体的积累，陶粒内部开始形成压力梯度，气体倾向于从高压区域向低压区域移动，因此它们会寻找陶粒内部的薄弱点或空隙进行排放。在这个过程中，气体可能通过原料颗粒之间的间隙、裂缝或微孔排出。CO、CO_2 以及 SO_2 等气体的排出不是一次性的过程，而是随着反应的进行逐渐发生的。每次气体排出都会在陶粒内部留下一个空间，这些空间逐渐扩大并相互连接，最终形成了陶粒内部的孔道结构。同时，陶粒的外壳在烧结过程中逐渐固化，这有助于保持孔道的形状和结构。外壳的形成是通过一系列的化学反应和物理变化实现的，它增强了陶粒的机械强度，并使得内部的孔道得以封闭和保留。陶粒形成多孔的过程中，气体的排出和孔道的形成是一个复杂而动态的过程，它们共同决定了陶粒的多孔特性和应用性能。

三、煤泥制备水泥活性混合材料

高灰煤泥主要由高岭石、石英、蒙脱石、伊利石等矿物组成，高岭石、蒙脱石和伊利石等经一定温度煅烧后都具有火山灰活性，可以作为水泥的活性组分，所以可以利用煤泥的矿物组分特点，通过将煤泥与其他配料混合后煅烧生产水泥，同时可以利用煤泥中的可燃组分为煅烧提供部分所需要的热量。

煤泥煅烧后的活性主要受温度、保温时间和煤泥粒度等因素影响。

（一）煅烧温度对活性的影响

表 6-1 是不同温度下煤泥煅烧后产物的抗压强度和活性指数。从表中可以看出，当煅烧温度在 850 ℃时左右时，煤泥煅烧产物的活性最高，这与煤泥组分在该温度下发生反应形成的产物有关，具体反应可以参考煤泥制备陶粒部分内容。

（二）保温时间对活性的影响

保温时间对煤泥在煅烧过程中形成产物的组成及活性会产生影响。表 6-2 为 850 ℃煅烧温度下保温不同时间煤泥煅烧产物的活性，从表 6-2 可以看出，当保温时间为 1.5 h 时，煤泥煅烧产物的活性比较高。保温时间过长会造成活性产物向低活性产物的结晶转变，保温时间太短会造成活性产物生成不足甚至煤泥中的可燃组分燃烧不完全。

表 6-1　煅烧温度与活性的关系

样品	温度/℃	粒度 D_{90}/μm	抗折强度/MPa			抗压强度/MPa			28 d 活性指数/%
			3 d	7 d	28 d	3 d	7 d	28 d	
1	700	20.32	4.12	5.75	6.98	19.48	28.13	40.23	78.27
2	750	22.14	5.29	6.25	7.39	22.41	31.84	45.02	87.60
3	800	24.42	4.53	6.53	7.88	23.16	35.65	47.45	92.33
4	850	20.95	4.58	6.96	8.17	23.65	38.10	48.59	94.54
5	900	20.56	5.40	6.37	7.62	23.05	33.46	46.47	90.42
6	950	20.00	4.37	6.12	7.14	19.59	29.98	44.08	85.76
基准水泥			5.90	7.51	8.69	32.33	40.46	51.40	100

表 6-2　保温时间与活性的关系

样品	粒度 D_{90}/μm	保温时间/h	抗折强度/MPa			抗压强度/MPa			28 d 活性指数/%
			3 d	7 d	28 d	3 d	7 d	28 d	
1	19.81	1.0	2.80	3.63	5.43	13.53	16.02	27.47	53.43
2	18.18	1.5	5.29	7.12	8.56	23.78	39.89	50.64	98.52
3	20.99	2.0	4.58	6.96	8.17	23.65	38.10	48.59	94.54
4	21.69	2.5	4.53	6.08	7.27	22.40	31.45	46.60	90.66
5	18.57	3.0	4.30	5.75	7.07	21.97	30.82	44.81	87.17
基准水泥			5.90	7.51	8.69	32.33	40.46	51.40	100

（三）煤泥粒度对活性的影响

表 6-3 为不同粒度煤泥煅烧后产物的活性。从表中可以看出，煤泥粒度越细，颗粒比表面越大，在煅烧过程中越有利于反应的进行，同时有利于提高活性。当粒度细到一定程度后，煤泥煅烧产物的活性会趋于平稳。

表 6-3　粒度与活性的关系

样品	粉磨时间/min	粒度 D_{90}/μm	抗折强度/MPa			抗压强度/MPa			28 d 活性指数/%
			3 d	7 d	28 d	3 d	7 d	28 d	
1	20	24.85	4.83	5.97	7.01	22.08	34.46	48.96	95.25
2	30	17.36	5.29	7.12	8.56	23.78	39.89	50.64	98.52
3	40	14.03	5.29	7.30	8.60	24.48	33.42	50.94	99.04
4	60	11.08	5.87	7.31	8.62	25.83	33.58	51.02	99.26
5	120	9.39	5.89	7.42	8.67	27.94	33.03	51.33	99.86
基准水泥			3.49	7.51	8.69	32.33	40.46	51.40	100

第六节　煤泥用于复垦利用

煤泥矿物组分中富含有机质资源和农作物所需的微量元素，并且具有适宜的粒度组成，因此可以被广泛应用于农业肥料和土壤改良剂。

一、煤泥适宜复垦利用的特性

煤泥中的有机质可以提供养分和改善土壤结构，促进作物生长和增加产量，表 6-4 是某地煤泥相关组分的测试结果，从表中可以看出，煤泥中富含农作物生长所需的多种有机肥料。同时，煤泥中还含有丰富的 B、Cu、Mn 等微量元素，这些元素对于作物的生长和发育非常重要。

表 6-4　煤泥有机组分等测试结果

有机质 /%	全氮 /%	破解氮 /10^{-6}	速效磷 /10^{-6}	速效钾 /10^{-6}	pH 值	密度 /(g/cm^3)	腐殖酸 /%	黄腐酸 /%	褐腐酸 /%
75.12	0.86	76.0	11.6	25.32	7.28	1.63	4.82	0.43	4.26

煤泥有机生态肥料可增加土壤的疏松性、透气性，改善土壤结构，提高土壤肥力。煤泥中的黏土矿物为强亲水性矿物，具有较强的持水性，研究发现煤泥可以使土壤含水量提高16%以上，显著提升土壤的保水性能，保持土壤养分含量，有利于土壤的培肥和土地复垦。特别是在干旱缺水地区以及砂壤土的改良中，煤泥的应用可以发挥重要作用。

二、煤泥复垦利用方法

（一）整地措施

煤泥复垦需要对复垦场地采取整地措施。整地措施包括场地平整，覆盖表土等。根据煤泥理化特性及种植植物品种的不同，选择无覆盖、薄覆盖和覆盖等方式。除平整和覆盖表土外，整地措施还包括煤泥的破碎、酸性煤泥的中和等工作。煤泥可降低覆盖土的密度、增加田间持水量。另外，一般煤泥的有害元素含量均在国家农用控制标准的允许范围内，而且多数达不到国标控制值的 1/5，因此使用煤泥对人畜和农田无害。

（二）植物及作物品种的选择

由于煤泥自身特性，一般选择植物和作物品种应有较强的适应能力，对干旱、潮湿、贫瘠、盐碱等不良条件有较强的忍耐力，同时对粉尘污染、风害等不良大气因子有一定的抵抗能力；有较好的固氮能力、较高的生长速率等。由于不同地区煤泥的组分及性质差异，在利用煤泥进行复垦时应预先进行种植试验，以选择更适宜的植物和作物品种。

（三）加速煤泥风化成土的技术措施

煤泥的风化程度直接影响煤泥复垦的效果，加速煤泥风化是使之适宜耕种的重要措施，目前常用的技术主要有以下几种：① 改变复垦环境，使之经常处于干湿交替的状态等。② 无覆土细菌生物法快速复垦。此法的实质是播撒一种富含有机质和氮、磷、钾的混合物，用来增加煤泥中的微生物数量，加速煤泥中有机质腐蚀分解过程。③ 对煤泥颗粒表面进行生物预处理，如用城市污泥、河泥、垃圾对煤泥表面进行预处理，从而加速微生物的繁衍，加速风化过程。④ 种植豆科、禾本科牧草等，可使煤泥复垦土壤中有机质的积累量迅速提高，土壤的理化特性随之变好。

第七节　煤泥的其他综合利用方法

煤泥的综合利用除前述的一些方法外，根据煤泥的组分和性质，还可以从制备腐植酸、缓释肥、絮凝剂、沸石分子筛等方面进行综合利用。

一、煤泥制备腐植酸

腐植酸是在自然界中广泛存在的一类有机物，具有改良土壤环境、提高土壤养分等功能，在低品质煤中腐植酸质量分数较高。而煤泥中的腐植酸含量一般较低，导致煤泥氧化制备腐植酸的条件要求较为苛刻。研究不同的方法制备腐植酸，可以为煤泥的利用开辟一条新的途径。

有人以低阶烟煤分选过程产生的煤泥为原料，研究了氧化温度、氧化时间对煤泥制备腐植酸的影响以及抽提液用量、固液比、抽提温度、提取时间、抽提次数对腐植酸抽提率的影响。研究发现，在氧化温度 250 ℃、氧化时间 9 h、抽提液用量 0.33 mol/L、固液比 1∶39、提取温度 100 ℃、提取时间 120 min、提取 5 次时，可以制备出较好的腐植酸。研究还发现用盐酸溶液对煤泥进行预处理，在空气中进行加热氧化，用碱溶酸法制备出的腐植酸，其黑腐酸含量达到 95%以上，灰分含量为 2.44%，性能要求均达到工业腐植酸的要求。

二、煤泥制备缓释肥

煤泥中富含许多含氧物质，表面具有极强的亲水性，且具有较高的键能，可以吸附周围的物质。因此，以煤泥为载体与有机化肥相结合制备新型复合缓释肥，开辟了煤泥利用的新途径。

有人把煤泥和复合肥按一定比例混合，在一定的水浴温度下制备缓释肥，发现通过搅拌加热，能够实现复合肥的缓释功能，并提高土壤的黑度。

三、煤泥制备絮凝剂

煤泥中主要化学成分中氧化铝、氧化铁含量较高，可通过一系列的工艺提取，制备高分子絮凝剂，从而为煤泥资源化利用赋予更高的经济价值。

有人以煤泥为原料，研究了高温焙烧温度、焙烧活化时间、酸浸浓度和时间、液固比对制备无机高分子絮凝剂聚合氯化铝（PAFC）的影响。研究表明，在 850 ℃煅烧 2.5 h，用 6 mol/L 的盐酸酸浸 4.5 h，所制得的 PAFC 絮凝效果最好，在投加量为 30 mg/L、pH 为 6～8 时，透光率达到 91.7%。

四、煤泥制备沸石分子筛

煤泥的主要组成成分以 SiO_2、Al_2O_3 为主，这些成分是合成分子筛的主要原料。经过前期预处理后，煤泥可以通过不同的合成方法制备分子筛。

研究发现，以煤泥为原料，考虑老化时间、晶化温度、晶化时间等因素，通过优化试验条件，采用水热方法合成的 4A 型分子筛 Ca^{2+} 交换量可达到 293.53 mg/g，静态水吸附量达到 22.3%。

参考文献

[1] 边炳鑫，张鸿波，赵由才.固体废物预处理与分选技术[M].2版.北京：化学工业出版社，2017.

[2] 陈贵锋.选煤[M].北京：化学工业出版社，2011.

[3] 陈建中，沈丽娟，赵跃民.选矿机械[M].徐州：中国矿业大学出版社，2012.

[4] 陈军.高泥化煤泥水中微细颗粒疏水聚团特性及机理研究[D].淮南：安徽理工大学，2017.

[5] 陈军，闵凡飞，刘令云，等.高泥化煤泥水的疏水聚团沉降试验研究[J].煤炭学报，2014，39(12)：2507-2512.

[6] 陈龙星.煤泥氧化制备腐植酸的实验研究[D].西安：西安科技大学，2015.

[7] 陈晓玲，党朝芬，李成.煤泥有机质与碳含量相关性及用煤泥生产生态复合肥[J].皖西学院学报，2013，29(2)：68-69.

[8] 陈友良，王水利，杜美利，等.煤泥氧化制备腐植酸及抽提工艺研究[J].煤炭技术，2016，35(9)：292-294.

[9] 戴少康.选煤工艺设计实用技术手册[M].2版.北京：煤炭工业出版社，2016.

[10] 董子龙，吴镇伸，李梦珂，等.褐煤基活性炭制备研究进展[J].洁净煤技术，2023，29(2)：55-66.

[11] 杜佳.微细伊利石颗粒表面水化特性及机理研究[D].淮南：安徽理工大学，2018.

[12] 方菲.铝盐水解组分在微细高岭石常见暴露面吸附机理研究[D].淮南：安徽理工大学，2021.

[13] 关博文，刘开平，张晓旭，等.掺热活化煤矸石水泥胶砂试验研究[J].混凝土，2008(12)：101-103.

[14] 郭继光，单忠健，陈文琳.利用煤泥改良露天矿排土场覆盖土的试验研究 [J].煤炭科学技术，1998，(10)：45-49.

[15] 胡岳华.矿物浮选[M].长沙：中南大学出版社，2014.

[16] 黄波.煤泥浮选技术[M].北京：冶金工业出版社，2012.

[17] 贾尚锋，尚书宏，王光耀.煤泥水在反向流化床中的絮凝沉降研究[J].煤炭工程，2023，55(1)：213-219.

[18] 李虎杰，陶军.煤矸石制备高强陶粒的试验研究[J].非金属矿，2010，33(3)：20-22.

[19] 李鹏波，申迎松，王晓坤，等.智能加药系统在煤泥水处理中的研究与应用[J].选煤技术，2024，52(1)：79-86.

[20] 李振，郭变变，常静，等.智能化新技术在煤泥水处理中的应用现状[J].煤炭技术，2024，43(4)：278-280.

[21] 梁天成.矿井水处理技术及标准规范实用手册[M].北京：当代中国音像出版社，2004.

[22] 林喆,杨超,沈正义,等.高泥化煤泥水的性质及其沉降特性[J].煤炭学报,2010,35(2):312-315.
[23] 刘春福.水分子/水合阳离子在微细石英颗粒表面的吸附机理研究[D].淮南:安徽理工大学,2019.
[24] 刘冬雪.川煤广旺集团某煤泥的资源化利用研究[D].绵阳:西南科技大学,2019.
[25] 刘刚,张华义,孙玉.选煤厂难沉降煤泥水处理的研究与实践[J].煤炭技术,2023,42(2):243-245.
[26] 刘炯天,樊民强.试验研究方法[M].徐州:中国矿业大学出版社,2006.
[27] 刘炯天.煤炭工业"三废"资源综合利用[M].北京:化学工业出版社,2016.
[28] 刘令云.煤泥水中高岭石颗粒表面水化作用机理研究[D].淮南:安徽理工大学,2013.
[29] 刘新辉,袁雪,吕鹏辉,等.选煤厂重介质分选工艺智能化改造及应用[J].煤炭加工与综合利用,2024(3):10-13.
[30] 刘有才,陈钰,符剑刚,等.利用浮选精煤制备水煤浆的试验研究[J].选煤技术,2017(1):20-23.
[31] 卢寿慈,宋少先.微细矿粒在水溶液中的疏水絮凝[J].武汉钢铁学院学报,1991(1):7-14.
[32] 吕宪俊.工艺矿物学[M].长沙:中南大学出版社,2011.
[33] 栾兆坤.无机高分子絮凝剂聚合氯化铝的基础理论与应用研究[D].北京:中国科学院生态环境研究中心,1997.
[34] 罗佳倩.无机盐对微细粒粘土沉降行为的影响机制及界面疏水调控[D].徐州:中国矿业大学,2021.
[35] 闵凡飞,陆芳琴.煤炭性能检测[M].徐州:中国矿业大学出版社,2013.
[36] 闵凡飞,张明旭,朱金波.高泥化煤泥水沉降特性及凝聚剂作用机理研究[J].矿冶工程,2011,31(4):55-58.
[37] 莫晓兰,孙春宝,徐承焱.低灰高热值煤泥制备水煤浆试验研究[J].洁净煤技术,2009,16(2):45-48.
[38] 彭陈亮.蒙脱石界面水化及疏水调控机理的量子力学/分子动力学研究[D].淮南:安徽理工大学,2016.
[39]彭建喜,贺建忠.洁净煤技术[M].北京:煤炭工业出版社,2011.
[40] 裘国华.煤矸石、尾矿代粘土匹配低品位石灰石煅烧水泥熟料试验研究[D].杭州:浙江大学,2012.
[41] 任豹,闵凡飞,陈军,等.疏水改性聚丙烯酰胺的合成方法研究进展[J].洁净煤技术,2018,24(6):1-7.
[42] 任伟鹏,董宪姝,魏文珑,等.选煤工业中常见助滤剂种类及其应用[J].中国煤炭,2009,35(4):94-97.
[43] 司玉成,杜美利,吴涛,等.黄陵煤泥制备聚氯化铝铁絮凝剂及絮凝性能研究[J].洁净煤技术,2014,20(6):125-128.
[44] 孙冬,樊民强,李志红.复合型助滤剂与煤表面氧的作用规律[J].煤炭学报,2009,34(6):832-835.

[45] 孙华峰. DLVO 理论在煤泥水絮凝机理中的应用分析[J]. 选煤技术,2013(1):39-41.

[46] 孙雨卉,葛勇建,贾彬杰. 煤泥水处理新方法研究进展及发展趋势[J]. 工程技术,2023,(2): 61-63.

[47] 唐海龙,樊玉萍,马晓敏,等. 基于撞击流调控的煤泥水混合过程强化研究[J]. 煤炭科学技术,2023,51(10):323-335.

[48] 陶亚东,潘月军. 选煤厂煤泥水加药智能化控制系统研究[J]. 洁净煤技术,2019,25(4):151-155.

[49] 田智威. 煤深加工与综合利用[M]. 武汉:中国地质大学出版社,2017.

[50] 王趁义,施秀屏. 煤泥助滤剂的研究进展和趋势[J]. 选煤技术,1996(5):7-11.

[51] 王淀佐. 矿物加工学[M]. 徐州:中国矿业大学出版社,2003.

[52] 王启广. 选煤机械[M]. 徐州:中国矿业大学出版社,2008.

[53] 魏德洲,王泽红. 选矿厂设计[M]. 北京:冶金工业出版社,2017.

[54] 吴涛,杜美利,司玉成. 黄陵煤泥制备 13X 型分子筛研究[J]. 非金属矿,2015,38(3):13-15.

[55] 谢广元. 选矿学[M]. 徐州:中国矿业大学出版社,2001.

[56] 解京选,刘建荣. 选煤厂破碎和筛分[M]. 徐州:中国矿业大学出版社,2004.

[57] 谢志勇. 选煤厂煤泥水处理工艺分析与改造技术研究[J]. 自动化应用,2024,65(6):16-18.

[58] 闫继宏. 煤泥水浓缩池自动加药系统的设计与应用[J]. 煤炭加工与综合利用,2023(11):26-28.

[59] 闫世春. 煤泥处置[M]. 北京:煤炭工业出版社,2001.

[60] 杨立忠. 选煤机械[M]. 徐州:中国矿业大学出版社,2006.

[61] 杨运泽,王恩生,倪恒球. 淮南矿区煤泥减量化研究与应用[J]. 煤炭加工与综合利用,2023(1):72-76.

[62] 于大伟,王杰,刘伟雄,等. 煤泥水系统智能控制技术研究[J]. 自动化仪表,2023,44(9):49-54.

[63] 袁亮. 煤矿总工程师技术手册[M]. 北京:煤炭工业出版社,2010.

[64] 张国良. 矿区环境与土地复垦[M]. 徐州:中国矿业大学出版社,1997.

[65] 张晋霞. 选煤概论[M]. 徐州:中国矿业大学出版社,2017.

[66] 张明旭. 选煤厂煤泥水处理[M]. 徐州:中国矿业大学出版社,2005.

[67] 赵跃民. 煤炭资源综合利用手册[M]. 北京:科学出版社,2004.

[68] 郑水林,袁继祖. 非金属矿加工技术与应用手册[M]. 北京:冶金工业出版社,2005.

[69] 中国煤炭加工利用协会. 选煤实用技术手册[M]. 徐州:中国矿业大学出版社,2008.

[70] 朱丹. 高灰煤泥多孔陶粒制备及吸附性能研究[D]. 淮南:安徽理工大学,2024.

[71] 邹志毅. 矿物加工设备简明手册[M]. 北京:化学工业出版社,2021.

[72] BAI Y F, SONG W G, LIU Q J. Study on motion behaviour of coal water slurry particles under vibration conditions[J]. Heliyon,2024,10(3):e24629.

[73] CHEN R X, FAN Y P, DONG X S, et al. Impact of pH on interaction between the polymeric flocculant and ultrafine coal with atomic force microscopy (AFM)[J].

Colloids and Surfaces A: Physicochemical and Engineering Aspects, 2021, 622:126698.

[74] CLARKE J, RANTELL T, PARSONS D. Filtration in coal liquefaction: preparation of filter aid from filter cake[J]. Fuel, 1982, 61(4): 364-368.

[75] GUO H, HUANG L L, LIU X Y, et al. Effect of different mass proportions of fine slime on the flotation performance of coal [J]. International Journal of Coal Preparation and Utilization, 2023, 43(11): 1863-1884.

[76] GUO Z M, LIU J D, LEI Z W, et al. Enhancement of flocculant-aided filtration performance of coal tailings under alternating low and high shear rates[J]. Powder Technology, 2022, 399: 117253.

[77] GUO Z M, LIU J D, LEI Z W, et al. Enhancement of flocculant-aided filtration performance of coal tailings under alternating low and high shear rates[J]. Powder Technology, 2022, 399: 117253.

[78] PATRA A S, PATRA P, CHOWDHURY S, et al. Cationically functionalized amylopectin as an efficient flocculant for treatment of coal suspension[J]. Colloids and Surfaces A: Physicochemical and Engineering Aspects, 2020, 586: 124229.

[79] PURUSHOTTAM KARTHIK J, RAGURAMAN C M, TARA SASANKA C. Investigation on pH influence for the effective transportation of coal water slurry using experimental design [J]. International Journal of Coal Preparation and Utilization, 2023, 43(12): 2017-2030.

[80] YANG A S, LIAO Y F, AN M Y, et al. Effect of surfactant and flocculant on low-rank coal slime filtration: from filter cake characteristics point of view[J]. Fuel, 2022, 327: 125136.

[81] ZHU J F, LI J L, YANG J, et al. Molecular-level explanation of interactions of random and block polycarboxylic acid dispersants with bituminous coal in coal-water slurry through experiments and simulations[J]. Journal of Molecular Liquids, 2024, 400: 124568.